国防科技图书出版基金

微米纳米技术丛书·MEMS 与微系统系列

# 微型环境动能收集技术

## Micro Ambient Kinetic Energy Harvesting Technologies

温志渝 邓丽城 温泉 等著

国防工业出版社

·北京·

**图书在版编目(CIP)数据**

微型环境动能收集技术/温志渝等著. —北京：
国防工业出版社,2018.12
(微米纳米技术丛书·MEMS与微系统系列)
ISBN 978-7-118-11674-8

Ⅰ.①微… Ⅱ.①温… Ⅲ.①能量贮存-微机电系统-
研究 Ⅳ.①TH-39

中国版本图书馆 CIP 数据核字(2019)第 014867 号

※

*国防工业出版社*出版发行
(北京市海淀区紫竹院南路23号 邮政编码100048)
三河市腾飞印务有限公司印刷
新华书店经售
*
开本 710×1000 1/16 印张 16¾ 彩插 16 字数 292 千字
2018 年 12 月第 1 版第 1 次印刷 印数 1—2000 册 定价 129.00 元

**(本书如有印装错误,我社负责调换)**

国防书店：(010)88540777 发行邮购：(010)88540776
发行传真：(010)88540755 发行业务：(010)88540717

# 致 读 者

本书由中央军委装备发展部**国防科技图书出版基金**资助出版。

为了促进国防科技和武器装备发展，加强社会主义物质文明和精神文明建设，培养优秀科技人才，确保国防科技优秀图书的出版，原国防科工委于 1988 年初决定每年拨出专款，设立国防科技图书出版基金，成立评审委员会，扶持、审定出版国防科技优秀图书。这是一项具有深远意义的创举。

**国防科技图书出版基金**资助的对象是：

1. 在国防科学技术领域中，学术水平高，内容有创见，在学科上居领先地位的基础科学理论图书；在工程技术理论方面有突破的应用科学专著。

2. 学术思想新颖，内容具体、实用，对国防科技和武器装备发展具有较大推动作用的专著；密切结合国防现代化和武器装备现代化需要的高新技术内容的专著。

3. 有重要发展前景和有重大开拓使用价值，密切结合国防现代化和武器装备现代化需要的新工艺、新材料内容的专著。

4. 填补目前我国科技领域空白并具有军事应用前景的薄弱学科和边缘学科的科技图书。

国防科技图书出版基金评审委员会在中央军委装备发展部的领导下开展工作，负责掌握出版基金的使用方向，评审受理的图书选题，决定资助的图书选题和资助金额，以及决定中断或取消资助等。经评审给予资助的图书，由中央军委装备发展部国防工业出版社出版发行。

国防科技和武器装备发展已经取得了举世瞩目的成就，国防科技图书承担着记载和弘扬这些成就，积累和传播科技知识的使命。开展好评审工作，使有限的基金发挥出巨大的效能，需要不断摸索、认真总结和及时改进，更需要国防科技和武器装备建设战线广大科技工作者、专家、教授，以及社会各界朋友的热情支持。

让我们携起手来，为祖国昌盛、科技腾飞、出版繁荣而共同奋斗！

**国防科技图书出版基金**
评审委员会

# 国防科技图书出版基金
# 第七届评审委员会组成人员

# 《微米纳米技术丛书·MEMS 与微系统系列》
# 编写委员会

主任委员　丁衡高

副主任委员　尤　政

委　　员（以拼音排序）

邓中亮　丁桂甫　郝一龙　黄庆安

金玉丰　金仲和　康兴国　李佑斌

刘晓为　欧　黎　王晓浩　王跃林

温志渝　邢海鹰　杨拥军　张文栋

赵万生　朱　健

# 序

1994年11月2日,我给中央领导同志写信并呈送所著《面向21世纪的军民两用技术——微米纳米技术》的论文,提出微米纳米技术是一项面向21世纪的重要的军民两用技术,它的出现将对未来国民经济和国家安全的建设产生重大影响,应大力倡导在我国及早开展这方面的研究工作。建议得到了当时中央领导同志的高度重视,李鹏总理和李岚清副总理均在批示中表示支持开展微米纳米技术的跟踪和研究工作。

国防科工委(现总装备部)非常重视微米纳米技术研究,成立国防科工委微米纳米技术专家咨询组,1995年批准成立国防科技微米纳米重点实验室,从"九五"开始设立微米纳米技术国防预研计划,并将支持一直延续到"十二五"。

2000年的时候,我又给中央领导写信,阐明加速开展我国微机电系统技术的研究和开发的重要意义。国家科技部于当年成立了"863"计划微机电系统技术发展战略研究专家组,我担任组长。专家组全体同志用一年时间圆满完成了发展战略的研究工作,这些工作极大地推动了我国的微米纳米技术的研发和产业化进程。从"十五"到现在,"863"计划一直对微机电系统技术给以重点支持。

2005年,中国微米纳米技术学会经民政部审批成立。中国微米纳米学术年会经过十几年的发展,也已经成为国内学术交流的重要平台。

在总装备部微米纳米技术专家组、"863"专家组和中国微米纳米技术学会各位同仁的持续努力和相关计划的支持下,我国的微米纳米技术已经得到了长足的发展,建立了北京大学、上海交通大学、中国科学院上海微系统与信息技术研究所、中国电子科技集团公司第十三研究所等加工平台,形成了以清华大学、北京大学等高校和科研院所为主的优势研究单位。

十几年来,经过国防预研、重大专项、国防"973"、国防基金等项目的支持,我国已经在微惯性器件、RF MEMS、微能源、微生化等器件研究,以及微纳加工技术、ASIC技术等领域取得了诸多突破性的进展,我国的微米纳米技术研究平台已经形成,许多成果获得了国家级的科技奖励。同时,已经形成了一支年富力强、结构合理、有影响力的科技队伍。

现在,为了更有效、有针对性地实现微米纳米技术的突破,有必要对过去的研究工作做一阶段性的总结,把这些经验和知识加以提炼,形成体系传承下去。为此,在国防工业出版社的支持下,以总装备部微米纳米技术专家组为主体,同时吸收国内同行专家的智慧,组织编写一套微米纳米技术专著系列丛书。希望通过系统地总结、提炼、升华我国"九五"以来微米纳米技术领域所做出的研究工作,展示我国在该技术领域的研究水平,并指导"十二五"及以后的科技工作。

丁衡高

2011 年 11 月 30 日

# 本 书 序

从 20 世纪 90 年代开始,在原国防科工委丁衡高主任的关注下,装备发展部(原总装备部)领导、组织和支持了诸多对于我国国防武器装备发展起到重大推动作用的微米纳米技术的研究,形成了许多开创性的基础研究成果和应用研究成果,积累了丰富的理论和实践经验,为了把这些经验和知识总结、提炼、固化下来,形成体系并传承下去。2009 年 5 月讨论决定,以装备发展部(原总装备部)微米纳米技术专家组为主体,组织编写《微米纳米技术丛书》。

本书是《微米纳米技术丛书》之一。微能源技术是指采用微米纳米技术实现能量获取与转换、电能存储与管理的技术,其特征尺寸在微米/纳米量级。具有体积小、寿命长、能量密度高、可集成、可靠性好、成本低等特点,特别适用于常规电源难以应用的特殊环境。微型环境动能收集技术是面向环境中广泛存在的动能(风能、水能、振动等)的微型能量收集器技术,是近年来世界各发达国家以期获得具有小体积、长寿命、高能量密度、低成本、高可靠性等特点的微电源研究热点。以期突破制约物联网节点、医疗微系统、微型飞行器和信息化微小型武器装备等领域发展迫切需求的微电源技术瓶颈。

重庆大学温志渝教授长期从事 MEMS 教学和科研工作,他带领的团队在微型传感器、微型光谱仪和微型能量收集器等方面进行了长期持续的研究,本专著主要是他们团队长期从事面向环境动能能量收集器研究工作的经验和知识的系统归纳、分析与提炼。重点介绍了基于环境动能能量获取与转换的微型能量收集器及系统的机理、结构、设计理论与方法、兼容制造工艺和性能测试方法。主要包括微型压电振动能量收集器、微型电磁振动能量收集器、流体诱导振动能量收集器、复合微型能量收集器、微型能量收集器的频带拓展和低功耗电源管理技术等。希望对从事微米纳米技术研究和应用领域的研究人员、工程技术以及高等院校相关专业高年级本科生和研究生有所帮助。

最后,借此机会祝《微米纳米技术丛书》出版成功,向为该丛书付出辛勤工作的原总装备部微米纳米技术专家组专家及所有作者表示敬意。

中国工程院院士　尤政

2018 年 6 月　清华大学

# 前　言

随着微电子技术和微米纳米技术的迅速发展,微电源技术已成为制约低功耗微电子器件和微系统发展的共性瓶颈技术(如物联网节点电源、医疗微系统等),基于 MEMS 的微电源技术是高性能、低成本微电源得以实现的使能技术。基于 MEMS 技术的微电源不是传统电源的小型化,而是采用 MEMS 技术实现能量的获取与转换、存储与释放应用的微纳器件与系统,其特征尺寸在微米/纳米量级。具有体积小、寿命长、功率密度比高、易与传感器及电路单片集成、可靠性高、可批量生产、成本低等显著优点,是 MEMS 技术和高性能微电源技术发展的重要研究方向之一。而基于 MEMS 技术的环境动能能量收集器技术,更是近年来世界各发达国家以期获得长寿命、高能量密度、低成本微电源的研究重点。

国内、外已出版的 MEMS 器件与制造技术方面的书比较多,但基于 MEMS 的微电源技术的书比较少,多集中在微型燃料电池或太阳能电池等方面,而基于 MEMS 的环境动能能量收集器技术介绍得很少,也不系统。为此,本书针对 MEMS 微电源技术发展的需求以及存在的科学与技术问题,在综合分析 MEMS 微型环境动能能量收集器技术的国际最新科研成果与发展趋势的基础上,结合作者团队多年来的创新性科研成果的总结和凝练,重点介绍基于环境动能能量获取与转换的微能源器件与系统的机理、结构、设计理论与方法,功能薄膜的制备与三维微加工工艺的兼容制造工艺方法和性能测试方法。主要包括:有关微型压电振动能量收集器、微型电磁振动能量收集器、风致振动能量收集器、复合微型能量收集器、微型能量收集器的频带拓展和低功耗电源管理的技术;有关探索 MEMS 微能源系统集成与应用技术;分析目前仍然存在的主要科学与技术问题,以及可望解决的技术途径。

作者在本书撰著过程中,既考虑了面向环境动能的微型能量收集器的相关基础理论、设计理论与设计方法、加工工艺和性能测试等基础理论与关键技术的系统性,又保持了内容的相对完整性,同时考虑了便于设计、工艺、测试、应用等关注不同层面技术的研究人员查阅。

本书共分 7 章，重庆大学温志渝教授负责第 1 章撰写，南京邮电大学邓丽城博士负责第 2 章、第 3 章和第 6 章撰写，重庆大学温泉博士负责第 5 章，以及参加第 1 章和第 6 章撰写，南京信息工程大学赵兴强博士负责第 4 章撰写，重庆大学刘海涛博士负责第 7 章撰写，最后由温志渝教授和邓丽城博士进行全书的统稿与审核。

衷心感谢对本书撰写中给予支持和帮助的专家学者和同仁们。感谢丁衡高院士、尤政院士、汪成为院士及原总装备部微米纳米技术专家组诸位专家对 MEMS 微能源器件与系统研究工作的一贯支持。

感谢清华大学尤政院士在百忙之中对本书提出宝贵的指导意见，并为本书作序。

由于作者水平所限，书中难免存在疏漏和不当之处，恳请读者指正。

作 者

2018 年 5 月

# 目　　录

# Contents

# 第1章 绪　　论

近年来,随着微电子、微机电系统(MEMS)等技术的快速发展,极大地促进了功耗低、体积小、重量轻、成本低等特点的低功耗微纳器件及系统的快速发展,在微小体积内实现了信息采集、数据处理和无线通信等多种功能。无线传感网络(WSN)就是由部署在监测区域内大量的廉价微型传感器节点组成,通过无线通信方式形成的一个多跳的自组织网络系统,如图 1.1 所示。该网络系统能够协同实时感知、采集和处理监测区域内的信息并发送给观测者;将逻辑上的信息世界和客观上的逻辑世界相互融合在一起,改变了人类与自然界的交互方式;已广泛应用于信息化武器装备、环境健康监测与预报、医疗系统与健康护理、桥梁建筑结构健康监测、智能家居等人类生活与生产的各个领域[1-3]。

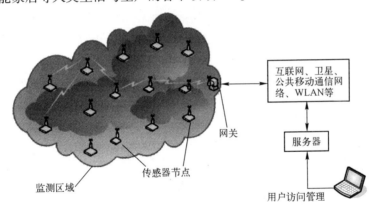

图 1.1　无线传感网络系统示意图

目前,大部分商用无线传感网络节点仍采用电池供电。近年来,微型燃料电池、微型锂电池等微型高性能电池虽然得到快速发展,但与微电子技术相比,其发展水平严重滞后[4],如图 1.2 所示,从而制约了无线传感网络等技术的发展。电池体积和重量占据了无线传感网络节点的一半左右,制约了传感网络节点的微型化;电池寿命短,在应用中存在电池更换或充电的问题,对于无线传感网络节点数量需求大的应用,电池更换或充电将大大提高成本,在某些恶劣应用环境中,电池更换几乎不可能;此外,化学能电池在高、低温等恶劣环境下通常会失效,电池的丢弃也会造成环境污染。

1

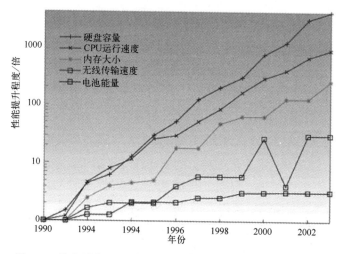

图 1.2 微电子产品发展水平与电池发展水平对比图(见彩图)

为了实现微电子器件与系统的长寿命和微型化,具有小体积、长寿命、高能量密度、低成本等特点的微电源系统受到了世界各发达国家的高度重视,已将其列入了一系列重大研究计划,如美国军方开展的"MEMS Power Generation"计划、"环境微能源供能系统"计划,欧洲的第六框架中的"微型发电机系统技术"等相关计划。同时,近年来在微能源技术领域已召开了如"IEEE MEMS""Transducers""Power MEMS"等重要国际学术会议,微能源技术是国内外研究的热点。此外,微电子和MEMS 技术的进步,超低功耗微电子器件与系统的功耗已经从毫瓦级降至微瓦级,如图 1.3 所示[5],使微电源技术的应用也成为可能。

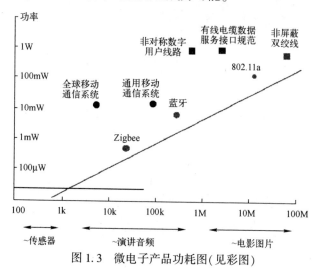

图 1.3 微电子产品功耗图(见彩图)

# 1.1 微电源技术的概念与内涵

微能源技术(Micro Power)是采用微米/纳米技术实现能量获取与转换、电能存储与管理的技术,其特征尺寸在微米/纳米量级。具有体积小、寿命长、供电模式多、能量密度高、可靠性好、成本低等特点,适用于常规电源难以应用的特殊环境[6-9]。由于与 MEMS 技术结合紧密,微能源又被称为 MEMS 微能源(Power MEMS)[10-12]。微能源技术主要包括微型能量收集技术、微型储能技术和相关的电源管理电路及应用技术等。图 1.4 所示为典型的基于微型压电振动能量收集器的微能源系统,由微型压电振动能量收集器、整流和储能电路构成。

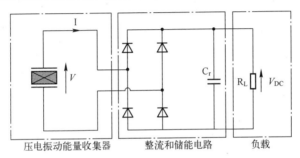

图 1.4 基于微型压电振动能量收集器的微能源系统(见彩图)

# 1.2 微能源的总体发展现状与趋势

微型能量收集器能够将其他形式的能量转化为电能,是微能源系统的核心器件,主要有微型环境能量收集器[13-22]、微型燃料电池[23-25]、微型涡轮机[26-28]等微能源器件。其中,微型环境能量收集器能够收集环境中各种形式的能量并转化为电能,具有体积小、功率密度高、寿命长、绿色环保等优点,是实现对微纳器件及系统供电的有效技术途径,受到了国内外研究者的广泛关注。微型储能器件主要有微型充电电池、微型超级电容器等。具有高输出特性的微型环境能量收集器和具有超低功耗的电源管理电路是微型环境能量收集器得以应用的关键。目前,微能源器件的研究主要是针对各个分离的器件,其远景将是实现微型能量收集器、微型储能器和电源管理电路一体化单片集成,最终实现与应用对象的集成。本书主要对基于环境动能的微能源技术进行研究。

# 1.3 基于环境能源的微能源技术国内外研究现状

环境能量收集技术是基于环境能源的微能源技术研究,环境能量收集技术也称为环境能量采集技术,是指通过微型能量收集器获取周围环境中能量并转换为电能的技术,是基于环境能源的微能源技术的核心。由于环境能量源源不断,且微型能量收集器工作时无须燃料等物质的补充,因此微型能量收集器能够提供持续不断的持久电源。超低功耗的电源管理电路是环境能量收集器得以应用的关键。本节主要介绍环境能量收集技术及其电源管理电路的国内外研究现状。

## 1.3.1 环境能量收集器现状与趋势

环境中广泛存在的能源形式可以分为三大类:热能(如温度变化、太阳热等)、电磁能(如太阳能、射频辐射能等)和动能(机械能)(如振动能、风能、水能等)。可用于微型能量收集技术的能源主要有太阳能、射频辐射能、热能、动能。

### 1)太阳能收集技术

太阳能是由内部高温核聚变所释放的辐射能,是地球上普遍存在的可再生能源之一。2005 年 Che 等[29]分析了 1961—2000 年位于中国地区太阳能辐射情况,数据表明中国地区太阳辐射平均功率密度达 $16.67\mathrm{mW/cm^2}$。近年来,基于光伏效应的太阳能收集技术(太阳能电池)发展迅速,图 1.5 为不同代太阳能电池转换效率与成本曲线[30, 31]。第一代太阳能电池为单晶硅太阳能电池,如图 1.6(a)所示,其转换效率达到 27.8%,占据了商用市场的 89.6%,但价格昂贵;第二代太阳能电池为薄膜太阳能电池,如图 1.6(b)所示,其制造成本低,但转换效率最高只有 19.9%;第三代太阳能电池,如图 1.6(c)所示,致力于降低制造成本,提高转换效率,使转换效率达到 30%~60%。太阳能电池已经在住宅房屋和商业建筑等领域得到广泛的应用,无线传感网络技术的发展促进了太阳能电池的微型化研究。2013 年 Fojtik 等[32]研制了一种基于太阳能电池供电的无线温度传感网络节点,如图 1.7 所示,太阳能电池收集的电能为锂电池充电,再对温度传感网络节点供电,从而实现无线传感网络节点长时间工作。

尽管太阳能电池的研究取得了较大的进步,但在实际应用中仍然存在不足,如太阳能电池受天气、应用环境等影响大。在室外直接光照条件下,太阳能电池能够满足无线传感网络节点供电要求,而在多云或太阳光被遮挡的环境中难以满足供电要求。如 Sonnenenergie[33]研究表明:太阳光被树或建筑物遮挡时,入射光能降低 60%~80%;在太阳光部分被遮挡情况下,入射光能降低达 50%,在多云天气,转换效率为 15% 的太阳能输出功率只有 $150\mu\mathrm{W/cm^2}$;在室内环境,太阳能量为室外

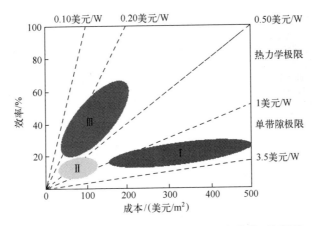

图 1.5　不同代太阳能电池转换效率与成本曲线（见彩图）

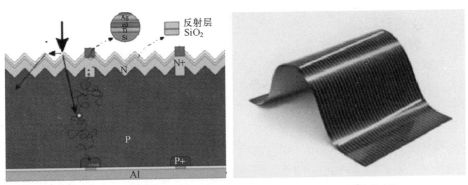

(a) 第一代太阳能电池　　　　　　　(b) 第二代太阳能电池

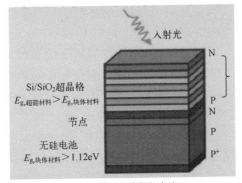

(c) 第三代太阳能电池

图 1.6　第一代（硅基）、第二代（薄膜）和第三代太阳能电池（见彩图）

图 1.7　基于太阳能电池供电的无线温度传感网络节点(见彩图)

直接光照条件下的 $\frac{1}{2000} \sim \frac{1}{1000}$ [34]。此外,太阳能电池的微型化成本高,且微型化后转换效率会降低。

**2) 射频辐射能收集技术**

　　在现代城市和人口众多的地区,由于大量通信天线和其他射频发射器件等射频信号源的存在,使其周围分布着大量的射频辐射。基于射频辐射能的能量收集技术已广泛应用于医疗器件和无源射频识别器(RFID)等低功耗器件。其工作原理与无线能量传输原

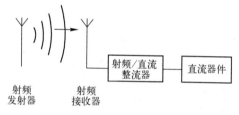

图 1.8　射频辐射能能量收集技术原理示意图

理类似,如图 1.8 所示[35],射频发射器发射的射频信号与射频接收器(线圈)相互作用产生电能。该技术首先在人工心脏供电系统中得到应用,于 1960 年在小狗体内进行实验,如图 1.9 所示[36],验证了该技术能够有效地收集外界射频辐射能为人工心脏供电。近年来,研究人员致力于提高射频辐射能收集效率,2013 年 Pham 等[37]设计制作了一种能够收集三频带段(900MHz、1900MHz 和 2.4GHz)射频辐射能的新型射频辐射能能量收集器,如图 1.10 所示,在 1.5m 范围之内,当三频带段射频能都存在时,能量收集器输出电压为 302mV,输出功率为 7.06μW,输出功率是单频带(900MHz)的 6.6 倍,是三个单频带输出功率之和的 3.4 倍。2009 年 Sample 等[38]报道了一款为温度计/湿度计供电的射频辐射能能量收集器,如图 1.11 所示。该能量收集器主要用于收集电视塔辐射的射频能,在离电视塔 4.1km 时,最大输出功率为 60μW,足以驱动温度计/湿度计工作。当能量收集器远离电视塔时,能量收集器输出性能迅速下降。

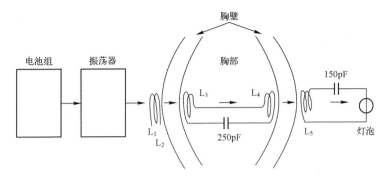

图 1.9　小狗应用原理演示系统示意图

(a) 天线　　　　　(b) 整流器

图 1.10　三频带段射频辐射能能量
收集器(见彩图)

图 1.11　应用于射频温度计/湿度计
的辐射能能量收集器(见彩图)

然而,射频辐射对人体有害,国际非电离辐射防护委员会(ICNIRP)[39]和 IEEE C95.1-2005[40]对公众场合的射频辐射功率大小提出了安全限制。Visser 等[41]对 GSM-900 和 GSM-1800 基站的功率密度进行了研究,在离 GSM 基站 25～100m 范围内,射频功率密度为 0.01～0.1μW/cm²。Burch 等[42]测试了位于美国科罗拉多州丹佛市一居民区附近区域的射频辐射能,该区域有 15 个广播电视发射塔,工作在 55～687MHz 频段,测试结果表明,在离发射塔群 3km 处室内外的射频能功率密度分别为 0.8μW/cm² 和 2.6μW/cm²。可以看出,射频辐射能功率密度低,只有当射频能能量收集器体积大时才能满足无线传感网络节点的需求。

**3) 热能收集技术**

温度梯度和热流是自然界和人工装置中广泛存在的热能,通过塞贝克效应(Seebeck Effect)将热能转换为电能可实现热能的能量收集,其工作原理如图 1.12 所示。当两种不同的电导体或半导体两端存在温差时,热端的可动电荷载流子(电子或空穴)向冷端扩散,冷端电荷载流子产生堆积,形成静电电势(电压),实现热能—电能的转换。1991 年,Rowe 等[43]首次采用微加工技术在石英衬底上制备 p 型和 n 型硅形成热能能量收集器。热电单元尺寸为 4.5mm×20μm×0.4μm。热电单元的塞贝克系数为 530μV/K,在温差为 5K 时器件的输出功率为 1nW。1997

7

年,Stordeur 等[44]研制了一种微型热电能能量收集器,在 10K 温差环境下输出功率密度可达 15μW/cm³。1999 年,Kishi[45]等首次将热电能量收集器成功应用于 Seiko 腕表,如图 1.13 所示,将手臂的热量通过热电能能量收集器转换为电能为腕表供电。正常工作情况下,热电能能量收集器输出功率为 22μW。在 1.5K 温差下,热电组件的开路电压是 300mV,热电转换效率为 0.1%。2009 年,Wang 等[46]采用表面微加工技术研制出应用于人体工程的可穿戴式热电能能量收集器,如图 1.14 所示。每个基于 poly-SiGe 的热电堆芯片含有 2350 对或 4700 对热电偶,各热电偶之间采用热并联、电串联连接,开路电压为 12.5V/(K·cm²),最大输出功率为 0.026μW/(K·cm²),将热电堆与其他组件组成可穿戴式热电能能量收集器,应用于人体时的输出电压为 0.15 V,输出功率为 0.3nW。随着热电能能量收集技术的进步,市场上也推出了相应的热电能能量收集器产品,其中较成熟的有 Thermo Life Energy[47]公司推出的基于 $Bi_2Te_3$ 薄膜的热电能能量收集器,如图 1.15 所示。器件直径为 9.3mm,质量为 230mg,输出功率约为 15μW/(K·cm²),然而,其性能在温差小于 5K 环境下会迅速下降。

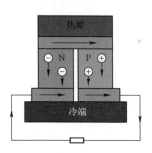

图 1.12　热能能量收集技术
工作原理(见彩图)

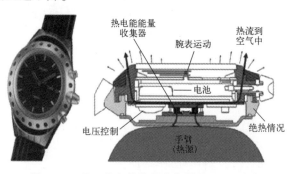

图 1.13　基于热电能能量收集器的 Seiko 腕表

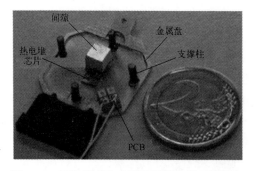

图 1.14　可穿戴式热电能能量收集器(见彩图)

图 1.15　Thermo Life Energy 热电
能能量收集器样机(见彩图)

由于热电能能量收集器的输出性能正比于环境温度梯度,在温度梯度小的环境中输出性能差,因此热电能量收集器不适用于温度梯度小的环境。而微小尺寸下,温度梯度小,具备 10K 以上的温度梯度环境少,大大限制了微型热电能能量收集器的适用范围。

**4) 动能收集技术**

动能是环境中普遍存在的一种能源,主要有振动能、流体能(风能、水能)等,广泛存在于楼宇、桥梁、道路、汽车、船舶、飞行器、工业设备和家用电器以及人体的肢体运动等,动能几乎无时无处不在,且基于环境动能的能量收集器输出功率密度高达 $100mW/cm^3$ [48],因此,基于环境动能的能量收集技术具有广阔的应用前景。对于振动能,由于环境振动源各具特点,基于振动的能量收集技术的研究必须密切联系实际应用环境。振动频率和加速度是反映振动源性能的两个关键参数,振动频率越大,加速度越高,振动源的能量密度越大。表 1.1 给出了日常生活中的部分振动源及其基本参数,可以看出,振动能振动频率大部分低于 300Hz,加速度小于 $1g(g=9.8m/s^2)$。对于流体能,主要是风和流水。与大型的风力发电机和水力发电机不同,流体动能能量收集器主要针对自供能的微小型系统供电,在野外森林、海洋、湖泊、桥梁建筑、武器装备等流体动能丰富的环境中具有潜在的应用需求 [49-57]。

表 1.1  部分振动源及其基本参数 [58]

| 振动源 | 加速度峰值/(m/s²) | 特征频率/Hz |
|---|---|---|
| 汽车发动机组件 | 12 | 200 |
| 3 轴机床外壳 | 10 | 70 |
| 搅拌机外壳 | 6.4 | 121 |
| 干衣机 | 3.5 | 121 |
| 脚后跟拍击地面 | 3 | 1 |
| 汽车仪表盘 | 3 | 12 |
| 小型微波炉 | 2.5 | 121 |
| 办公大楼空调通风口 | 0.5~1.5 | 60 |
| 繁忙道路旁的窗户 | 0.7 | 100 |
| 电脑读取中的 CD | 0.6 | 75 |
| 繁忙办公室 2 楼地板 | 0.2 | 100 |
| 人行走中的木地板 | 1.3 | 385 |
| 面包烘烤机 | 1.03 | 121 |
| 洗衣机 | 0.5 | 109 |
| 冰箱 | 0.1 | 240 |

2013 年,重庆大学(本课题组)针对基于 PZT 压电薄膜的微型压电振动能量

9

收集器输出电压低等问题,提出了基于 PZT 薄膜共质量块阵列梁结构的微型压电振动能量收集器新结构,如图 1.16 所示。在 $1g$、233.5Hz 激励下,输出电压为 5.8V,输出功率为 204.5μW,具有高输出功率,功率密度为 $3.96mW \cdot cm^{-3} \cdot g^{-2}$。同时,成功研制出基于风致振动的微型电磁振动能量收集器,如图 1.17 所示,输出功率为 2.70mW,并开展了相应的应用验证实验。

图 1.16　重庆大学微型压电振动能量　　　图 1.17　重庆大学微型风致振动的微型
收集器(见彩图)　　　　　　　　　电磁振动能量收集器(见彩图)

综上所述,基于环境能源的能量收集器中,太阳能电池和振动能量收集器具有输出功率高等优点,易于满足无线传感网络节点供电需求。然而,太阳能电池受天气、应用环境等因素影响大,且存在微型化成本高,微型化后输出功率密度低等不足,限制了其应用范围。因此,广泛存在且功率密度高的环境动能引起了国内外研究人员的高度关注。为此,本书将重点系统地介绍基于环境动能的能量收集技术。下面介绍基于环境动能的能量收集技术的国内外研究现状。

### 1.3.2　环境动能收集器技术现状与趋势

环境动能广泛存在于日常生活和生产中,具有能量密度高、受天气等因素影响小等优点,成为环境能量收集技术的重要研究方向。根据环境动能能源形式不同,环境动能(能量)收集技术可以分为环境振动能量收集技术和环境流动能(主要是风能)能量收集技术等;根据机电转换原理不同,环境动能能量收集技术可以分为静电[59]、电磁[12]、磁致伸缩[60]、压电[10]等振动能量收集技术,如图 1.18 所示。2012 年,美国佐治亚理工学院王中林教授小组[61]首次提出了基于摩擦电效应的能量收集器,其工作原理由摩擦电和静电感应两部分构成。本书主要对前四类环境动能收集技术进行详细介绍。

#### 1.3.2.1　振动能量收集器研究现状与趋势

**1)静电振动能量收集技术**

静电振动能量收集器一般由可变电容和外加电源(驻极体)构成,当外界机械振动作用于能量收集器时,可变电容极板之间的间距或相对面积发生改变,从而改变了可变电容极板的电荷分布,导致电极板产生电流和电压变化,实现振动能—电

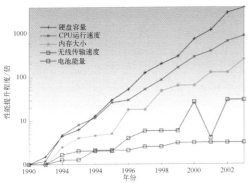

图 1.2　微电子产品发展水平与电池发展水平对比图

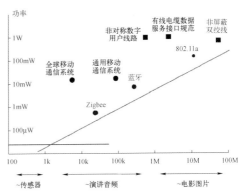

图 1.3　微电子产品功耗图

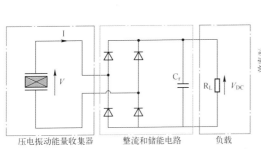

图 1.4　基于微型压电振动能量收集器的微能源系统

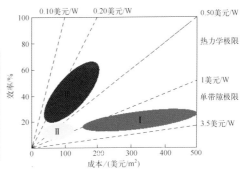

图 1.5　不同代太阳能电池转换效率与成本曲线

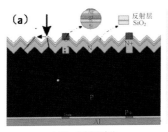

(a) 第一代太阳能电池

(b) 第二代太阳能电池

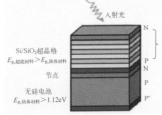

(c) 第三代太阳能电池

图 1.6　第一代（硅基）、第二代（薄膜）和第三代太阳能电池

Cymbet公司
12μA·h薄膜
锂电池

硅太阳能
电池

ARM Cortex-M3处理器
超低泄漏SRAM和电源
管理单元

图 1.7　基于太阳能电池供电的无线温度传感网络节点

(a) 天线　　　　　　(b) 整流器

图 1.10　三频带段射频辐射能能量收集器

图 1.11　应用于射频温度计／湿
度计的辐射能量收集器

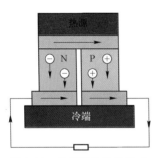

热源

N　P

冷端

图 1.12　热能能量收集技术
工作原理

间隙

热电堆
芯片

金属盘

支撑柱

PCB

图 1.14　可穿戴式热电能能量收集器

图 1.15　Thermo Life Energy 热电
能能量收集器样机

图 1.16　重庆大学微型压电振
动能量收集器

图 1.17　重庆大学微
型风致振动的微型电
磁振动能量收集器

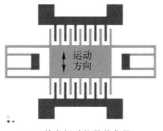

(a) 静电振动能量收集器

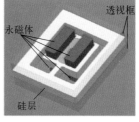

(b) 电磁振动能量收集器

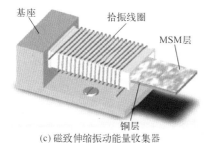

(c) 磁致伸缩振动能量收集器

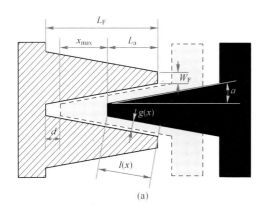

(d) 压电振动能量收集器

图 1.18　振动能量收集器

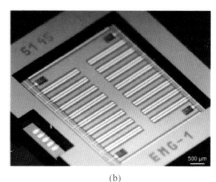

(a)　　　　　　　　　　　(b)

图 1.21　三角电极静电振动能量收集器

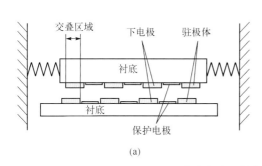

(a)

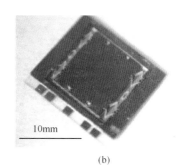

(b)

图 1.22　日本东京大学静电振动能量收集器

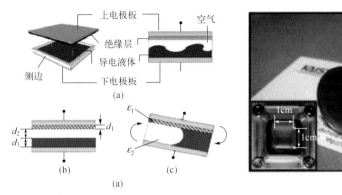

图 1.23　韩国科学技术院液体静电振动能量收集器

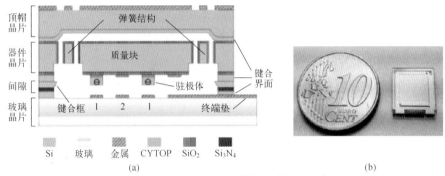

图 1.24　丹麦技术学院静电振动能量收集器

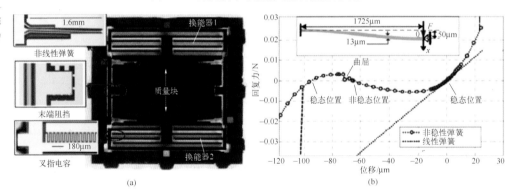

图 1.25　挪威西福尔大学学院双稳态静电振动能量收集器

(a) VEH-460　　　　　(b) V-power　　　　　(c) PMG17系列

图 1.26　商业化电磁振动能量收集器

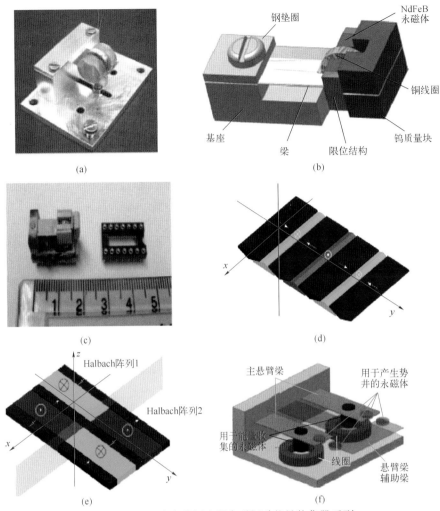

图 1.27 英国南安普顿大学电磁振动能量收集器系列

图 1.28 北京大学电磁振动能量收集器

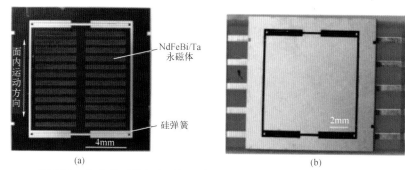

图 1.29　北京航天航空大学与日本兵库大学电磁振动能量收集器

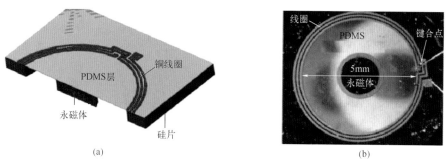

图 1.30　美国弗罗里达大学电磁振动能量收集器

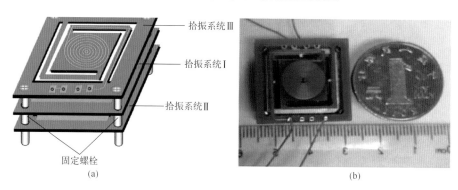

图 1.31　研制出多模态非线性型电磁振动能量收集器

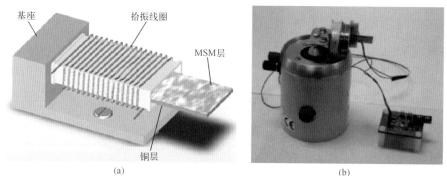

图 1.32　美国北卡罗莱纳州立大学磁致伸缩振动能量收集器结构与样机

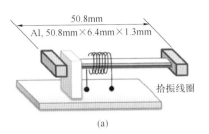

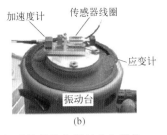

图 1.33　美国陆军研究实验室磁致伸缩振动能量收集器结构与样机

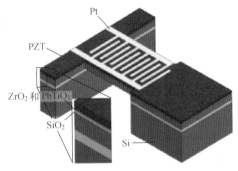

图 1.35　韩国云光大学 $d_{33}$ 压电振动能量收集器结构

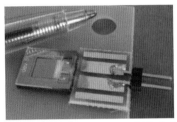

图 1.38　荷兰 IMEC/Holst 研究中心压电振动能量收集器样机

图 1.39　基于 PZT 的压电振动能量收集器

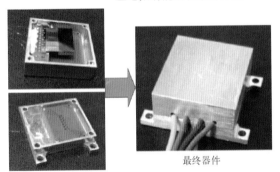

图 1.42　重庆大学复合式微型振动能量收集器样机

图 1.40　共质量块悬臂梁阵列微型压电振动能量收集器

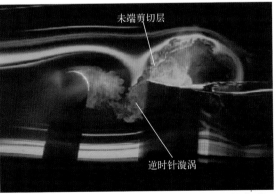

图 1.44　基于 PVDF 压电膜的涡激振动风能收集器

微型环境动能收集技术（彩七）

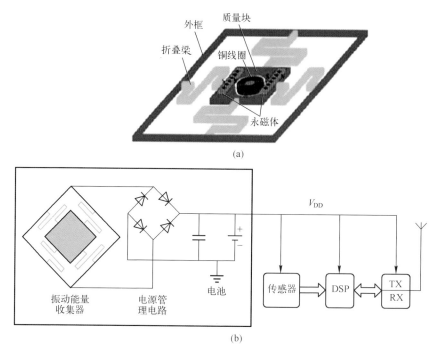

(a)

(b)

图 1.41 美国伊利诺理工大学压电－电磁式微型振动能量收集器模型

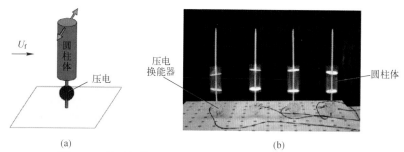

(a)

(b)

图 1.45 基于钝体涡激振动的微型风能收集器结构与样机

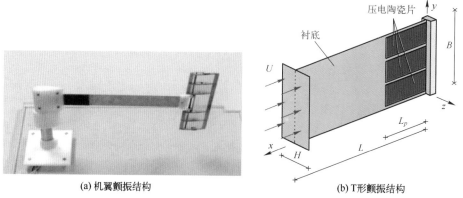

(a) 机翼颤振结构

(b) T形颤振结构

图 1.47 PZT 梁结构的微型压电风致振动能量收集器

图 1.46　Humdinger Wind Energy 微型
电磁风致振动能量收集器

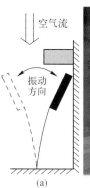

空气流

振动
方向

(a)

线圈　　　　永磁体

(b)

图 1.53　英国南安普顿大学微型电磁风
致振动能量收集器结构与样机

PVC管

悬臂梁　　　　压力表

图 1.51　美国克莱姆森大学风能收集器

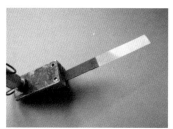

图 1.49　柔性复合梁微型压电风
致振动能量收集器

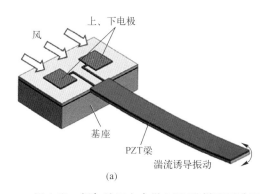

上、下电极

风

基座

PZT梁

湍流诱导振动

(a)

(b)

图 1.52　新加坡国立大学 MEMS 微型风致振动能量收集器结构与样机

图 1.56　德国弗莱堡大学微能源系统

图 1.57　MicroGen's 公司微能源系统

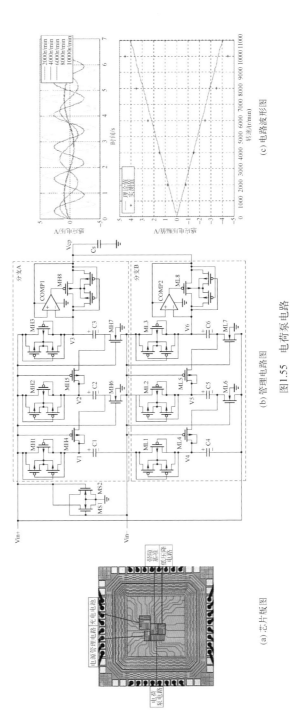

（a）芯片版图

（b）管理电路图

（c）电路波形图

图1.55　电荷泵电路

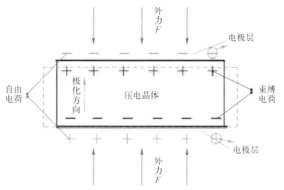

图 2.1　压电振动能量收集器工作原理示意图

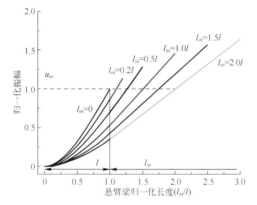

图 2.6　不同质量块长度的悬臂梁 - 质量块结构的振型

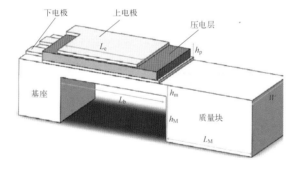

图 2.2　$d_{31}$ 模式微型压电振动能量收集器结构示意图

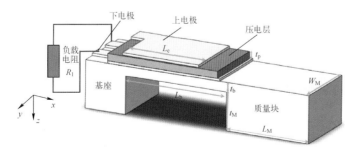

图 2.9　$d_{31}$ 模式微型压电振动能量收集器结构示意图

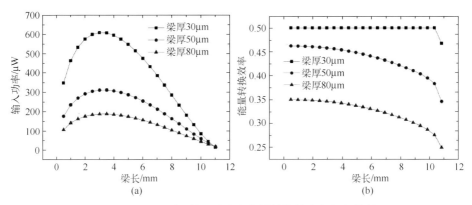

图 2.17　不同梁厚下输入功率和能量转换效率与梁长的关系

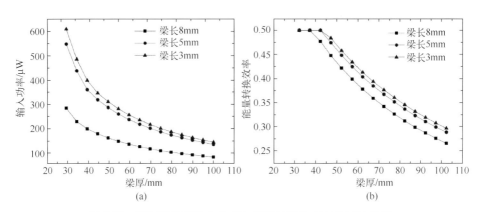

图 2.18　不同梁长下输入功率和能量转换效率与梁厚的关系

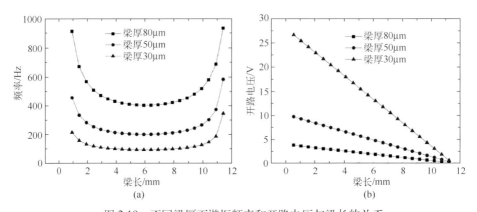

图 2.19　不同梁厚下谐振频率和开路电压与梁长的关系

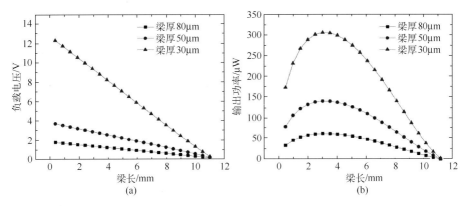

图 2.20　不同梁厚下负载电压和输出功率与梁长的关系

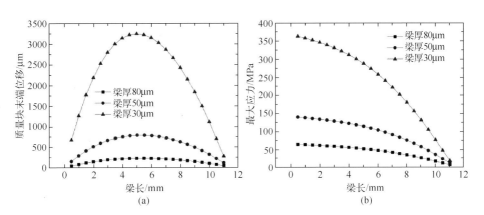

图 2.21　不同梁厚下质量块末端位移和最大应力与梁长的关系

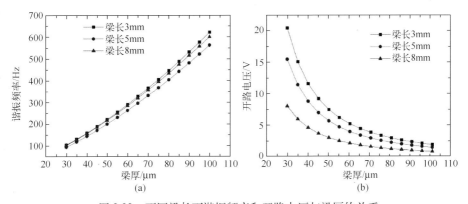

图 2.22　不同梁长下谐振频率和开路电压与梁厚的关系

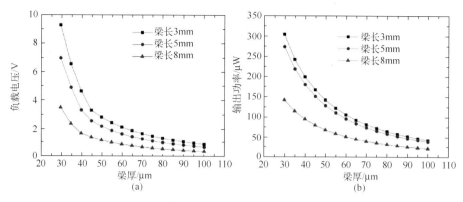

图 2.23 不同梁长下负载电压和输出功率与梁厚的关系

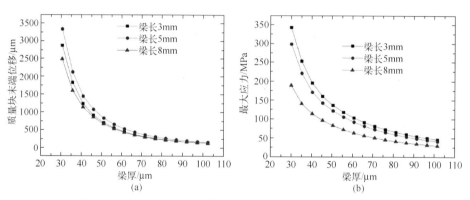

图 2.24 不同梁长下质量块末端位移和最大应力与梁厚的关系

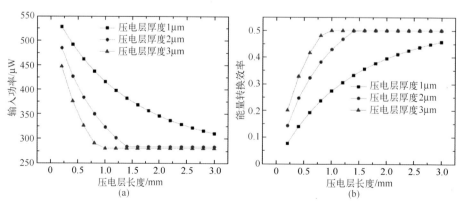

图 2.25 不同压电层厚度下输入功率和能量转换效率与压电层长度的关系

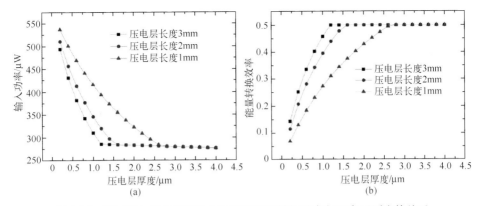

图 2.26　不同压电层长度下输入功率和能量转换效率与压电层厚度的关系

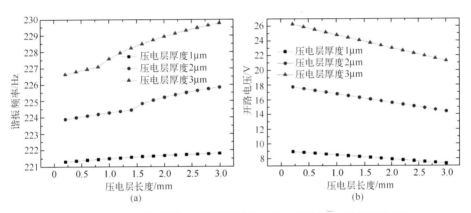

图 2.27　不同压电层厚度下谐振频率和开路电压与压电层长度的关系

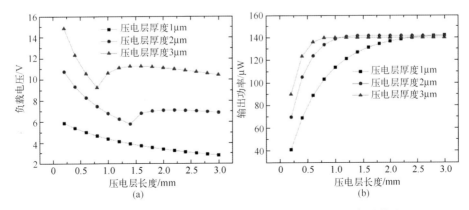

图 2.28　不同压电层厚度下负载电压和输出功率与压电层长度的关系

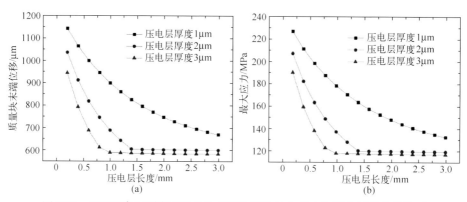

图 2.29　不同压电层厚度下质量块末端位移和最大应力与压电层长度的关系

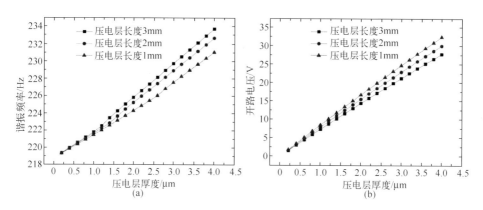

图 2.30　不同压电层长度下谐振频率和开路电压与压电层厚度的关系

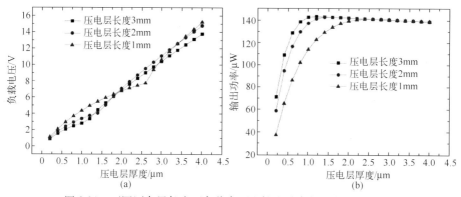

图 2.31　不同压电层长度下负载电压和输出功率与压电层厚度的关系

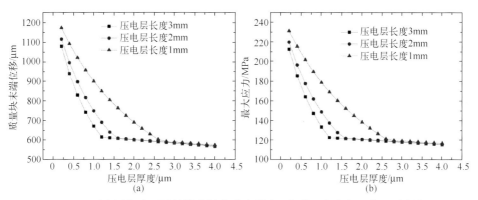

图 2.32　不同压电层长度下质量块末端位移和最大(位移)应力与压电层厚度的关系

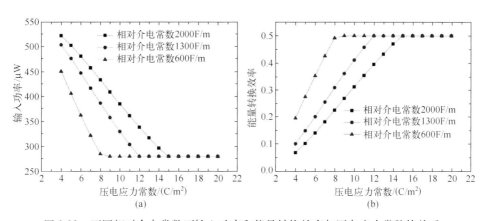

图 2.33　不同相对介电常数下输入功率和能量转换效率与压电应力常数的关系

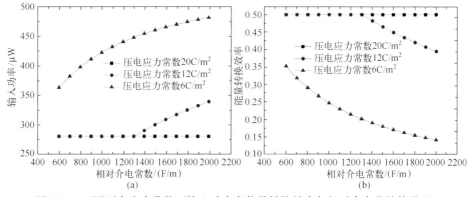

图 2.34　不同压电应力常数下输入功率和能量转换效率与相对介电常数的关系

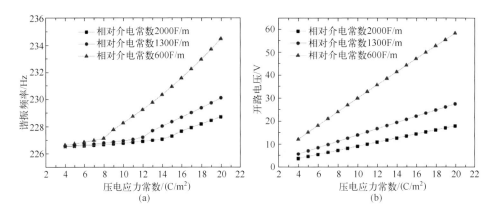

图 2.35　不同相对介电常数下谐振频率和开路电压与压电应力常数的关系

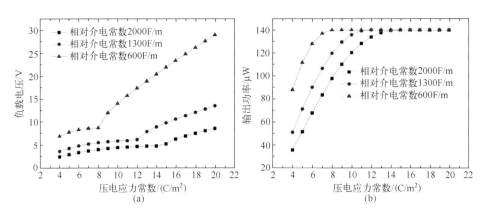

图 2.36　不同相对介电常数下负载电压和输出功率与压电应力常数的关系

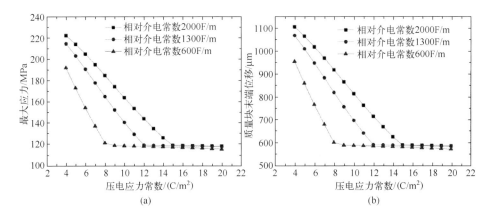

图 2.37　不同相对介电常数下最大应力和质量块末端位移与压电应力常数的关系

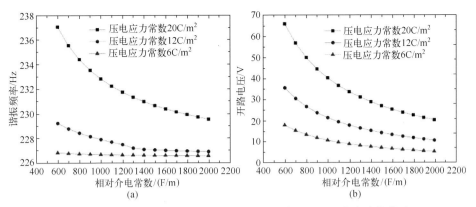

图 2.38　不同压电应力常数下谐振频率和开路电压与相对介电常数的关系

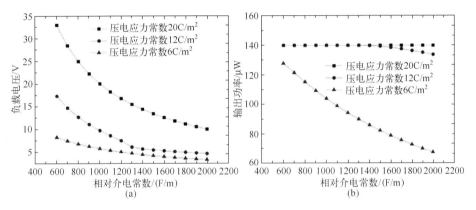

图 2.39　不同压电应力常数下负载电压和开输出功率与相对介电常数的关系

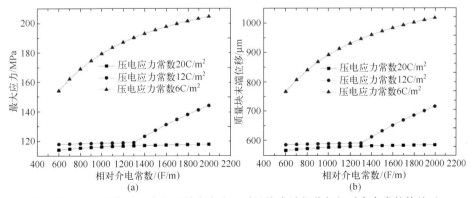

图 2.40　不同压电应力常数下最大应力和质量块末端位移与相对介电常数的关系

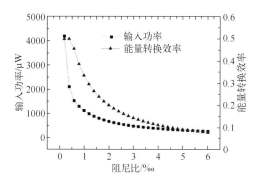

图 2.41　输入功率和能量转换效率与机械阻尼比的关系

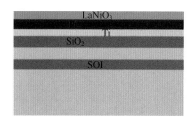

图 2.48　衬底膜结构示意图

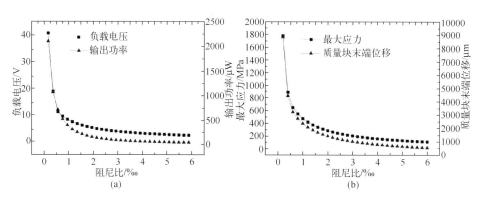

图 2.43　负载电压、输出功率、最大应力、质量块末端位移与机械阻尼比的关系

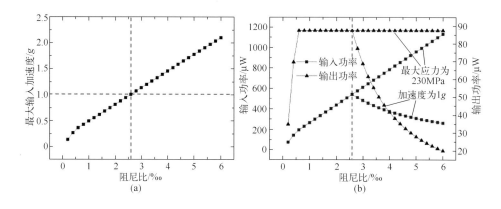

图 2.44　最大输入加速度、输入功率和输出功率与机械阻尼比的关系

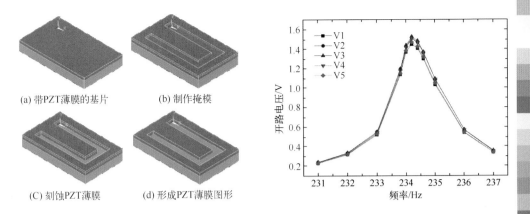

(a) 带PZT薄膜的基片　　　　(b) 制作掩模

(C) 刻蚀PZT薄膜　　　　(d) 形成PZT薄膜图形

图 2.55　PZT 薄膜图形化工艺流程

图 2.67　样机单梁频率—开路电压曲线

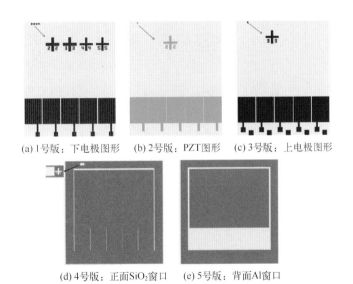

(a) 1号版：下电极图形　(b) 2号版：PZT图形　(c) 3号版：上电极图形

(d) 4号版：正面SiO$_2$窗口　(e) 5号版：背面Al窗口

图 2.57　MEMS 压电悬臂梁阵列振动能量收集器加工掩模版图

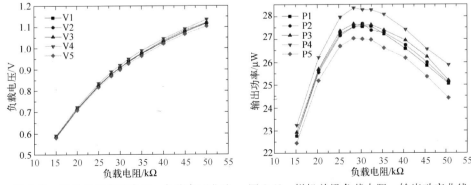

图 2.68　样机单梁负载电阻 - 负载电压曲线　　图 2.69　样机单梁负载电阻－输出功率曲线

微型环境动能收集技术（彩二）

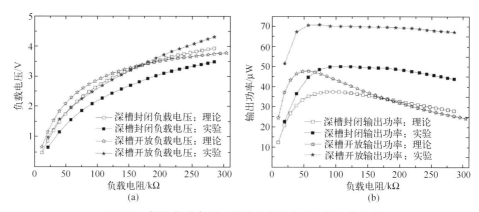

图 2.84　样机负载电压、输出功率随负载电阻变化曲线

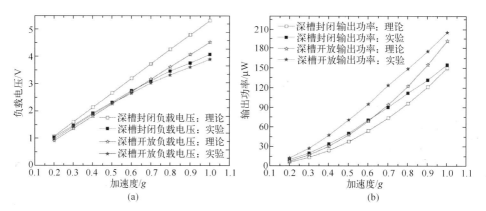

图 2.85　样机负载电压、输出功率随加速度变化曲线

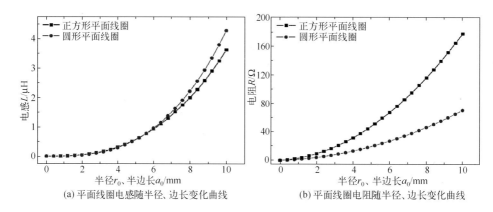

图 3.13　圆形平面线圈和正方形平面线圈的特性曲线

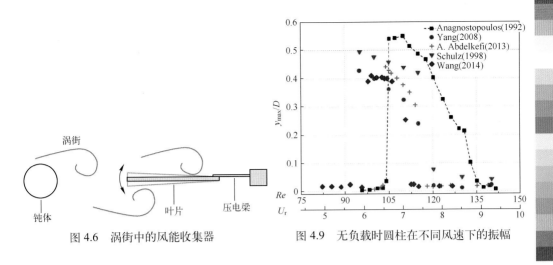

图 4.6　涡街中的风能收集器

图 4.9　无负载时圆柱在不同风速下的振幅

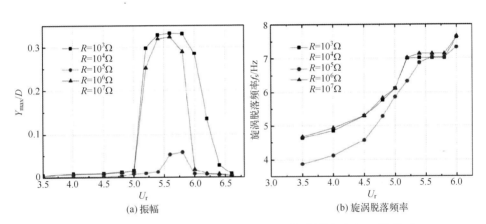

(a) 振幅

(b) 旋涡脱落频率

图 4.10　外接负载时圆柱涡激振动的振幅和旋涡脱落频率与 $U_r$ 的关系

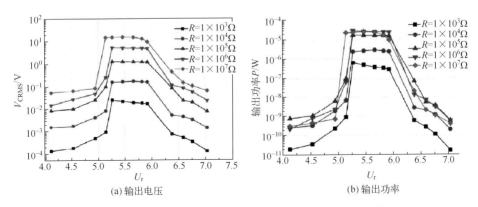

(a) 输出电压

(b) 输出功率

图 4.11　涡激振动风能收集器的输出电压和输出功率与 $U_r$ 的关系

彩二三

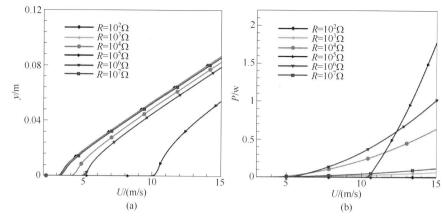

图 4.24　振幅 $y$ 和输出功率 $P$ 随风速 $U$ 的变化关系

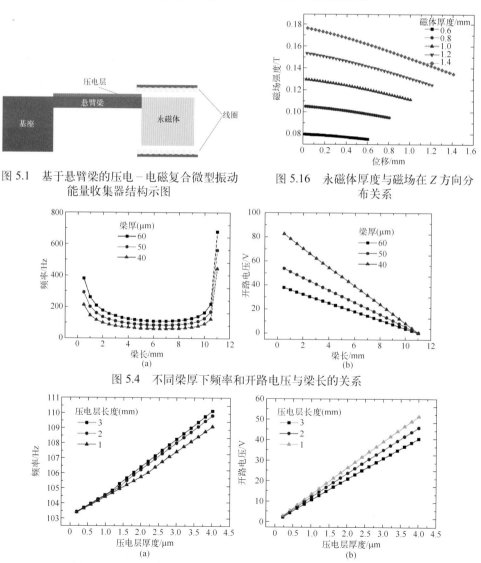

图 5.1　基于悬臂梁的压电－电磁复合微型振动
能量收集器结构示图

图 5.16　永磁体厚度与磁场在 $Z$ 方向分
布关系

图 5.4　不同梁厚下频率和开路电压与梁长的关系

图 5.13　不同压电层长度下频率和开路电压与压电层厚度的关系

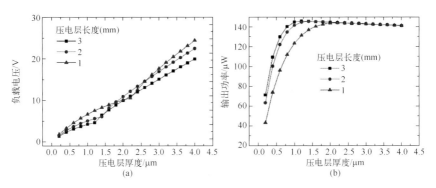

图 5.14　不同压电层长度下负载电压和输出功率与压电层厚度的关系

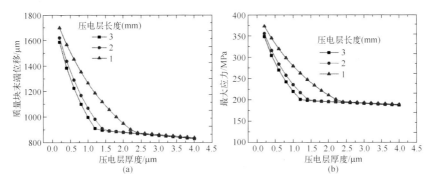

图 5.15　不同压电层长度下质量块末端位移和最大压力与压电层厚度的关系

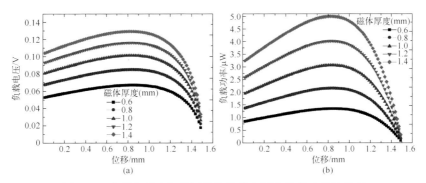

图 5.17　永磁体厚度与线圈输出负载电压和负载功率的关系

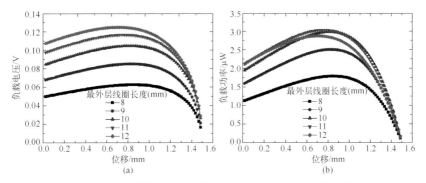

图 5.18　线圈最外层尺寸与输出负载电压和负载功率的关系

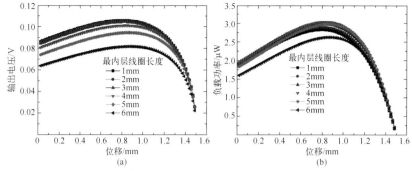

图 5.19　线圈最内层尺寸与输出电压和负载功率的关系

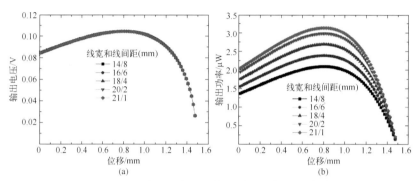

图 5.20　线圈线宽和线间距对输出电压与输出功率的关系

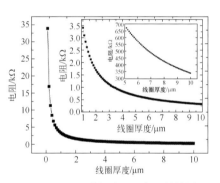

图 5.21　线圈厚度对线圈电阻的影响

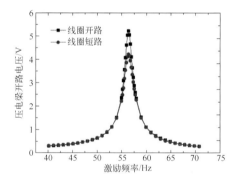

图 5.27　压电梁开路电压与激励频率曲线

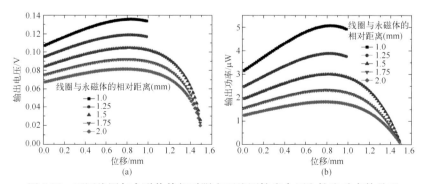

图 5.22　不同线圈与永磁体的相对距离下线圈输出电压和输出功率的关系

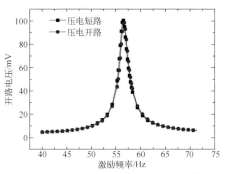

图 5.30　上线圈开路电压与激励频率的关系

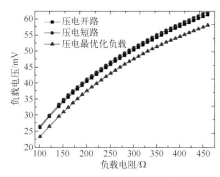

图 5.31　上线圈负载电压与负载电阻的关系

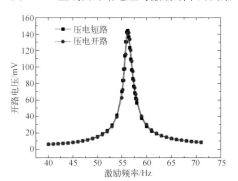

图 5.33　下线圈开路电压与激励频率的关系

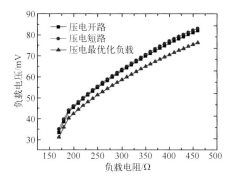

图 5.34　下线圈负载电压与负载电阻的关系

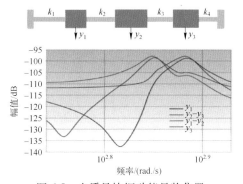

图 6.5　多质量块振动能量收集器

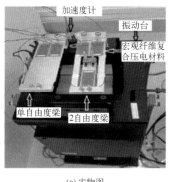

(a) 实物图

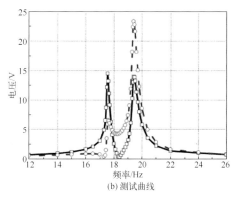

(b) 测试曲线

图 6.9　新型 2 自由度振动能量收集器实物图及测试曲线

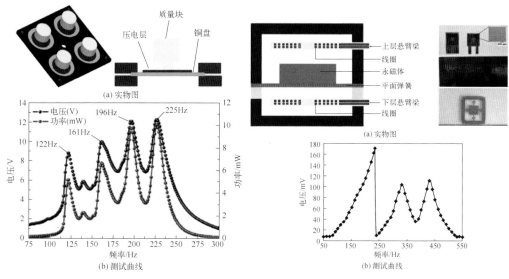

图 6.10　同济大学的振动能量收集器实物图及测试曲线　　图 6.15　上海交通大学电磁振动能量收集器实物图及测试曲线

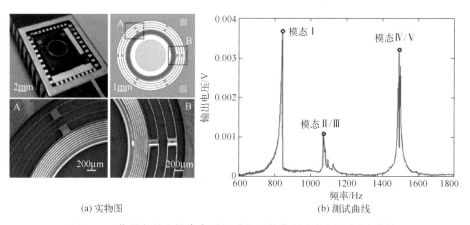

图 6.11　苏州大学多模态电磁振动能量收集器实物图及测试结果

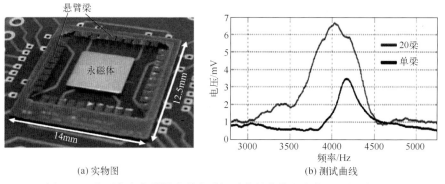

图 6.16　土耳其中东科技大学电磁振动能量收集器实物图及测试曲线

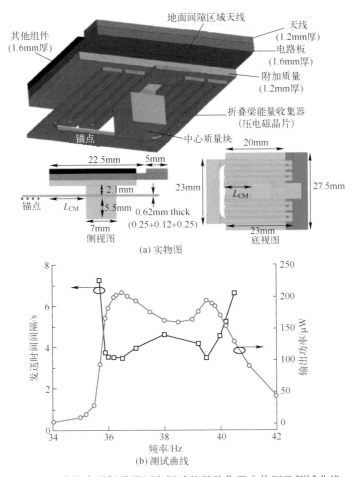

(a) 实物图

(b) 测试曲线

图 6.12　普渡大学折叠梁压电振动能量收集器实物图及测试曲线

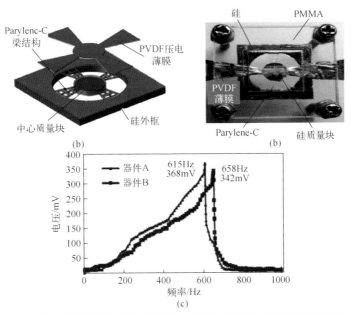

图 6.21　中国台湾的国立台湾大学宽频带振动能量收集器结构及测试曲线

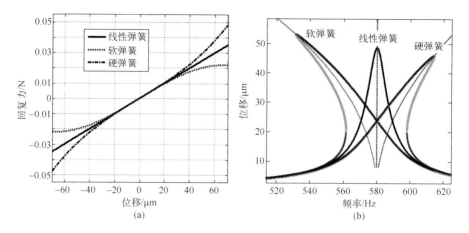

图 6.19 线性与非线性回复力－振动位移曲线和频率－位移曲线

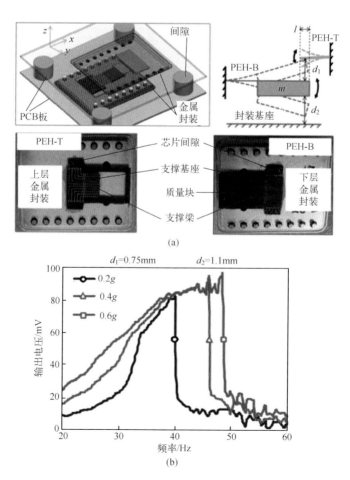

图 6.30 新加坡国立大学宽频带压电振动能量收集器和测试曲线

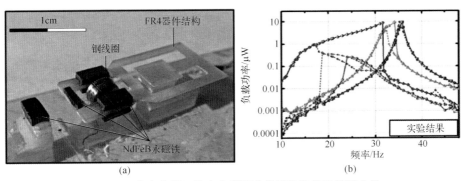

图 6.25　麦克大学双稳态电磁振动能量收集器及测试曲线

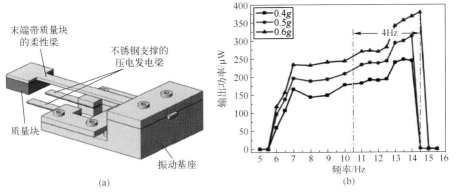

图 6.31　韩国云光大学碰撞结构振动能量收集器结构及测试曲线

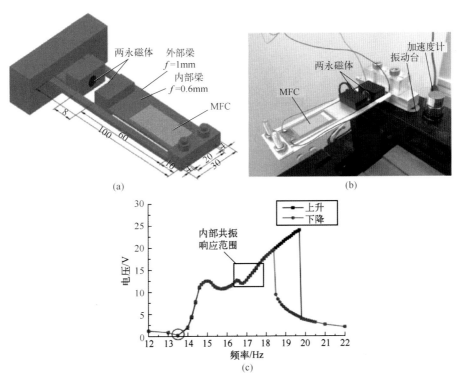

图 6.32　南洋理工大学宽频带振动能量收集器结构、实物图和测试曲线

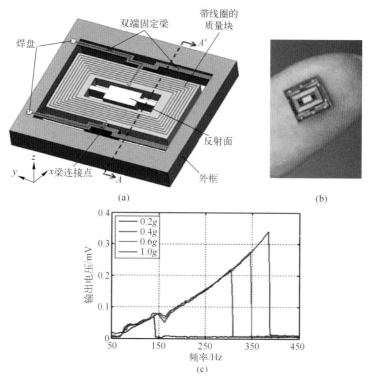

图 6.33 苏州大学宽频带振动能量收集器结构、实物图和测试曲线

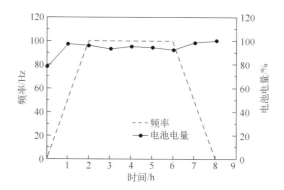

图 7.47 待测节点电池电量测试结果

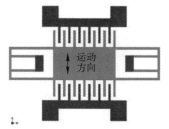

(a) 静电振动能量收集器

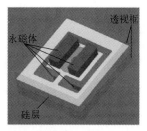

(b) 电磁振动能量收集器

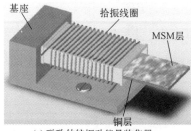

(c) 磁致伸缩振动能量收集器

(d) 压电振动能量收集器

图 1.18  振动能量收集器(见彩图)

能的转换。外加电源可以是电压源或电荷源,Meninger 等[62]详细分析了两种外加电源的静电振动能量收集器的优缺点。根据拾振质量块的运动方向与固定极板平面的关系(平行或垂直)以及导致电容变化的原因(如极板间距或极板相对面积的变化),静电振动能量收集器可以分为面内面积型、面内间距型以及面外间距型,如图 1.19 所示。其他结构都是由以上结构演变而成,如 2010 年,Bartsch 等[63]设计制作了一种二维静电振动能量收集器,由面外间距型和面内面积型复合而成,如图 1.20 所示。2011 年,Hoffmann 等[64]基于三角电极结构提出了面内面积-间距复合型静电振动能量收集器,如图 1.21 所示。

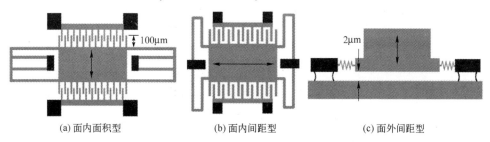

(a) 面内面积型             (b) 面内间距型             (c) 面外间距型

图 1.19  静电振动能量收集器

由于静电振动能量收集器的制作与硅微加工工艺兼容,易于微型化,一直受国内外的广泛关注。2010 年,日本东京大学 Suzuki 等[65]为了解决静电振动能量收

11

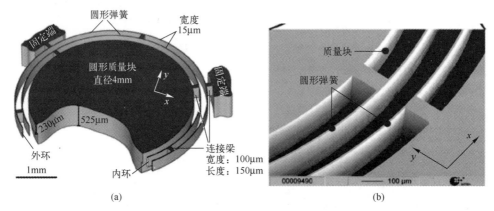

图 1.20　二维静电振动能量收集器

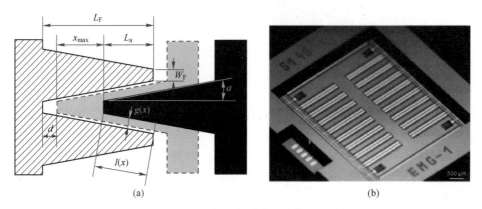

图 1.21　三角电极静电振动能量收集器(见彩图)

集器上下电极板吸附问题,提出了采用驻极体间存在的排斥力控制电极板间距,如图 1.22 所示。2011 年,韩国科学技术院 Choi 等[66]为了收集人体运动诱导的振动能,提出了基于导电液体的静电振动能量收集器,原理样机如图 1.23 所示。2013 年,丹麦技术学院 Crovetto 等[67]采用圆片级工艺设计制作了二维静电振动能量收集器,用于收集环境中存在的多方向振动能,如图 1.24 所示。挪威西福尔大学学院 Nguyen 等对宽频带响应的静电振动能量收集器进行了系列研究,于2013 年[68]设计制作了基于弯曲弹簧的双稳态静电振动能量收集器,如图 1.25所示。

　　静电振动能量收集器与 MEMS 工艺兼容性好,易于微型化,但其需要外加电源,且在结构设计中需要考虑电极板吸附等问题。以上文献表明,静电振动能量收集器输出功率普遍较低,均在纳瓦至微瓦级,功率密度低于 $1mW \cdot cm^{-3}$。

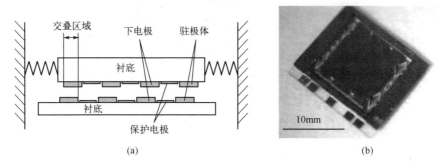

(a)　　　　　　　　　　　　(b)

图 1.22　日本东京大学静电振动能量收集器(见彩图)

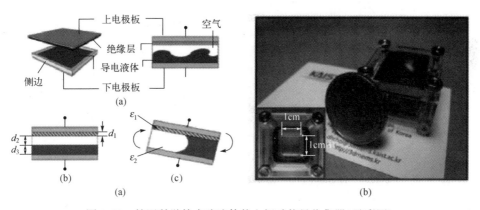

图 1.23　韩国科学技术院液体静电振动能量收集器(见彩图)

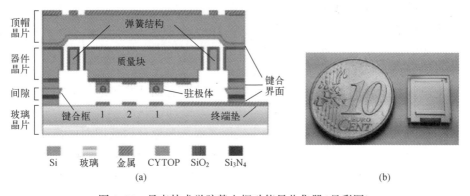

(a)　　　　　　　　　　　　(b)

图 1.24　丹麦技术学院静电振动能量收集器(见彩图)

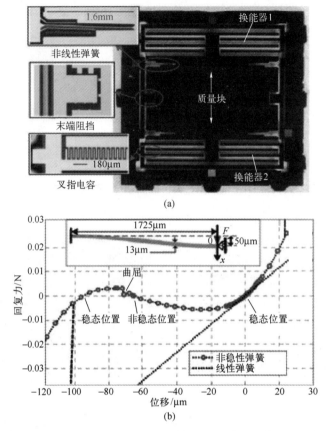

图 1.25　挪威西福尔大学学院双稳态静电振动能量收集器(见彩图)

### 2) 电磁振动能量收集技术

电磁振动能量收集器的工作原理是基于法拉第电磁感应效应,当外界激励导致线圈中的磁通量发生变化时,线圈产生感应电压或感应电流,从而实现振动—电能的转换。

电磁振动能量收集器的研究相对较早,目前已有商业化的电磁振动能量收集器,如 Ferro Solutions[69] 推出的 VEH-460 电磁振动能量收集器、美国 Lumedyne Technologies[70] 推出的 V-Power 电磁振动能量收集器以及由英国南安普顿大学提供技术支持的 Perpetuum Ltd 公司[71] 推出的 PMG17 系列产品,如图 1.26 所示。这些商业化产品体积较大,一般在 50cm³。各国科研人员对微型电磁振动能量收集技术进行了大量研究。英国南安普顿大学 Beeby 组采用传统的精加工技术对电磁振动能量收集器进行了系列研究:2004 年[72] 设计制作了针对智能传感器系统的电磁振动能量收集器,如图 1.27(a) 所示,体积为 3.15cm³;为了减小器件体积,

2007 年[73]设计制作了体积仅为 0.15cm³ 的能量收集器,如图 1.27(b) 所示。为了与环境中不同振动源的振动频率匹配,2010 年[74]通过改变悬臂梁轴向应力改变悬臂梁刚度的方法,设计制作了频率可调的微型电磁振动能量收集器,如图 1.27(c) 所示,频率调节范围为 67.6~98Hz;为了提高能量收集器输出性能,2013 年[75]提出了基于三角形截面磁体 Halbach 阵列(图 1.27(d))和双边 Halbach 阵列磁体(图 1.27(e))的电磁振动能量收集器,实验表明基于三角形截面磁体 Halbach 阵列的电磁振动能量收集器输出功率比基于标准 Halbach 阵列磁体高 3.5 倍;为了拓展电磁振动能量收集器工作频带宽度,2013 年[76]提出了耦合双稳态宽频带电磁振动能量收集器,如图 1.27(f) 所示,拓展了频带宽度,同时提高了输出功率。中东科技大学[77-79]、新加坡国立大学[80-82]、中国上海交通大学[83, 84]等也开展了电磁振动能量收集器的研究。

(a) VEH-460          (b) V-power          (c) PMG17系列

图 1.26    商业化电磁振动能量收集器(见彩图)

近年来,随着 MEMS 技术的进步,基于 MEMS 技术的永磁体工艺日益成熟,全 MEMS 工艺的微型电磁振动能量收集器得到发展。2013 年,北京大学 Mengdi Han 等[85]设计制作了全 MEMS 工艺的电磁振动能量收集器,如图 1.28 所示,永磁体通过电镀 10μm 厚的 CoNiMnP 获得,线圈采用电镀铜工艺完成。器件尺寸为 5mm×5mm×0.53mm,在 1g、64Hz 激励下输出功率为 0.36nW,功率密度为 0.03μW/cm³。北京航天航空大学与日本兵库大学[88-90]合作设计、优化并制作了集成微磁体阵列的电磁振动能量收集器,如图 1.29 所示,线圈采用电镀工艺制备,永磁体阵列通过溅射沉积在具有高深宽比的深槽硅结构上,研制的微型电磁振动能量收集器体积为 0.1cm³,在 115Hz、激励振幅为 ±200μm 下输出电压为 2mV、功率为 0.12nW,通过结构优化,输出功率可提高到 0.722μW。美国佛罗里达大学 Wan 等[91]对全 MEMS 的电磁振动能量收集器进行了研究,微永磁体采用填埋永磁体粉末制备,线圈采用电镀工艺制备,研制的体积为 14.3mm³ 的微型电磁振动能量收集器,如图 1.30 所示,在 1g、530Hz 激励下输出功率较低,只有 23.0pW。

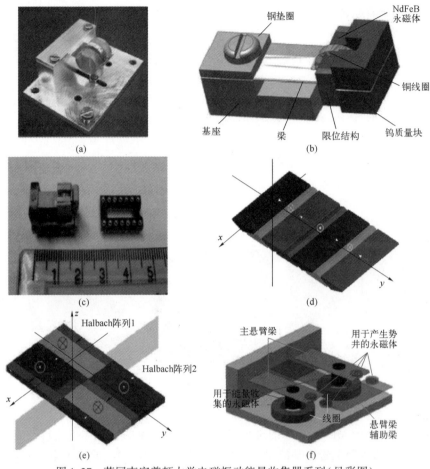

图 1.27 英国南安普顿大学电磁振动能量收集器系列(见彩图)

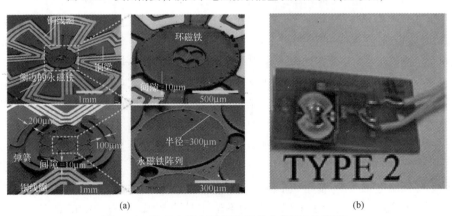

图 1.28 北京大学电磁振动能量收集器(见彩图)

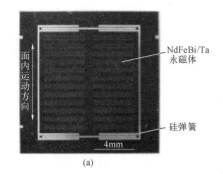

图 1.29　北京航天航空大学与日本兵库大学电磁振动能量收集器(见彩图)

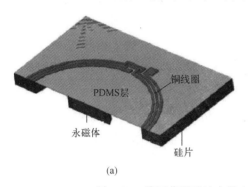

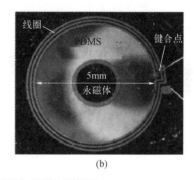

图 1.30　美国弗罗里达大学电磁振动能量收集器(见彩图)

　　重庆大学微系统研究中心于 2011 年研制出集成微型电磁振动能量收集器原理样机[86],样机输出电压 2~4V,输出功率大于 $10\mu W$;2013 年成功研制出多模态非线性微型电磁振动能量收集器样机[87],如图 1.31 所示。该样机由三层平面结构堆叠而成,上、下两层都由平面弹簧和置于平面弹簧上的线圈构成,中间层由平面弹簧和置于平面弹簧上的永磁体构成,三个平面弹簧具有不同的刚度,使能量收集器能够获取不同环境频率下的振动能,有效拓展了工作频率宽度,提高了输出性能。

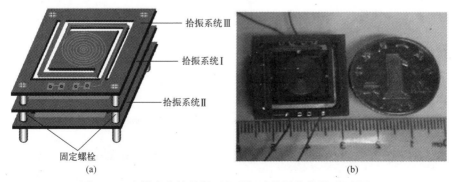

图 1.31　多模态非线性微型电磁振动能量收集器(见彩图)

17

电磁振动能量收集器的研究虽然较早,但由于永磁体的 MEMS 制备工艺兼容性差、制备难度大,多集中在宏器件的研究。近年来,研究人员探索了永磁体和多层线圈的 MEMS 制备工艺,并制作出全 MEMS 的电磁振动能量收集器,但由于永磁体微型化后磁能密度下降,且制备高深宽比的永磁体困难,所以导致全 MEMS 的电磁振动能量收集器输出功率低,仅在皮瓦至纳瓦级。

**3）磁致伸缩振动能量收集技术**

磁致伸缩振动能量收集器的工作原理是基于逆磁致伸缩效应,当外界振动使磁致伸缩材料发生形变时,由于逆磁致伸缩效应导致其磁场强度发生变化,此时,放置在磁致伸缩材料周围的线圈产生感应电压或电流从而将振动能转换为电能。

目前,磁致伸缩振动能量收集技术研究较少,主要的研究单位有美国北卡罗莱纳州立大学和美国陆军研究实验室。2008 年,北卡罗莱纳州立大学 Wang 等[60]采用磁致伸缩材料 Metglas 2605SC 设计制作了磁致伸缩振动能量收集器,如图 1.32 所示,器件体积为 $0.22cm^3$,在 $1g$、$58Hz$ 激励下,输出电压为 0.15V,功率为 $200\mu W$,功率密度为 $900\mu W \cdot cm^{-3}$。2011 年[92]该研究组对该能量收集器进行了优化,优化器件最大输出功率达 $970\mu W$。2012 年,美国陆军研究实验室 Yoo 等[93]基于铁镓合金(Galfenol)设计制作了磁致伸缩振动能量收集器,如图 1.33 所示。在 $1g$、$222Hz$ 激励下,输出功率为 2.2mW。目前尚未有基于 MEMS 工艺的磁致伸缩振动能量收集器报道。

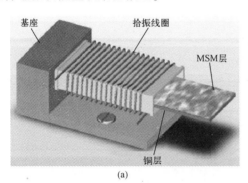

图 1.32　美国北卡罗莱纳州立大学磁致伸缩振动能量收集器(见彩图)

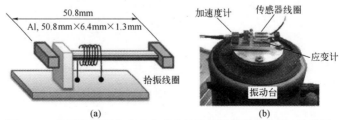

图 1.33　美国陆军研究实验室磁致伸缩振动能量收集器(见彩图)

**4) 压电振动能量收集技术**

压电振动能量收集器的工作原理是基于压电效应,当外界激励使压电材料产生形变时,压电材料内部束缚电荷产生移动,使涂覆在压电材料表面的电极上产生电荷量的变化,从而实现振动能-电能的转换。

常用于压电振动能量收集器的工作模式有 $d_{31}$ 和 $d_{33}$ 两种模式,如图 1.34 所示。常用于压电振动能量收集器的压电材料有 PZT 和 AlN,压电振动能量收集器多采用悬臂梁结构。

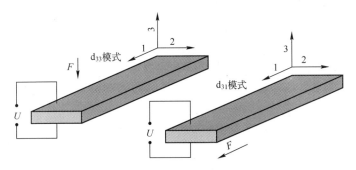

图 1.34 压电振动能量收集器工作模式

2009 年韩国云光大学 Park 等[94]制作了 $d_{33}$ 模式的 PZT 压电振动能量收集器,如图 1.35 所示,悬臂梁尺寸为 $800\mu m \times 1000\mu m \times 10\mu m$,质量块尺寸为 $1000\mu m \times 1000\mu m \times 500\mu m$,在 $0.39g$、528Hz 激励下输出功率为 $1.1\mu W$,输出电压为 2.2V。美国奥本大学对 $d_{31}$ 模式的 PZT 薄膜振动能量收集器进行了系列研究,2008 年[95]基于 MEMS 技术设计制作了集成硅质量块的 PZT 薄膜振动能量收集器,如图 1.36 所示,悬臂梁尺寸为 $4.8mm \times 0.4mm \times 0.036mm$,质量块尺寸为 $1.36mm \times 0.94mm \times 0.456mm$,在 $2g$、461.5Hz 激励下,输出功率为 $2.15\mu W$,功率密度为 $3.272mWcm^{-3}$。上海交通大学 Fang 等[96]设计制作了悬臂梁尺寸为 $2000\mu m \times 600\mu m \times 12\mu m$,质量块尺寸为 $600\mu m \times 600\mu m \times 500\mu m$ 的压电振动能量收集器,如图 1.37 所示,输出电压为 0.304 V,输出功率为 $2.15\mu W$。荷兰 IMEC/Holst 研究中心 Elfrink 等[97-99]长期致力于 AlN 薄膜 MEMS 振动能量收集器的研究:2009 年设计制作了基于 AlN 薄膜的压电振动能量收集器,如图 1.38 所示,器件悬臂梁尺寸为 $1.01mm \times 5mm \times 45\mu m$,质量块尺寸为 $5mm \times 5mm \times 500\mu m$,在 $2g$、572Hz 激励下输出功率为 $60\mu W$,其功率密度为 $4.71mWcm^{-3}$;2011 年设计制作的 AlN 压电振动能量收集器在 $4.5g$、1011Hz 激励下,输出电压约为 6V,输出功率为 $489\mu W$,但其谐振频率和加速幅值与常见的环境振动不匹配。2012 年法国 TIMA 实验室 Defosseux 等[100]设计制作了应用于低频低加速度振动环境的 AlN 薄膜振动能量收集

器,在 0.25$g$、214Hz 激励下输出电压为 2.2V,输出功率为 0.62$\mu$W。以上文献表明压电振动能量收集器与 MEMS 工艺兼容性好,易于微型化,且输出功率密度高。

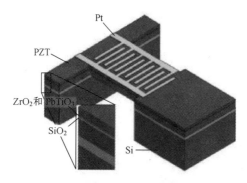

图 1.35 韩国云光大学 $d_{33}$ 压电振动能量收集器结构(见彩图)

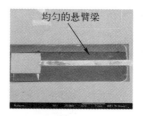

图 1.36 美国奥本大学压电振动能量收集器样机

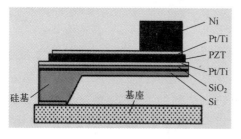

图 1.37 上海交通大学压电振动能量收集器结构

图 1.38 荷兰 IMEC/Holst 研究中心压电振动能量收集器样机(见彩图)

近年来,重庆大学在微型压电振动能量收集器方面也进行了系统的研究,2005年重庆大学微系统研究中心温志渝教授等研制出压电振动能量收集器,在 400Hz、25m/s²激励下,输出电压 9V,输出功率 489$\mu$W,如图 1.39 所示;2014 年成功研制出共质量块悬臂梁阵列微型压电振动能量收集器[101, 102],如图 1.40 所示,在 1$g$、235Hz 激励下,输出电压 9.8V,输出功率 211$\mu$W,并进行了相关理论模型与优化设计的研究[103, 104],形成了微型压电振动能量收集器优化设计平台。

以上分析表明,与静电、电磁、磁致伸缩振动能量收集器相比,压电振动能量收集器同时具有与 MEMS 工艺兼容性好、易于微型化、输出功率密度高等优点,已成为近年来振动能量收集器的研究热点。表 1.2 列出四种振动能量收集器的优缺点,表 1.3 比较四种振动能量收集器的输出性能。

图 1.39　基于 PZT 的压电振动
能量收集器(见彩图)

图 1.40　共质量块悬臂梁阵列微型压
电振动能量收集器(见彩图)

表 1.2　四种振动能量收集器优缺点比较

| 类　型 | 优　点 | 缺　点 |
|---|---|---|
| 静电 | 无须功能材料;<br>与 MEMS 工艺兼容性好;<br>输出电压高 | 需要外加电压或电荷源;<br>阻抗大;<br>存在静电吸附 |
| 电磁 | 无须功能材料;<br>无须外加电源 | 与 MEMS 工艺兼容性差;<br>输出电压低 |
| 磁致伸缩 | 无退极化;<br>力学性能好 | 与 MEMS 工艺兼容性差;<br>需要偏置磁体 |
| 压电 | 无外加电源;<br>结构简单(悬臂梁);<br>输出电压高;<br>与 MEMS 工艺兼容性好 | 退极化;<br>阻抗大 |

表 1.3　四种振动能量收集器输出性能比较

| 类　型 | 研　究　单　位 | 制　备　工　艺 | 体积/<br>$mm^3$ | 输出功率/<br>$\mu W$ | 功率密度/<br>$mW \cdot cm^{-3}$ |
|---|---|---|---|---|---|
| 静电 | 东京大学[65] | MEMS | 305.25 | 1.0 | $3.28 \times 10^{-3}$ |
| | 西福尔大学学院[68] | MEMS | 15 | 3.4 | 0.226 |
| 电磁 | 南安普顿大学[73] | 精加工 | 15 | 42 | 2.8 |
| | 上海交通大学[83] | 线圈 MEMS<br>磁体为块材 | 13 | 0.61 | 0.047 |
| | 北京大学[87] | MEMS | 13.25 | 0.36nW | $2.7 \times 10^{-5}$ |
| 磁致<br>伸缩 | 北卡罗莱纳州立大学[60] | 精加工 | 220 | 200 | 0.91 |
| | 美国陆军研究实验室[93] | 精加工 | 696.77 | 2.2mW | 3.16 |
| 压电 | 奥本大学[95] | MEMS | 0.64 | 2.15 | 3.36 |
| | IMEC/Holst 中心[97] | MEMS | 12.73 | 60 | 4.71 |
| | 重庆大学[101] | MEMS | 51.46 | 211 | 4.10 |

**5) 复合式振动能量收集技术**

为了提高振动能量收集器输出性能,研究人员提出了复合式振动能量收集器,即在能量收集器结构中设计采用两种及两种以上机电转换机理,在同一激励下,各机电转换机理同时实现机电转换,提高其机电转换效率,最终实现振动能量收集器高性能输出。2008 年,美国伊利诺理工大学针对汽车发动机应用环境提出了利用压电效应与电磁效应的微型振动能量收集器,如图 1.41 所示,在基底框架上有 4 个折叠梁,上面分别制作压电换能器,构成微型压电振动能量收集器,弹簧自由端为质量块(永磁体),线圈固定在衬底上,构成微型电磁振动能量收集器。在汽车发动机振动环境(1.5$g$、50Hz)激励下,通过仿真得到该微型能量收集器的输出功率密度为 $0.67\text{mW} \cdot \text{cm}^{-3} \cdot g^{-2}$。美国斯蒂文斯理工学院、国立新加坡大学和美国弗吉尼亚理工学院等也相继开展了压电电磁复合式微型振动能量收集器的研究,但目前大部分研究处于理论探索和宏模型验证阶段。

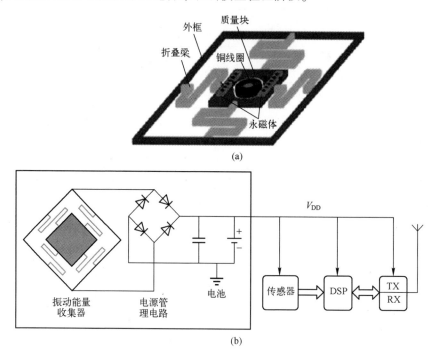

图 1.41 美国伊利诺理工大学压电–电磁式微型振动能量收集器模型(见彩图)

近年来,重庆大学微系统技术研究中心,系统研究了基于压电—电磁的复合式微型振动能量收集器,建立了相应的理论模型[105],从理论上证明了$(P_{\text{sp}}, P_{\text{sem}}) \leqslant P_{\text{复合}} \leqslant P_{\text{sp}} + P_{\text{sem}}(P_{\text{sp}}、P_{\text{sem}}$ 分别为单一压电振动能量收集器和单一电磁振动能量收集器输出功率),这与传统复合振动能量收集器理论模型得出的结论 $P_{\text{复合}} = P_{\text{sp}} +$

$P_{sem}$ 不同。基于该理论,设计制作了由永磁体共质量块悬臂梁阵列、上下多层感应线圈构成的复合式振动能量收集器样机,如图 1.42 所示。测试结果表明,复合式振动能量收集器输出功率大于任一单一机制输出功率,小于各单一机制输出功率之和,在 0.3$g$、56.4Hz 激励下,输出功率为 57.24μW。

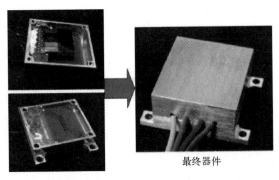

最终器件

图 1.42  重庆大学复合式微型振动能量收集器样机(见彩图)

综上所述,在微型振动能量收集器研究方面:静电振动能量收集器与 MEMS 工艺兼容性好,但其输出功率密度低,且需要外加电源,需要解决电极静电吸附等问题;微型电磁振动能量收集器虽然研究早,但由于永磁体和多层感应线圈的 MEMS 制备工艺复杂,且磁体微型化后磁能密度下降,导致基于 MEMS 技术的微型电磁振动能量收集器输出功率密度低;磁致伸缩振动能量收集器研究较少,目前主要是宏观结构的研究,基于 MEMS 技术的磁致伸缩振动能量收集器目前鲜有报道;微型压电振动能量收集器与 MEMS 工艺兼容性好,易于微型化,且输出功率密度高,受到国内外广泛关注。为了提高压电振动能量收集器输出性能,提出了基于两种及两种以上机电转换机制的复合式振动能量收集器结构。在后续章节中,本书将对压电、电磁、复合式振动能量收集器进行详细介绍。

#### 1.3.2.2  流体能量收集技术现状与趋势

根据流体能量收集器结构不同,流体能量收集器可以分为转动式和振动式两类。转动式主要用于收集风能,由扇叶获取风能,然后通过转轴连接小型的电磁发电机,或者是由凸轴系统转化为振动能量后由振动能量收集器转化为电能;振动式的微型流体能量收集器是通过涡激振动、颤振、驰振、谐振腔等典型的流体诱导振动机理,将风能、水的动能转化为振动能量,再由振动能量收集器转为电能。

#### 1)转动结构的流体能动收集技术

在研究初期,微型风能收集器的结构基本都是转动式大型风力发电机的小型化,这种结构存在两个问题[106]:一是结构复杂,微型结构的加工和安装较为困难;二是轴承的摩擦力和材料疲劳在微尺度下更加显著,可靠性和工作效率低。

2004年，英国帝国理工学院采用激光加工技术制备了SU8基的3D涡轮结构[106, 107]，在硅基上制备了平面铜线圈，组装成电磁式转动风能收集器，如图1.43所示，直径7.5mm，在35L/min流量（20~30m/s的风速）下输出功率为1mW。尽管如此，这种电磁式的涡轮风能收集器还存在线圈匝数少、加工技术复杂、输出电压低、可靠性差等问题。

振动能量收集器的研究结果表明，基于压电效应的能量收集器的能量密度较高。2010年韩国西江大学Chang等[108]利用扇叶的转动，将稳定流转化为风速波动的气流，然后吹动PVDF压电膜发生交替的振动，由PVDF将风能转化为电能，在3.5m/s风速下，最大输出电压4.05V。2012年南京理工大学孙加存等[109]在扇叶转轴上安装了4个挡板，每转一周就拨动PZT压电片4次，实现了风能—转动能—振动能—电能的转换，输出功率最大1.16mW。

图1.43　英国帝国理工学院电磁式微型转动风能收集器

转动结构的风能收集器首先将风能转化为机械转动能，再由转动转化为压电梁的振动，最后由压电效应转化为电能，发生了3次能量转化过程，能量损失较大、效率低。

**2）流体诱导振动能量收集技术**

随着振动能量收集器的发展，研究者将流体诱导振动结构和振动能量收集器结合，形成了基于流体诱导振动效应的微型流体动能收集器，结构相对简单且成本较低。流体诱导振动能量收集是一个流—机—电相互转换的多场耦合过程。首先是流固耦合过程，流体动能转化为机械结构的振动能，目前主要有涡激振动、颤振、驰振、共振腔等典型的流体致振动现象[110-114]；其次是机电耦合过程，与上述的振动能能量收集器转换机理完全一样，只是此处结构上的载荷为流体作用力，而非振动加速度。

（1）涡激振动。涡激振动是一种普遍的流体诱导振动现象，在一定的雷诺数范围内，当稳定流绕过一个非流线型的钝体时，会在钝体两侧的后面产生交替的旋涡脱落，形成所谓的卡门涡街，同时在钝体上产生交替的压力。当钝体是弹性体时，就会在横向发生振动，同时钝体的振动又会改变尾流的旋涡发放，这种流固耦合现象就是涡激振动[115]。

基于涡激振动机理的流动能收集器主要有两种器件：一是利用钝体两侧的后面产生交替的旋涡脱落形成的交替变化的压力场，驱动收集器结构的振动，然后由振动能量收集器转化为电能；另一个是利用钝体弹性支撑时，自身发生的涡激振动。

2010 年美国纽约城市大学 Akaydln 等人[116]将柔性的 PVDF 压电膜(30mm× 16mm×0.2mm)安装在圆柱体后面的涡街内,但自由端在前,固定端在后,在 6.8m/s(Re=14800)风速下发生涡激振动,输出功率只有 4μW,如图 1.44 所示。

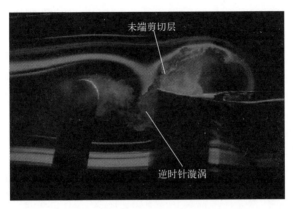

图 1.44　基于 PVDF 压电膜的涡激振动风能收集器(见彩图)

PVDF 的压电系数 $d_{31}$ 大小只有 23pC/N,输出电压小,且匹配的阻抗大,在兆欧的数量级,导致后续的电源管理电路复杂且功耗高。相比之下,PZT 的压电系数 $d_{31}$ 为 274pC/N,是 PVDF 的 12 倍,输出电压高,且阻抗小,只有几百或几十千欧。2010 年美国佐治亚理工学院的 Hobbs 加工了风致振动的结构[117],弹性橡胶棒支撑的柱体结构在风中自身发生涡激振动,在橡胶棒应变最大的根部安装了电压换能器,将风能转化为电能,如图 1.45 所示,在 1~3m/s 的风速下输出功率为 96μW。

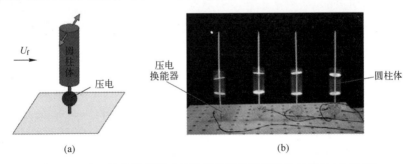

图 1.45　基于钝体涡激振动的微型风能收集器结构与样机(见彩图)

旋涡的脱落频率与流速成正比,当与钝体的共振频率接近时发生共振,且共振现象会锁定在一定流速范围内。因此,基于涡激振动机理的流体动能收集器受到锁定现象的限制,工作流速范围通常比较窄。目前利用涡激振动效应进行风能收集的研究大多是开展理论模型和软件仿真等方面的工作,主要对流—机—电多场耦合问题进行探讨[118, 119],分析结构参数对输出性能的影响。水流动能的收集多采用这种机理,如 Techet 等人采用 PVDF 压电膜研制的海底洋流收集的"鳗鱼"[120]。

（2）颤振与驰振。颤振与驰振现象是一种自激的发散振动,具有大振幅和大变形的特征。在一定的风速条件下,作用在结构上流体的压力与结构的振动方向一致时,结构就会从流体中吸取能量,增加结构的振幅;一旦结构从流体中吸收的能量大于自身损耗能量时,结构发生失稳,振幅突然增大,发生颤振或驰振。颤振和驰振通常在风速大于临界值时触发,低于这个临界风速时结构处于稳定状态。在一定的范围内,临界风速与结构的固有频率具有线性的关系[121-123],因此结构的刚度对临界风速影响较大。柔性结构的临界风速低,容易发生,刚性结构则相反。

2009 年,多伦多大学航空航天研究所 Tang 等人[124]提出了柔性膜在轴向流中的颤振结构,建立了颤振理论模型,Tang 提出将线圈嵌入到柔性膜内的结构,设计了微型电磁风致振动能量收集器结构。2010 年,美国 Humdinger Wind Energy 公司研制了基于颤振机理的微型电磁风致振动能量收集器[125, 126],如图 1.46 所示,磁铁安装在一个两端固定的柔性膜上,线圈在磁铁的两边,当柔性膜发生颤振时,带动磁铁与线圈发生相对运动,从而产生电流。

除了电磁式风能收集器外,压电式也在风能收集器中得到了广泛应用。

2011 年,美国康奈尔大学 Bryant[127, 128]等人在 PZT 压电悬臂梁的自由端铰链一个机翼结构用于收集风能,如图 1.47（a）所示,机翼发生颤振带动压电梁一起振动,临界风速降低到了 1.9m/s。在 8m/s 的风速下,输出功率 2.2mW。但机翼结构本身设计成流线

图 1.46  Humdinger Wind Energy 微型电磁风致振动能量收集器（见彩图）

型,往往是为了避免颤振的发生。2010 年,韩国全北国立大学 Kwon 让弹性梁的自由端迎风,并在自由端安装了一个矩形板,将临界风速降低到了 4m/s,如图 1.47（b）所示。在弹性梁的根部安装了 6 个 $28\times14mm^2$ 的压电片,在 15m/s 风速下,输出电压 130V,输出功率 4.0mW。

2012 年,重庆大学微系统技术研究中心成功研制出基于颤振机理的微型风致电磁振动能量收集器,如图 1.48 所示,输出电压为 6V、输出功率达 2.5mW。同年提出了基于颤振机理柔性梁复合微型压电风致振动能量收集器,建立了线性颤振理论模型,降低了临界风速,研制的原理样机如图 1.49 所示,在 10~15m/s 时输出电压 16.4V,输出功率达 3.1mW。

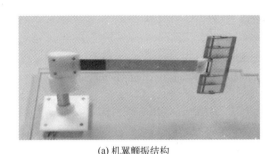

(a) 机翼颤振结构      (b) T形颤振结构

图 1.47   PZT 梁结构的微型压电风致振动能量收集器(见彩图)

图 1.48   微型压电风致振动能量收集器      图 1.49   柔性复合梁微型压电风
致振动能量收集器(见彩图)

（3）谐振腔。谐振腔主要是指赫姆霍兹共鸣器,主要包括腔体和颈部两部分。腔体内空气的可压缩性可以看成一个弹簧,与腔体连接的颈部的空气质量可以看成声质量,这样就形成一个典型的弹簧—质量块二阶系统。在颈部有一个开口,风在开口处的波动会引起这个弹簧—质量块系统以自身的谐振频率发生振动。

利用谐振腔结构收集风能的研究比较少,最早的应用是作为引信电源,在腔体的底部放置一个膜片,在膜片上安装磁铁,如图 1.50 所示。气流通过环形喷咀后,在尖劈上形成环音扰动,从而激发谐振腔的振动,底部的膜片发生振动带动磁铁与线圈发生相对运动,从而产生电流。2009 年,西安机电信息研究所的雷军命[129]将谐振腔底部的膜片换成压电片,在 300m/s 的高风速下输出电压 39.5V,输出功率1.4W,完全满足引信用电需求。2013 年,机电动态控制重点实验室(北京分部)的杨芳等人[130]尝试采用 MEMS 技术实现微型化。

炮弹、子弹等高风速环境风能的输入大,即使转化效率低也很容易得到比较高的输出性能,在低风速下性能则会降低。由于基于谐振腔结构的风能收集器包括了谐振腔体,通常体积比较大,微型化困难,目前的研究都是厘米尺度的宏模型。

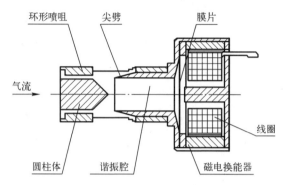

图 1.50　基于谐振腔的引信电源

2010 年,美国克莱姆森大学的 Clair 等人[131]采用 PVC 材料加工了一个直径 76.2mm 的腔体,如图 1.51 所示,在腔体底部安装了铝片(58mm×16mm×0.3mm) 和 PZT 压电片(12mm×12mm×0.127mm),在 12.5m/s 的风速下,最大输出功率 0.8mW。2012 年,重庆大学的杜志刚等人[132]则是在 PZT 压电梁末端粘接了柔性 的 PET 膜,安装在了谐振腔的侧面,在 17m/s 的风速下输出功率 1.28mW。

图 1.51　美国克莱姆森大学风能收集器(见彩图)

　　(4) 其他。除了上述流体诱导振动机理的微型能量收集器之外,还有一些脉 动流等机理的流体动能收集器。

　　2011 年,韩国先进科学技术院的 Jung 等人[133]将电磁式微型振动能量收集器 安装在了桥梁拉锁上,拉锁的风致振动作为振动源,输出的电能能够满足用于桥梁 结构健康监测的无线传感网络系统节点的供电需求。2012 年,新加坡国立大学 Liu 等人[134]采用 Sol-Gel 方法在 SOI 片上制备了 3μm 的 PZT 膜,采用 MEMS 技术 加工了 3000μm×300μm×8.75μm 的微型压电悬臂梁,如图 1.52 所示。在 15.6m/s 的风速下输出电压 18.1mV,功率 3.3nW。2010 年,英国南安普顿大学的 Zhu 等 人[135]设计了电磁式的微型风致振动能量收集器,如图 1.53 所示。机翼结构安装在悬臂梁的自由端,在机翼前缘有一个挡风结构以便形成非稳定流。磁铁安装在机翼结构上,在 5m/s 风速下输出功率 1.6mW。

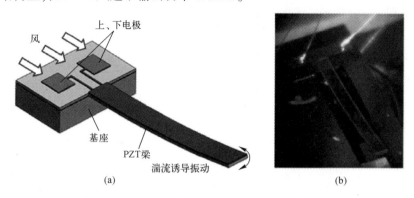

图 1.52　新加坡国立大学 MEMS 微型风致振动能量收集器结构与样机(见彩图)

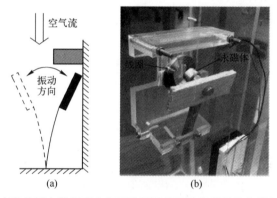

图 1.53　南安普顿大学微型电磁风致振动能量收集器结构与样机(见彩图)

以上分析表明,流体动能的收集主要针对风能,水流动能较少。转动结构风能收集器由于结构复杂、加工困难、功率密度低、可靠性差等问题,研究较少。基于涡激振动与颤振等机理的流体诱导振动收集器结构简单、功率密度高,能够有效地获取风能并转化为电能,是风能和水能能量收集器的主要发展方向。

### 1.3.3　环境动能收集器电源管理电路及应用技术的现状与趋势

为了解决环境动能收集器与负载不匹配的矛盾而诞生的电源管理技术是微能源技术研究中不可或缺的一环,微型振动能量收集器的电源管理电路是一种具有整流、阻抗匹配和稳压功能的电路,它能根据负载和外界环境的变化对电能进行有效地储存与释放管理,其核心目的在于降低自身功耗、实现负载匹配,最终提高微能源系统的性能。

传统的整流—储能—稳压输出的标准能量收集器电源管理电路(SEH)远不能满足环境动能收集器对电源管理的需求,近年来,针对环境动能收集器的输出特性,研究人员在电路拓扑优化(包括各种新型的电荷泵、SSHI 等电路)和电路的集成化、芯片化等方面展开研究。

　　SSHI 电路是一种运用开关电感提高压电能量收集器转换效率的专用接口电路。SSHI 电路的关键技术在于电感开关信号的同步获取。美国伯克利大学 2012年研制了一种从压电薄膜上同步获取振动能量收集器运动状态峰值信号的 SSHI电路,成功获取了电压为 2.5V 的电感开关信号。2012 年,法国卡尚高等师范学院[136]提出了一种基于速度控制的 V-SSHI 自供能微型振动能量收集器电源管理方法,原理如图 1.54 所示,与传统的桥式整流电流相比,SSHI 技术输出效率更高,但实际应用中 SSHI 技术采用双极晶体管作为电压峰值检测器,需要消耗能量,V-SSHI 技术采用速度控制,减少电能消耗,且可以更精确地控制功率开关管的开闭,提高了电路的输出效率。

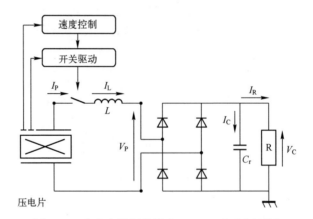

图 1.54　卡尚高等师范学院 V-SSHI 电路原理图

　　电荷泵电路是由电子开关控制的电容串并联网络,实现低功耗倍压。图 1.55是 2011 年,中国台湾交通大学针对某微型转动能量收集器设计的电荷泵电路。该电荷泵由 6 个电容和 CMOS 开关阵列构成,测试结果表明,该电荷泵电路的脉冲输出幅度为 7.3mW,占空比为 20%,自身静态功耗仅为 2.2μW。

　　2012 年,重庆大学提出了悬臂梁式压电能量收集器自主控制快速充电电路设计,根据超级电容器在各个阶段的充电速度快慢不同,提出了一种采用 3 个超级电容器分组充电串联供电的快速充电电路,同时采用小容量锂电池作为能源备用储能器,通过低功耗单片机 ATmega168 控制开关开闭,实现自主控制。

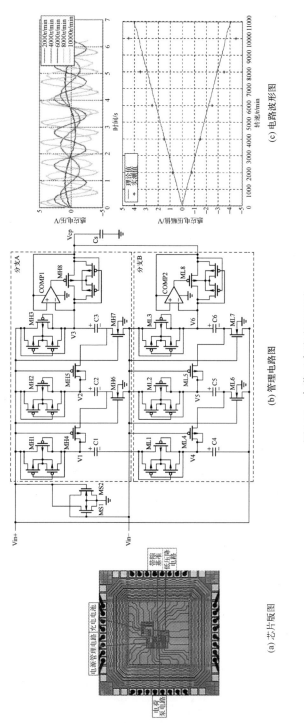

(a) 芯片版图

(b) 管理电路图

(c) 电路波形图

图1.55 电荷泵电路 (见彩图)

此外,世界主流的芯片供应商已经开始推出商业化的微能源电源管理芯片。该类芯片能够服务于指定的环境能量获取场合,如美国凌特公司推出的用于微型压电振动能量收集器的 LTC-3588 芯片,LTC-3588 可将 2.5~20V 交流输入降低为 1.8V、2.5V、3.3V 或 3.6V 直流输出;典型休眠损耗电流 450nA,工作损耗电流约 10μA。

在环境动能收集器应用研究方面,仍处于初始阶段。环境动能收集器的应用与应用环境密切相关,与环境振动特性相匹配和满足负载性能需求的要求使环境动能收集器的应用极其受限。在环境振动特性研究方面,目前只有少数单位开展了相应的研究,如针对日常生活生产中的常用机械设备振动特性进行了研究。目前,有研究人员将环境动能收集器应用于某些特殊的应用环境,如 2011 年德国弗莱堡大学针对监测铁路交通的无线传感网络节点供电问题提出了一种微能源系统,如图 1.56 所示,该系统由微型振动能量收集器、低功耗电源管理电路和无线接口组成,现场测试表明该微能源系统足以为传感网络节点供电。美国 MicroGen's 公司针对环境中特定振动频率和加速度,研发了系列微型压电振动能量收集器系统产品,如图 1.57 所示。

图 1.56　德国弗莱堡大学微能源系统(见彩图)

图 1.57　MicroGen's 公司微能源系统(见彩图)

综上所述,微能源电源管理电路目前的研究趋势是不断通过电路拓扑优化设计、实现更高效率的能量转化和更低的自身功耗;不同类型的微能源器件由于自身电特性的不同,需要采用不同的接口电路进行匹配。此外,国际重要芯片商的入驻,也从侧面印证了微能源技术即将到来的大规模推广运用阶段。

# 1.4　本章小结

本章介绍了微能源的应用背景、概念与内涵及其总体发展现状与趋势。重点介绍了受国内外广泛关注的环境动能能量收集器及其相应的电源管理和应用技术研究现状与发展趋势。在后续章节中,本书将结合重庆大学微系统技术研究中心在面向环境动能的微型能量收集器方面的研究成果,介绍微型环境动能能量收集器的相关理论、设计方法与制造工艺、电源管理电路和应用技术探索。第 2~5 章将分别针对微型压电能量收集器、微型电磁振动能量收集器、微型风致振动能量收集器和复合微型振动能量收集器的理论模型、设计方法及其微加工技术进行详细介绍;第 6 章介绍微型振动能量收集器的频带拓展技术;第 7 章介绍微型压电振动能量收集器电源管理电路及其应用技术探索。

# 参 考 文 献

[1] Akyildiz I F,Su W,Sankarasubramaniam Y,et al. Wireless sensor networks:a survey[J]. Computer networks,2002,38(4):393-422.

[2] 孙利民. 无线传感器网络[M]. 北京:清华大学出版社,2005.

[3] Akyildiz I F,Vuran M C. Wireless sensor networks[M]. New Jersey:John Wiley & Sons,2010.

[4] Paradiso J A,Starner T. Energy scavenging for mobile and wireless electronics[J]. Pervasive Computing,IEEE,2005,4(1):18-27.

[5] Salot R,Bancel S,Martin S,et al. Thermoelectric and microbattery hybrid system with its power management [C]//: Symposium on Design, Test, Integration and Packaging of MEMS/MOEMS,2006.

[6] 刘路,解晶莹. 微能源[J]. 电源技术,2002,26(6):470-474.

[7] 秦冲,苑伟政,孙磊,等. 微能源发展概述[J]. 光电子技术,2005,25(4):218-221.

[8] Koeneman P B,Busch-Vishniac I J,Wood K L. Feasibility of micro power supplies for MEMS [J]. Journal of Microelectromechanical Systems,1997,6(4):355-362.

[9] Chandrakasan A P,Daly D C,Kwong J,et al. Next generation micro-power systems[C]//:VLSI Circuits,2008 IEEE Symposium on,2008,IEEE.

[10] Anton S R,Sodano H A. A review of power harvesting using piezoelectric materials (2003-2006)[J]. Smart Materials and Structures,2007,16(3):R1-R21.

[11] Cook-Chennault K A,Thambi N,Sastry A M. Powering MEMS portable devices-a review of non-regenerative and regenerative power supply systems with special emphasis on piezoelectric energy harvesting systems[J]. Smart Materials and Structures,2008,17(4):43001.

[12] Beeby S P,Tudor M J,White N M. Energy harvesting vibration sources for microsystems applications[J]. Measurement science and technology,2006,17(12):R175-R195.

[13] DuToit N E,Wardle B L. Experimental verification of models for microfabricated piezoelectric vibration energy harvesters[J]. AIAA journal,2007,45(5):1126-1137.

[14] DuToit N E,BRIAN L W,Sang-Gook K. Design considerations for MEMS-scale piezoelectric mechanical vibration energy harvesters[J]. Integrated Ferroelectrics,2005,71(1):121-160.

[15] Aktakka E E, Peterson R L, Najafi K. Multi－layer PZT stacking process for piezoelectric bimorph energy harvesters:11th International Conference on Micro and Nanotechnology for Power Generation and Energy Conversion Applications (PowerMEMS'11),Seoul,2011[C].

[16] Erturk A, Inman D J. On mechanical modeling of cantilevered piezoelectric vibration energy harvesters[J]. Journal of Intelligent Material Systems and Structures,2008,19(11):1311－1325.

[17] Liu H, Tay C J, Quan C, et al. Piezoelectric MEMS energy harvester for low－frequency vibrations with wideband operation range and steadily increased output power[J]. Journal Microelectromechanical Systems,2011,20(5):1131－1142.

[18] Vullers R,Renaud M,Elfrink R,et al. MEMS based vibration harvesting:Facing the ugly facts [C]//:Transducers & Eurosensors Xxvii:the International Conference on Solid–State Sensors, Actuators and Microsystems,Barcelona,2013,IEEE.

[19] Park J C, Park J Y. Asymmetric PZT bimorph cantilever for multi－dimensional ambient vibration harvesting[J]. Ceramics International,2013,39(1):S653–S657.

[20] Yang W,Chen J,Zhu G,et al. Harvesting vibration energy by a triple–cantilever based triboelectric nanogenerator[J]. Nano Research,2013,6(12):880–886.

[21] Tao Y Y,Li Z R,Shang G Q,et al. On Piezoelectric Harvesting Technology[J]. Advanced Materials Research,2012,516:1496–1499.

[22] Harb A. Energy harvesting:State－of－the－art[J]. Renewable Energy,2011,36(10):2641－2654.

[23] Kim T. Fully–integrated micro PEM fuel cell system with NaBH4 hydrogen generator[J]. International Journal of Hydrogen Energy,2012,37(3):2440–2446.

[24] Kim T. Hydrogen generation from sodium borohydride using microreactor for micro fuel cells [J]. International Journal of Hydrogen Energy,2011,36(2):1404–1410.

[25] Su P,Prinz F B. Nanoscale membrane electrolyte array for solid oxide fuel cells[J]. Electrochemistry Communications,2012,16(1):77–79.

[26] Yen B C,Herrault F,Hillman K J,et al. Characterization of a fully–integrated permanent–magnet turbine generator[J]. Journal of Food Science,2008,43(1):278.

[27] Iizuka A, Takato M, Kaneko M, et al. Millimeter Scale MEMS Air Turbine Generator by Winding Wire and Multilayer Magnetic Ceramic Circuit[J]. Modern Mechanical Engineering,2012,2(2):41–46.

[28] Pan C,Wu T. Development of a Rotary Electro–magnetic Microgenerator[J]. Journal of Micromechanics and Microengineering,2007,17(1):120–128.

[29] Che H Z,Shi G Y,Zhang X Y,et al. Analysis of 40 years of solar radiation data from China,1961–2000[J]. Geophysical Research Letters,2005,1029(32):2341–2352.

[30] Conibeer G. Third–generation photovoltaics[J]. Materials today,2007,10(11):42–50.

[31] Sohrabi F, Nikniazi A, Movla H. Optimization of Third Generation Nanostructured Silicon－

Based Solar Cells[M]//Solar Cells - Research and Application Perspectives. 2013:235-244.

[32] Fojtik M,Kim D,Chen G,et al. A millimeter-scale energy-autonomous sensor system with stacked battery and solar cells[J]. IEEE Journal of Solid-State Circuits,2013,48(3):801-813.

[33] Sonnenenergie D G F. Planning and Installing Photovoltaic Systems:A Guide for Installers, Architects and Engineers[M]. Earthscan,2008.

[34] Roundy S J. Energy scavenging for wireless sensor nodes with a focus on vibration to electricity conversion[D]. University of California,2003.

[35] Bouchouicha D,Dupont F,Latrach M,et al. Ambient RF energy harvesting[C]//:International Conference on Renewable Energies and Power Quality,2010.

[36] Schuder J C. Powering an Artificial Heart:Birth of the Inductively Coupled-Radio Frequency System in 1960[J]. Artificial organs,2002,26(11):909-915.

[37] Pham B L,Pham A. Triple bands antenna and high efficiency rectifier design for RF energy harvesting at 900, 1900 and 2400 MHz[C]//:Microwave Symposium Digest (IMS), 2013 IEEE MTT-S International,2013. IEEE.

[38] Sample A,Smith J R. Experimental results with two wireless power transfer systems[C]//: Radio and Wireless Symposium,2009. RWS'09. IEEE,2009. IEEE.

[39] Guideline I. Guidelines for limiting exposure to time-varying electric, magnetic, and electromagnetic fields (up to 300 GHz)[J]. Health Phys,1998,74(4):494-522.

[40] IEEE Standard for Safety Levels with Respect to Human Exposure to Radio Frequency Electromagnetic Fields,3 kHz to 300 GHz[C]//IEEE std C. IEEE,2006:1-238.

[41] Visser H J,Reniers A C,Theeuwes J A. Ambient RF energy scavenging:GSM and WLAN power density measurements[C]//:Microwave Conference,2008. EuMC 2008. 38th European, 2008. IEEE.

[42] Burch J B,Clark M,Yost M G,et al. Radio frequency nonionizing radiation in a community exposed to radio and television broadcasting[J]. Environmental health perspectives, 2006, 114(2):248.

[43] Rowe D M,Morgan D V,Kiely J H. Miniature low-power/high-voltage thermoelectric generator [J]. Electronics Letters,1989,25(2):166-168.

[44] Stordeur M,Stark I. Low power thermoelectric generator-self-sufficient energy supply for micro systems[C]//:Thermoelectrics,1997. Proceedings ICT'97. XVI International Conference on, 1997. IEEE.

[45] Kishi M,Nemoto H,Hamao T,et al. Micro thermoelectric modules and their application to wristwatches as an energy source[C]//:Thermoelectrics,1999. Eighteenth International Conference on,1999. IEEE.

[46] Wang Z,Leonov V,Fiorini P,et al. Realization of a wearable miniaturized thermoelectric generator for human body applications[J]. Sensors and Actuators A:Physical,2009,156(1):95-102.

35

[47] 基于 Bi₂Te₃ 薄膜的热电能量收集器[EB/OL]. http://www. poweredbythermolife.com/.

[48] Deng L, Wen Z, Zhao X, et al. High Voltage Output MEMS Vibration Energy Harvester in $d_{31}$ Mode with PZT Thin Film[J]. Journal of Microelectromechanical Systems,2014,23(4):855–861.

[49] 朱伟强. 福建省沿海风力资源特性分析[J]. 电力勘测设计,2006,1(1):33–36.

[50] 李艳,耿丹,董新宁,等. 1961–2007 年重庆风速的气候变化特征[J]. 大气科学学报,2010,33(3):336–340.

[51] 彭小云,袁剑. 高层建筑室外风速简化计算方法研究[J]. 四川建筑科学研究,2011,37(3):37–39.

[52] 董文华,张维智. 扰动风速风力发电系统及其垂直轴微型风力机,CN1594874[P]. 2005–03–16.

[53] 胡俊. 大跨度悬索桥现场实测数据、风雨激励响应及风振疲劳研究[D]. 大连:大连理工大学,2012.

[54] 王福军,周佩剑. 铁路风力发电灯具的制作方法[P]. 210–11–24.

[55] 叶征伟. 山区高墩大跨连续刚构桥风环境及风荷载研究[D]. 浙江:浙江大学,2012.

[56] 张红涛,寇晓霞. 一种隧道风力发电装置,CN 2015 31372U[P]. 2010–7–21.

[57] 申建红,李春祥. 强风作用下超高层建筑风场特性的实测研究[J]. 振动与冲击,2010,29(5):62–68,7.

[58] Roundy S, Wright P K, Rabaey J. A study of low level vibrations as a power source for wireless sensor nodes[J]. Computer communications,2003,26(11):1131–1144.

[59] Suzuki Y. Recent progress in MEMS electret generator for energy harvesting[J]. IEEJ Transactions on Electrical and Electronic Engineering,2011,6(2):101–111.

[60] Wang L, Yuan F G. Vibration energy harvesting by magnetostrictive material [J]. Smart Materials and Structures,2008,17(4):45009.

[61] Fan F, Tian Z, Wang Z L. Flexible triboelectric generator[J]. Nano Energy,2012,1(2):328–334.

[62] Meninger S, Mur–Miranda J O, Amirtharajah R, et al. Vibration–to–electric energy conversion [J]. Very Large Scale Integration (VLSI) Systems, IEEE Transactions on, 2001, 9(1):64–76.

[63] Bartsch U, Gaspar J, Paul O. Low–frequency two–dimensional resonators for vibrational micro energy harvesting[J]. Journal of Micromechanics and Microengineering,2010,20(3):35016.

[64] Hoffmann D, Folkmer B, Manoli Y. Analysis and characterization of triangular electrode structures for electrostatic energy harvesting[J]. Journal of Micromechanics and Microengineering, 2011,21(10):104002.

[65] Suzuki Y, Miki D, Edamoto M, et al. A MEMS electret generator with electrostatic levitation for vibration–driven energy–harvesting applications[J]. Journal of Micromechanics and Microengineering,2010,20(10):104002.

[66] Choi D,Han C,Kim H,et al. Liquid-based electrostatic energy harvester with high sensitivity to human physical motion[J]. Smart Materials and Structures,2011,20(12):125012.

[67] Crovetto A,Wang F,Hansen O. An electret-based energy harvesting device with a wafer-level fabrication process [J]. Journal of Micromechanics and Microengineering, 2013, 23(11):114010.

[68] Nguyen S D,Halvorsen E,Paprotny I. Bistable springs for wideband microelectromechanical energy harvesters[J]. Applied Physics Letters,2013,102(2):23904.

[69] Solutions F. VEH-460 Electromechanical Vibration Energy Harvester [EB/OL]. https://www.mendeley.com/research-papers/veh460/.

[70] V-Power 电磁振动能量收集器[EB/OL]. http://lumedynetechnologies.com/energy-harvester/.

[71] PMG17 系列产品[EB/OL]. http://www.perpetuum.com/products/.

[72] Glynne-Jones P,Tudor M J,Beeby S P,et al. An electromagnetic,vibration-powered generator for intelligent sensor systems[J]. Sensors and Actuators A:Physical,2004,110(1):344-349.

[73] Beeby S P,Torah R N,Tudor M J,et al. A micro electromagnetic generator for vibration energy harvesting[J]. Journal of Micromechanics and Microengineering,2007,17(7):1257.

[74] Zhu D,Roberts S,Tudor M J,et al. Design and experimental characterization of a tunable vibration-based electromagnetic micro-generator[J]. Sensors and Actuators A:Physical,2010,158(2):284-293.

[75] Zhu D,Beeby S,Tudor J,et al. Increasing output power of electromagnetic vibration energy harvesters using improved Halbach arrays[J]. Sensors and Actuators A:Physical,2013,203:11-19.

[76] Zhu D,Beeby S P. A broadband electromagnetic energy harvester with a coupled bistable structure[C]//:Journal of Physics:Conference Series,2013. IOP Publishing.

[77] Zorlu O, Topal E T, Kulah H. A vibration-based electromagnetic energy harvester using mechanical frequency up-conversion method[J]. Sensors Journal,IEEE,2011,11(2):481-488.

[78] Zorlu O,Turkyilmaz S,Muhtaroglu A,et al. An electromagnetic energy harvester for low frequency and low-g vibrations with a modified frequency up conversion method[C]//:Micro Electro Mechanical Systems (MEMS), 2013 IEEE 26th International Conference on, 2013. IEEE.

[79] Rahimi A,Zorlu O,Muhtaroglu A,et al. Fully self-powered electromagnetic energy harvesting system with highly efficient dual rail output[J]. Sensors Journal,IEEE,2012,12(6):2287-2298.

[80] Liu H,Koh K H,Lee C. Ultra-wide frequency broadening mechanism for micro-scale electromagnetic energy harvester[J]. Applied Physics Letters,2014,104(5):53901.

[81] Liu H,Soon B W,Wang N,et al. Feasibility study of a 3D vibration-driven electromagnetic

MEMS energy harvester with multiple vibration modes[J]. Journal of Micromechanics and Microengineering,2012,22(12):125020.

[82] Liu H,Qian Y,Lee C. A multi-frequency vibration-based MEMS electromagnetic energy harvesting device[J]. Sensors and Actuators A:Physical,2013,204:37-43.

[83] Wang P,Tanaka K,Sugiyama S,et al. A micro electromagnetic low level vibration energy harvester based on MEMS technology[J]. Microsystem technologies,2009,15(6):941-951.

[84] Wang P,Liu H,Dai X,et al. Design,simulation,fabrication and characterization of a micro electromagnetic vibration energy harvester with sandwiched structure and air channel[J]. Microelectronics Journal,2012,43(2):154-159.

[85] Han M,Yuan Q,Sun X,et al. Design and fabrication of integrated magnetic MEMS energy harvester for low frequency applications[J]. Journal of Microelectromechanical Systems,2013,1(23):204-212.

[86] Jiang Y,Masaoka S,Fujita T,et al. Fabrication of a vibration-driven electromagnetic energy harvester with integrated NdFeB/Ta multilayered micro - magnets [J].Journal of Micromechanics and Microengineering,2011,21(9):95014.

[87] Tanaka Y,Fujita T,Kotoge T,et al. Electromagnetic Energy Harvester by Using NdFeB Sputtered on High Aspect Ratio Si Structure[C]//:Journal of Physics:Conference Series, 2013. IOP Publishing.

[88] Tanaka Y,Fujita T,Kotoge T,et al. Design Optimization of Electromagnetic MEMS Energy Harvester with Serpentine Coil[C]//:Green Computing and Communications (GreenCom),2013 IEEE and Internet of Things (iThings/CPSCom),IEEE International Conference on and IEEE Cyber,Physical and Social Computing,2013. IEEE.

[89] Wang N,Arnold D P. Fully batch-fabricated MEMS magnetic vibrational energy harvesters[J]. Proc. Power-MEMS,2009:348-351.

[90] 温中泉,温志渝,陈光焱,等. 微型振动式发电机振子系统的理论计算及仿真[J]. 光学精密工程,2003,1(11):45-48.

[91] Lei Y,Wen Z,Chen L. Simulation and testing of a micro electromagnetic energy harvester for self-powered system[J]. AIP Advances,2014,4(3):31303.

[92] Hu J,Xu F,Huang A Q,et al. Optimal design of a vibration-based energy harvester using magnetostrictive material (MsM)[J]. Smart Materials and Structures,2011,20(1):15021.

[93] Yoo J,Flatau A B. A bending-mode galfenol electric power harvester[J]. Journal of Intelligent Material Systems and Structures,2012,23(6):647-654.

[94] Park J C,Lee D H,Park J Y,et al. High performance piezoelectric MEMS energy harvester based on d33 mode of PZT thin film on buffer-layer with PBTIO3 inter-layer[C]//:Solid-State Sensors,Actuators and Microsystems Conference,2009. TRANSDUCERS 2009. International,2009. IEEE.

[95] Shen D,Park J,Ajitsaria J,et al. The design,fabrication and evaluation of a MEMS PZT canti-

lever with an integrated Si proof mass for vibration energy harvesting[J]. Journal of Micromechanics and Microengineering,2008,18(5):55017.

[96] Fang H,Liu J,Xu Z,et al. Fabrication and performance of MEMS-based piezoelectric power generator for vibration energy harvesting[J]. Microelectronics Journal,2006,37(11):1280-1284.

[97] Elfrink R,Kamel T M,Goedbloed M,et al. Vibration energy harvesting with aluminum nitride-based piezoelectric devices [J]. Journal of Micromechanics and Microengineering, 2009, 19(9):94005.

[98] Elfrink R,Matova S,de Nooijer C,et al. Shock induced energy harvesting with a MEMS harvester for automotive applications[C]//:Electron Devices Meeting (IEDM),2011 IEEE International,2011. IEEE.

[99] Elfrink R,Renaud M,Kamel T M,et al. Vacuum-packaged piezoelectric vibration energy harvesters:damping contributions and autonomy for a wireless sensor system[J]. Journal of Micromechanics and Microengineering,2010,20(10):104001.

[100] Defosseux M,Allain M,Defay E,et al. Highly efficient piezoelectric micro harvester for low level of acceleration fabricated with a CMOS compatible process[J]. Sensors and Actuators A:Physical,2012,188:489-494.

[101] Deng L,Wen Z,Zhao X,et al. High Voltage Output MEMS Vibration Energy Harvester in Mode With PZT Thin Film[J]. Microelectromechanical Systems, Journal of, 2014, 23(4): 855-861.

[102] Wen Z,Deng L,Zhao X,et al. Improving voltage output with PZT beam array for MEMS-based vibration energy harvester:theory and experiment[J]. Microsystem Technologies,2015, 21(2):331-339.

[103] Deng L,Wen Q,Jiang S,et al. On the optimization of piezoelectric vibration energy harvester [J]. Journal of Intelligent Material Systems and Structures,2015,26(18):2489-2499.

[104] Deng L,Wen Z,Zhao X. Modeling and simulation of MEMS-based PZT beam array vibration energy harvester for high voltage output[J]. International Journal of Applied Electromagnetics and Mechanics,2014,46(1):243-253.

[105] Deng L, Wen Z, Zhao X. Theoretical and experimental studies on piezoelectric - electromagnetic hybrid vibration energy harvester [J]. Microsystem Technologies, 2016, 23(4):935-943.

[106] Holmes A S,Hong G,Pullen K R. Axial-flux permanent magnet machines for micropower generation[J]. Journal of microelectromechanical systems,2005,14(1):54-62.

[107] Holmes A S,Hong G,Pullen K R,et al. Axial-flow microturbine with electromagnetic generator:design,CFD simulation, and prototype demonstration[C]//:MICRO Electro Mechanical Systems,2004. IEEE International Conference on. ,2004,IEEE.

[108] Chang H,Kim D,Park J. Design and analysis of portable loadless wind power source for ubiq-

uitous sensor network［C］//：The International Conference Computer and Automation Engineering,2010,IEEE.

［109］ 孙加存,陈荷娟. 风动压电发电机的结构设计及实验研究［J］. 压电与声光,2012, 34(6):860-863.

［110］ Weinstein L A,Cacan M R,So P M,et al. Vortex shedding induced energy harvesting from piezoelectric materials in heating,ventilation and air conditioning flows［J］. Smart Materials and Structures,2012,21(4):45003.

［111］ Li S,Yuan J,Lipson H. Ambient wind energy harvesting using cross-flow fluttering［J］. Journal of Applied Physics,2011,109(2):26104.

［112］ Perez M,Boisseau S,Gasnier P,et al. An electret-based aeroelastic flutter energy harvester ［J］. Smart Materials and Structures,2015,24(3):35004.

［113］ Sirohi J,Mahadik R. Harvesting wind energy using a galloping piezoelectric beam［J］. Journal of vibration and acoustics,2012,134(1):11009.

［114］ Kim S,Ji C,Galle P,et al. An electromagnetic energy scavenger from direct airflow［J］. Journal of Micromechanics and Microengineering,2009,19(9):94010.

［115］ 宋久振,赵劲草,庄静,等. 均匀粘性流体中截断直立圆柱体受迫振荡的三维数值模拟 ［J］. 舰船科学技术,2012,34(8):12-17.

［116］ Akaydin H D,Elvin N,Andreopoulos Y. Wake of a cylinder:a paradigm for energy harvesting with piezoelectric materials［J］. Experiments in Fluids,2010,49(1):291-304.

［117］ Hobbs W B. Piezoelectric energy harvesting:vortex induced vibrations in plants,soap films, and arrays of cylinders［D］. Atlanta,USA:Georgia Institute of Technology,2010.

［118］ Dai H L,Abdelkefi A,Wang L. Piezoelectric energy harvesting from concurrent vortex-induced vibrations and base excitations［J］. Nonlinear Dynamics,2014,77(3):967-981.

［119］ Song R,Shan X,Lv F,et al. A study of vortex-induced energy harvesting from water using PZT piezoelectric cantilever with cylindrical extension［J］. Ceramics International,2015,41: 5768-5773.

［120］ Techet A H,Allen J J,Smits A J. Piezoelectric eels for energy harvesting in the ocean［J］. The Twelfth,2002:713-718.

［121］ Kwon S. A T-shaped piezoelectric cantilever for fluid energy harvesting［J］. Applied Physics Letters,2010,97(16):164102.

［122］ Tang L,Païdoussis M P. On the instability and the post-critical behaviour of two-dimensional cantilevered flexible plates in axial flow［J］. Journal of Sound and Vibration,2007,305(1): 97-115.

［123］ Michelin S,Doaré O. Energy harvesting efficiency of piezoelectric flags in axial flows［J］. Journal of Fluid Mechanics,2013,714(1):489-504.

［124］ Tang L,Païdoussis M P,Jiang J. Cantilevered flexible plates in axial flow:Energy transfer and the concept of flutter-mill［J］. Journal of Sound and Vibration,2009,326(1):263-276.

[125] Frayne S M. Fluid-induced energy converter with curved parts:US,US7772712[P]. 2010.

[126] Frayne S M. Generator utilizing fluid-induced oscillations:WO,WO20090309362[P]. 2009.

[127] Bryant M,Wolff E,Garcia E. Aeroelastic flutter energy harvester design:the sensitivity of the driving instability to system parameters [ J ]. Smart Materials and Structures, 2011, 20(12):125017.

[128] Bryant M,Garcia E. Modeling and testing of a novel aeroelastic flutter energy harvester[J]. Journal of vibration and acoustics,2011,133(1):11010.

[129] 雷军命. 引信气流谐振压电发电机[J]. 探测与控制学报,2009,23(1):23-26.

[130] 杨芳,隋丽,石庚辰. 气动柔性带压电发电机[J]. 探测与控制学报,2013,35(1):1-5.

[131] St Clair D,Bibo A,Sennakesavababu V R,et al. A scalable concept for micropower generation using flow - induced self - excited oscillations [ J ]. Applied Physics Letters, 2010, 96(14):144103.

[132] 杜志刚,贺学锋. 带谐振腔的微型压电风能采集器[J]. 传感技术学报,2012,25(6):748-750.

[133] Jung H,Kim I,Jang S. An energy harvesting system using the wind-induced vibration of a stay cable for powering a wireless sensor node [ J ]. Smart Materials and Structures, 2011, 20(7):75001.

[134] Liu H,Zhang S,Kathiresan R,et al. Development of piezoelectric microcantilever flow sensor with wind - driven energy harvesting capability [ J ]. Applied Physics Letters, 2012, 100(22):223905.

[135] Zhu D,Beeby S,Tudor J,et al. A novel miniature wind generator for wireless sensing applications:Sensors,2010 IEEE,Waikoloa,Hawaii,2010[C]. IEEE.

[136] Chen Y,Vasic D,Costa F,et al. A self-powered switching circuit for piezoelectric energy harvesting with velocity control [ J ]. The European Physical Journal Applied Physics, 2012, 57(03):30903.

# 第2章 微型压电振动能量收集器技术

超低功耗微电子器件、系统的快速发展与传统电池发展严重滞后的矛盾,促进了微型振动能量收集器的快速发展。基于压电效应的微型振动能量收集器与其他效应(如静电、电磁等)的微型振动能量收集器相比,具有输出功率密度高、无须外加电源、与 MEMS 工艺兼容性好等优点而受到广泛研究。

本章主要对微型压电振动能量收集器工作原理与相关理论进行介绍,并结合重庆大学微系统研究中心在 MEMS 压电振动能量收集器方面的研究工作,对基于 MEMS 技术的微型压电振动能量收集器的设计理论与方法、加工工艺和测试分析等相关理论与关键技术进行介绍。

## 2.1 压电振动能量收集器理论

### 2.1.1 压电振动能量收集器工作原理

压电振动能量收集器是基于压电效应实现振动能-电能的转换,其工作原理如图 2.1 所示。当无外力作用于压电晶体时,压电晶体内部存在一定的极化强度,此时压电晶体表面电极吸附着一层来自外界的自由电荷;当与极化方向平行的外力作用于压电晶体时,正负束缚电荷间距减小,极化强度降低,有一部分吸附在电极上的自由电荷被释放而出现放电现象;当外力撤销时,压电晶体恢复原状,正负束缚电荷距离被拉开,极化强度增大,此时电极上又吸附一部分自由电荷而出现充电现象。因此,当外界振动持续不断地提供交变力作用于压电晶体时,压电晶体不断地充放电,从而将外界机械能转换为电能。

微型压电振动能量收集器多采用悬臂梁结构,如图 2.2 所示。根据压电晶体所受应力方向与压电晶体极化方向不同,压电晶体工作模式有 $d_{31}$ 模式和 $d_{33}$ 模式,两方向相互垂直时为 $d_{31}$ 模式,平行时为 $d_{33}$ 模式。图 2.2 为 $d_{31}$ 模式压电振动能量收集器结构,第 1 章中图 1.35 为基于叉指电极的 $d_{33}$ 模式压电振动能量收集器结构。力学变量与电学变量之间的关系可以通过压电方程进行描述。图 2.3 为压电振动能量收集器工作模式。

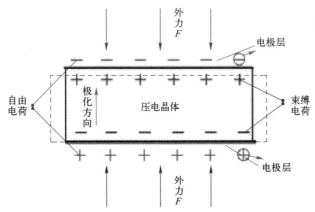

图 2.1　压电振动能量收集器工作原理示意图(见彩图)

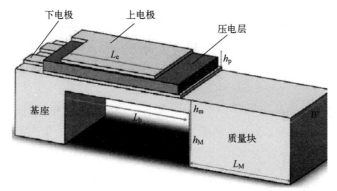

图 2.2　$d_{31}$模式微型压电振动能量收集器结构示意图(见彩图)

### 2.1.1.1　压电方程

压电方程(压电本构方程)是反映压电晶体弹性变量(即应力、应变)与电学变量(即电场、电位移)之间关系的物态方程。根据边界条件和自变量的不同,有四类压电方程[2],如表 2.1 所列。

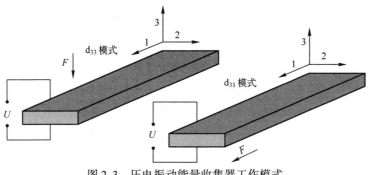

图 2.3　压电振动能量收集器工作模式

表2.1　四类压电方程

| 方程类型 | 边界条件 | 自变量 | 应变量 | 压电方程 |
|---|---|---|---|---|
| 第一类<br>压电方程 | 机械自由<br>电学短路 | 应力 $T$<br>电场强度 $E$ | 应变 $S$<br>电位移 $D$ | $S_i = s_{ij}^E T_j + d_{ni} E_n$<br>$D_m = d_{mj} T_j + \varepsilon_{mn}^T E_n$ |
| 第二类<br>压电方程 | 机械夹紧<br>电学短路 | 应变 $S$<br>电场强度 $E$ | 应力 $T$<br>电位移 $D$ | $T_i = c_{ij}^E S_j - e_{ni} E_n$<br>$D_m = e_{mj} S_j + \varepsilon_{mn}^S E_n$ |
| 第三类<br>压电方程 | 机械自由<br>电学开路 | 应力 $T$<br>电位移 $D$ | 应变 $S$<br>电场强度 $E$ | $S_i = s_{ij}^D T_j + g_{mi} D_m$<br>$E_m = -g_{mj} T_j + \beta_{mn}^T D_n$ |
| 第四类<br>压电方程 | 机械夹紧<br>电学开路 | 应变 $S$<br>电位移 $D$ | 应力 $T$<br>电场强度 $E$ | $T_i = c_{ij}^D S_j - h_{mi} D_m$<br>$E_m = -h_{mi} S_i + \beta_{mn}^S D_n$ |

表中，角标 $i,j=1\sim6$；$m,n=1\sim3$；$\varepsilon(\text{F/m})$ 为介电常数；$\beta(\text{m/F})$ 为介电隔离率；$s(\text{m}^2/\text{N})$ 为柔顺系数；$c(\text{N/m}^2)$ 为刚度常数；$d(\text{m/V})$、$e(\text{C/m}^2)$、$g(\text{m}^2/\text{V})$ 和 $h(\text{V/m})$ 分别为压电应变常数、压电应力常数、压电电压常数和压电刚度常数；上标 $()^T$，$()^S$、$()^D$ 和 $()^E$ 分别为机械自由、机械夹紧、电学开路和电学短路边界条件下的测试值。

对于压电振动能量收集器，通常采用第一类和第二类压电方程进行系统建模。对于 $d_{31}$ 模式悬臂梁结构压电振动能量收集器，压电层厚度尺寸通常远小于压电层长宽尺寸，即压电层等效为薄板，此时压电层厚度方向的正应力和剪应力忽略不计，且只有 $Z$-方向，即3方向有电场，则有

$$T_3 = T_4 = T_5 = 0 \tag{2.1}$$

$$E_1 = E_2 = 0 \tag{2.2}$$

第一类压电方程的矩阵形式为

$$\begin{bmatrix} S_1 \\ S_2 \\ S_3 \\ S_4 \\ S_5 \\ S_6 \\ D_1 \\ D_2 \\ D_3 \end{bmatrix} = \begin{bmatrix} s_{11}^E & s_{12}^E & s_{13}^E & 0 & 0 & 0 & 0 & 0 & d_{31} \\ s_{12}^E & s_{11}^E & s_{13}^E & 0 & 0 & 0 & 0 & 0 & d_{31} \\ s_{13}^E & s_{12}^E & s_{33}^E & 0 & 0 & 0 & 0 & 0 & d_{33} \\ 0 & 0 & 0 & s_{44}^E & 0 & 0 & 0 & d_{15} & 0 \\ 0 & 0 & 0 & 0 & s_{44}^E & 0 & d_{15} & 0 & 0 \\ 0 & 0 & 0 & 0 & 0 & s_{66}^E & 0 & 0 & 0 \\ 0 & 0 & 0 & 0 & d_{15} & 0 & \varepsilon_{11}^T & 0 & 0 \\ 0 & 0 & 0 & d_{15} & 0 & 0 & 0 & \varepsilon_{22}^T & 0 \\ d_{31} & d_{31} & d_{33} & 0 & 0 & 0 & 0 & 0 & \varepsilon_{33}^T \end{bmatrix} \begin{bmatrix} T_1 \\ T_2 \\ T_3 \\ T_4 \\ T_5 \\ T_6 \\ E_1 \\ E_2 \\ E_3 \end{bmatrix} \tag{2.3}$$

将式(2.1)和式(2.2)代入式(2.3)有

44

$$
\begin{bmatrix} S_1 \\ S_2 \\ S_6 \\ D_3 \end{bmatrix} = \begin{bmatrix} s_{11}^E & s_{12}^E & 0 & d_{31} \\ s_{12}^E & s_{11}^E & 0 & d_{31} \\ 0 & 0 & s_{66}^E & 0 \\ d_{31} & d_{31} & 0 & \varepsilon_{33}^T \end{bmatrix} \begin{bmatrix} T_1 \\ T_2 \\ T_6 \\ E_3 \end{bmatrix} \qquad (2.4)
$$

整理可得

$$
\begin{bmatrix} T_1 \\ T_2 \\ T_6 \\ D_3 \end{bmatrix} = \begin{bmatrix} c_{11,f}^E & c_{12,f}^E & 0 & -e_{31,f} \\ c_{12,f}^E & c_{11,f}^E & 0 & -e_{31,f} \\ 0 & 0 & c_{66,f}^E & 0 \\ e_{31,f} & e_{31,f} & 0 & \varepsilon_{33,f}^S \end{bmatrix} \begin{bmatrix} S_1 \\ S_2 \\ S_6 \\ E_3 \end{bmatrix} \qquad (2.5)
$$

等效变量及其表达式如表 2.2 所列, 其中 $\nu = -s_{12}^E / s_{11}^E$, 为压电材料在 $x$ 方向拉伸时 $y$ 方向收缩的泊松比。

表 2.2　等效变量及其表达式

| 等效变量 | $c_{11,f}^E$ | $c_{12,f}^E$ | $c_{66,f}^E$ | $e_{31,f}$ | $\varepsilon_{33,f}^S$ |
|---|---|---|---|---|---|
| 表达式 | $\dfrac{1}{s_{11}^E(1-\nu^2)}$ | $\dfrac{1}{s_{12}^E(1/\nu^2-1)}$ | $\dfrac{1}{s_{66}^E}$ | $\dfrac{d_{31}}{s_{11}^E(1-\nu)}$ | $\varepsilon_{33}^T - \dfrac{2d_{31}^2}{s_{11}^E(1-\nu)}$ |

### 2.1.1.2　压电材料及性能参数

高性能压电材料的选择与制备是获取高性能压电振动能量收集器的关键。对于 MEMS 压电振动能量收集器而言, 在选择压电材料时, 不仅要考虑压电材料本身的压电性能, 还要分析压电材料的制备与 MEMS 加工工艺的兼容性。压电振动能量收集器的输出性能主要与压电材料的压电应力常数、自由介电常数、电压系数以及机电耦合系数等有关, $d_{31}$ 工作模式下电压系数和机电耦合系数的表达式分别为 $e_{31,f}/\varepsilon_0\varepsilon_{33}^S$ 和 $e_{31,f}^2/\varepsilon_0\varepsilon_{33}^S$, 其中电压系数反映压电振动能量收集器输出电压性能, 机电耦合系数反映压电振动能量收集器输出功率性能。常用于 MEMS 压电振动能量收集器的压电薄膜材料主要有 PZT、AlN 和 ZnO。表 2.3 列出了三种压电薄膜材料 $d_{31}$ 模式下的性能参数。

表 2.3　三种压电薄膜材料 $d_{31}$ 模式下的性能参数

| | ZnO | AlN | PZT(53/47)[3] |
|---|---|---|---|
| $e_{31,f}(C/m^2)$ | $-1.0$ | $-1.05$ | $-14$ |
| $\varepsilon_{33,f}^S$ | $10.9$ | $10.5$ | $940$ |
| $e_{31,f}/\varepsilon_0\varepsilon_{33}^S(GV/m)$ | $-10.3$ | $-11.3$ | $-1.7$ |
| $e_{31,f}^2/\varepsilon_0\varepsilon_{33}^S(GVC/m^3)$ | $10.3$ | $11.3$ | $23.6$ |

AlN 和 ZnO 都是非铁电材料,无须极化就具有压电性能,都可以通过溅射等工艺沉积到硅基上,易于采用 MEMS 工艺制备。PZT 是铁电材料,需要极化才具有压电性能,目前 PZT 薄膜材料通常采用溶胶凝胶法、溅射法等工艺制备,但需要经过快速退火,温度通常在 600℃ 以上,与低温 MEMS 工艺兼容性差,但 PZT 压电材料的压电应力系数和机电耦合系数较前者都高,应用于压电振动能量收集器将会有更高的功率输出。

## 2.1.2 微型压电振动能量收集器理论模型

微型压电振动能量收集器的相关理论主要包括悬臂梁的机械振动理论和压电理论以及相应的多物理场耦合理论。悬臂梁的振动理论主要有集总参数模型和分布参数模型。在集总参数模型中,压电悬臂梁-质量块结构等效成一个弹簧-质量块结构的二阶系统,弹性常数和等效质量都是由结构的相关参数确定。在分布参数模型中,由悬臂梁的一段微元导出运动微分方程,根据悬臂梁两端的边界条件和载荷条件求解。压电振动能量收集器的主流理论模型有 Williams 等人[4]提出的集总参数模型、Chen 等人[5]提出的单向耦合分布参数模型以及 Inman 等人[6]提出的双向耦合分布参数模型。集总参数模型将微型压电振动能量收集器等效为弹簧-质量块-阻尼系统,电学响应采用电学阻尼比进行等效,该模型简单但无法获取振动能量收集器的振型、压电悬臂梁应力分布以及相应的电学响应等重要信息;单向耦合分布参数模型能够获取振动能量收集器的振型、压电悬臂梁应力分布以及相应的电学响应等重要信息,但该模型忽略了电学部分对机械部分的影响,即在机电耦合较小的情况下,该模型能够获得较为精确的结果,但当机电耦合较大时,该模型计算结果偏差大。双向耦合分布参数模型解决了单向耦合分布参数模型在强机电耦合情况下预测精度差的问题。然而,Chen 等人提出的单向耦合分布参数模型和 Inman 等人提出的双向耦合分布参数模型没有考虑悬臂梁末端带大质量块的情况,当悬臂梁末端质量块较小时,上述两模型具有较好的近似;但当悬臂梁末端质量块较大时,上述两模型计算结果偏差较大,而微型压电振动能量收集器悬臂梁末端质量块通常比较大。因此,本章在现有理论模型基础上,结合项目组研究成果充分考虑质量块效应的影响,建立集总参数模型和双向耦合分布参数模型。

### 2.1.2.1 集总参数模型

集总参数模型首先将压电耦合等效成电学黏滞阻尼,采用集总参数的方法计算压电悬臂梁的共振频率、振动响应、应力分布等力学性能,然后由应力分布与压电方程计算结构的输出电压和输出功率等电学性能。图 2.2 中的压电悬臂梁-质量块结构,可以简化为弹簧-质量块-阻尼的集总参数模型,如图 2.4 所示。$k$ 是悬臂梁的等效弹性常数;$m$ 是系统的集总质量,$m$ 等于质量块的质量 $m_0$ 与悬臂梁的等效质量 $m_b^*$ 之和;$u_m$ 是质量块的位移,与质量块的横向位移相同;$c$ 是结构的总阻尼系数,等效成线性黏滞阻尼,是机械阻尼和电学阻尼之和[5,7]。在加速度 $a$ 的激励下,系统的控制方程为[8-10]

$$m\ddot{u}_m(t)+c\dot{u}_m(t)+ku_m(t)=ma \qquad (2.6)$$

式中:".'为对时间 $t$ 的导数。

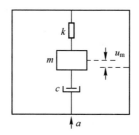

图 2.4　微型振动能量收集器的集总参数模型

当激励加速度为简谐激励时,$a=a_0e^{i\omega t}$,方程式(2.6)的解可以表示为[9]

$$u_m(t)=\frac{a_0}{\omega_n^2}\frac{1}{(1-\Omega^2)+i2\zeta\Omega}e^{i\omega t} \qquad (2.7)$$

式中:$\omega_n$ 为单自由度模型的共振圆频率;$\Omega$ 为归一化的频率 $\omega/\omega_n$;阻尼比 $\zeta=c/2m\omega_n$。共振圆频率可以由下式计算:

$$\omega_n=\sqrt{\frac{k}{m}} \qquad (2.8)$$

通过分离变量法,将压电悬臂梁的响应 $u_b(x,t)$ 表示成悬臂梁的振型 $\psi(x)$ 和质量块的横向位移 $u_m(t)$ 的乘积[9],即

$$u_b(x,t)=\psi(x)u_m(t) \qquad (2.9)$$

$\psi(x)$ 和 $u_m(t)$ 分别是 $x$ 和 $t$ 的函数。

振型函数可以通过静力学的方法得到[9,11,12]。但是这种方法只能得到悬臂梁的一阶振型。假设在质量块的质心施加 $y$ 方向恒定的力 $F_0$,在静态情况下,时间变量 $t$ 自动消除。悬臂梁的挠度和质量块的横向位移 $u_m$ 可以分别表示为

$$u_b(x)=\frac{F_0}{6EI}x^2\left[3(l+0.5l_m)-x\right] \qquad x\in[0,l] \qquad (2.10)$$

$$u_m=u_b(l)+\frac{l_m}{2}\theta(l) \qquad (2.11)$$

47

式中:$l$、$l_m$分别为悬臂梁和质量块的长度;$\theta$为悬臂梁的变形角度,$\theta(x)=u_b'(x)$(上标"'"表示对坐标$x$的导数);EI为压电梁的弯曲刚度。

对于多层的梁结构(图2.5),弯曲刚度EI可以由下式计算[13,14]:

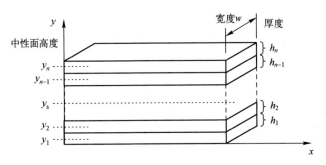

图2.5 多层的梁结构图

$$EI = \sum_i^n E_i \left( \frac{wh_i^3}{12} + wh_i (y_i - y_s)^2 \right) \qquad (2.12)$$

式中:$y_i$、$h_i$和$E_i$分别为第$i$层中性面的高度坐标、厚度和弹性模量;$w$为悬臂梁宽度;$y_s$为悬臂梁中性面的高度:

$$y_s = \sum_i^n h_i y_i E_i / \sum_i^n h_i y_i \qquad (2.13)$$

考虑到悬臂梁都有一定的展宽,形成了一个悬臂板结构,对弯曲刚度进行修正,采用$E_i/(1-v_i^2)$代替第$i$层的弹性模量$E_i$,$v_i$为第$i$层材料的泊松比。

不考虑时间变量$t$,将式(2.10)和式(2.11)代入式(2.9)式得到振型函数为

$$\psi(x) = \frac{u_b(x)}{u_m} = 2 \frac{x^2[3(l+0.5l_m)-x]}{4l^3+6l^2 l_m+3ll_m^2} \qquad (2.14)$$

上述结构振型的确定过程中,设定质量块质心的幅值$u_m$为1。图2.6为不同质量块长度的悬臂梁–质量块结构的振型。

将式(2.7)和式(2.14)代入式(2.9)得到压电悬臂梁–质量块在简谐振动下的响应为

$$u_b(x,t) = \frac{a_0}{\omega_n^2} \frac{1}{(1-\Omega^2)+i2\zeta\Omega} \frac{2x^2[3(l+0.5l_m)-x]}{4l^3+6l^2 l_m+3ll_m^2} e^{i\omega t} \qquad (2.15)$$

结构的共振圆频率$\omega_n$可通过式(2.8)式计算。由胡克定律得到,力学平衡时,在质心施加的力$F_0=ku_m$,代入式(2.10)和式(2.11)得到弹性常数为

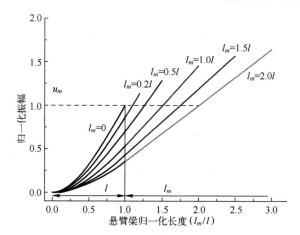

图 2.6 不同质量块长度的悬臂梁–质量块结构的振型(见彩图)

$$k = \frac{12EI}{4l^3 + 6l^2 l_m + 3ll_m^2} \qquad (2.16)$$

集总质量 $m = m_0 + m_b^*$,悬臂梁等效质量可通过瑞利方法得到[9]:

$$m_b^* = \rho wh \int_0^l \psi^2(x)\,\mathrm{d}x \qquad (2.17)$$

式中:$\rho$ 和 $h$ 分别为悬臂梁的密度和厚度。结合式(2.8)、式(2.12)、式(2.13)、式(2.16)和式(2.17),可以发现当质量块宽度 $w_m$ 与悬臂梁宽度相等时($w_m = w$),结构的共振频率、振型和响应不受宽度的影响。

**1)输出电压**

由欧拉-伯努利梁理论可知,压电层中的应变分布情况表示为[8-10]

$$S_1(x,t) = -y_p u_b''(x,t) \qquad (2.18)$$

式中:$y_p$ 为压电层中面相对于中性面的位置;下标"1"为应变沿悬臂梁长度方向。悬臂梁的应力为 $T = E_p S_1$,最大应力 $T_{max}$ 发生在固定端的根部 $x = 0$ 处:

$$T_{max} = E_p S_1(x,t)\,\big|_{x=0} \qquad (2.19)$$

式中:$E_p$ 为压电梁的等效弹性模量,一般用柔顺系数 $s_{11}$ 的倒数表示。这里忽略了应力沿着宽度方向的分布。为了避免压电梁疲劳断裂,器件的设计过程中悬臂梁的最大应力必须小于其许用应力。

压电层中的电位移矢量 $D$ 可以表示为[5,14]

$$D = d_{31} E_p S_1 = -y_p d_{31} E_p u_b''(x,t) \qquad (2.20)$$

式中:$d_{31}$ 为压电常数。通过积分得到电极上的电荷为

$$Q = w \int_0^l D dx \qquad (2.21)$$

对于压电单晶片,压电材料的上下电极形成电容 $C_p = \varepsilon l w / h_p$,$\varepsilon$ 为介电常数。上下电极间的电压为

$$V = \frac{Q}{C_p} = \frac{h_p}{\varepsilon l} \int_0^l \boldsymbol{D} dx$$

$$= -\frac{d_{31} E_p}{\varepsilon} \frac{a_0}{\omega_n^2} \frac{1}{(1 - \Omega^2) + i2\zeta\Omega} \frac{6 y_p h_p (l + l_m)}{4 l^3 + 6 l^2 l_m + 3 l l_m^2} e^{i\omega t} \qquad (2.22)$$

当发生共振时,$\omega = \omega_n$,$\Omega = 1$,输出电压幅值达到最大值:

$$V_{\max} = -\frac{a_0 d_{31} E_p y_p h_p}{2\zeta\omega_n^2 \varepsilon} \frac{6(l + l_m)}{4 l^3 + 6 l^2 l_m + 3 l l_m^2} \qquad (2.23)$$

式(2.23)表明,最大输出电压幅值 $V_{\max}$ 正比于加速度幅值 $a_0$、压电层厚度 $h_p$、弹性模量 $E_p$、压电常数 $d_{31}$,反比于介电常数 $\varepsilon$、阻尼比 $\zeta$ 和共振频率 $\omega_n$ 的平方。

**2) 输出功率**

微型压电振动能量收集器可以看作一个 AC 电流源串联一个电容 $C_p$[15],如图 2.7 虚线框内所示。外接一个负载电阻 R,R 上消耗的电功率即为收集器的有效输出功率 $P$。电阻上电压的幅值 $V_R$ 和有效输出功率 $P$ 由如下两式表示:

$$V_R = \frac{VR}{|R + 1/i\omega C_p|}$$

$$P = \frac{V_R^2}{2R} \qquad (2.24)$$

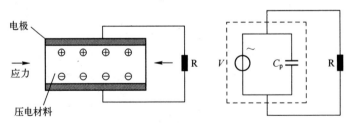

图 2.7　微型压电振动能量收集器等效电路图

随着电阻的增加,负载上电压和功率如图 2.8 所示。输出功率先增加,达到一个最大值之后降低。由 $\partial P / \partial R = 0$ 得到最优化负载和输出功率 $P_{opt}$。当共振时,$\omega = \omega_n$,$\Omega = 1$,最优化负载 $R_{opt}$ 和最大输出功率 $P_{\max}$ 分别为

$$R_{opt} = \frac{1}{\omega_n C_p} \qquad (2.25)$$

$$P_{max} = \frac{wlh_p}{4\varepsilon\omega_n^3}\left[\frac{d_{31}E_p a_0 y_p}{\zeta}\frac{3(l+l_m)}{4l^3+6l^2 l_m+3ll_m^2}\right]^2 \qquad (2.26)$$

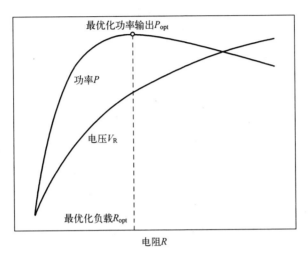

图 2.8 输出电压和功率随着负载变化曲线

式(2.26)表明,输出功率与振动源的加速度平方成正比,与共振频率三次方成反比。

### 2.1.2.2 双向耦合分布参数模型

在集总参数模型中,机械振动方面,悬臂梁的应力分布是通过静力学分析获得;机电耦合方面,机电耦合采用电学阻尼比进行等效,这些都将造成理论模型与实际情况存在差异。分布参数模型把悬臂梁做微元处理,然后对微元进行积分,在一定程度上弥补了集总参数模型在应力分布求解和机电耦合方面的不足。本节基于 Hamilton 变分原理和欧拉-伯努利梁理论,建立微型压电振动能量收集器双向耦合分布参数模型。

图 2.9 为 $d_{31}$ 模式微型压电振动能量收集器结构示意图,$L_b$、$t_b$、$L_M$、$W_M$、$t_M$、$t_p$ 和 $L_e$ 分别表示悬臂梁的长、厚,质量块的长、宽、厚,PZT 压电层的厚度和电极长度。根据 Hamilton 变分原理,$d_{31}$ 模式压电振动能量收集器机电耦合模型的变分量为[16]

$$\text{V. I.} = \int_{t_1}^{t_2}(\delta(T_m^* + T_M^* + W_e^* - V) + \delta W_{nc})\mathrm{d}t = 0 \qquad (2.27)$$

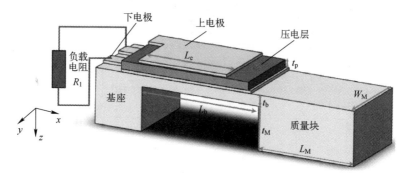

图 2.9   $d_{31}$ 模式微型压电振动能量收集器结构示意图(见彩图)

式中:上标"$*$"代表共能;$T_m^*$ 为悬臂梁动能共能项;$T_M^*$ 为质量块动能共能项;$W_e^*$ 为压电层电能共能项;$V$ 为压电悬臂梁弹性势能项;$W_{nc}$ 为外部损耗项,主要包括电能损耗和阻尼损耗。小信号情况下压电材料的本构方程为

$$\begin{bmatrix} T \\ D \end{bmatrix} = \begin{pmatrix} c^E & -e^t \\ e & \varepsilon^S \end{pmatrix} \begin{bmatrix} S \\ E \end{bmatrix} \tag{2.28}$$

压电悬臂梁的动能共能项为

$$T_m^* = \frac{1}{2} \int \rho_s \, \dot{w}^t \, \dot{w} \mathrm{d}V_s + \frac{1}{2} \int \rho_p \, \dot{w}^t \, \dot{w} \mathrm{d}V_p \tag{2.29}$$

式中:$w(x,t) = w_B(t) + w_{rel}(x,t)$ 为绝对位移,$w_{rel}(x,t)$ 为相对位移,$w_B(t)$ 为基座位移;("·")为对时间微分;$\rho$ 为密度;下标 s、p 分别为硅衬底和 PZT 压电层。质量块的速度为平动速度和绕质量块与压电悬臂梁连接处旋转的转动速度之和,如图 2.10 所示。

$$v_M = \dot{w}(L_b,t) + r\dot{w}'(L_b,t) = (\dot{w}(L_b,t) + x\dot{w}'(L_b,t))e_z + z\dot{w}'(L_b,t)e_x \tag{2.30}$$

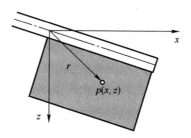

图 2.10   质量块运动状态示意图

式中:$r$ 为质量块与压电悬臂梁连接处到质量块上任意一点 $p(x,z)$ 的距离;$\dot{w}'(L,t)$ 为 $x=L_b$ 处的角速度。则质量块的动能共能为

$$T_M^* = \frac{1}{2} \int \rho \left[ \left( (\dot{w}(L_b,t) + x\dot{w}'(L_b,t))^2 + (z\dot{w}'(L_b,t))^2 \right) \right] dV_M$$

$$= \frac{1}{2} M_0 \dot{w}^2(L_b,t) + S_0 \dot{w}'(L_b,t) \dot{w}(L_b,t) + \frac{1}{2} J_0 \dot{w}_{ret}'^2(L_b,t) \tag{2.31}$$

式中:$M_0 = m_M L_M + m_b L_M$;$S_0 = M_0 \dfrac{L_M}{2}$;$J_0 = \dfrac{m_M L_M}{3}(L_M^2 + t_M^2) + \dfrac{m_b L_M}{3}(L_M^2 + t_b^2)$,$m_M$ 为质量块线质量密度,$m_b$ 为压电悬臂梁线质量密度;$M_0$ 为质量块质量。压电悬臂梁电能共能和弹性势能为

$$W_e^* - V = \frac{1}{2} \int DdE dV_p - \frac{1}{2} \int TdS dV_s$$

$$= \frac{1}{2} \int (E^t \varepsilon E + 2S^t eE - S^t c_p S) dV_p - \frac{1}{2} \int S^t c_s S dV_s \tag{2.32}$$

根据瑞利-利兹方法,相对位移和标量电势可以表示为

$$w_{rel}(x,t) = \sum_{i=1}^{nr} \boldsymbol{\psi}_{ri}(x) \boldsymbol{\eta}_i(t) = \boldsymbol{\psi}_r(x) \boldsymbol{\eta}(t) \tag{2.33}$$

$$\varphi(\boldsymbol{x},t) = \sum_{i=1}^{nr} \varphi_{vi}(\boldsymbol{x}) v_i(t) = \varphi_v(\boldsymbol{x}) v(t) \tag{2.34}$$

式中:$\boldsymbol{\psi}_r(x)$ 为振型矩阵 $[\psi_{r_1}(x), \psi_{r_2}(x), \cdots]$。对于离散系统,机械阻尼和负载电阻导致的非守恒虚功为

$$\delta W_{nc} = -\sum_i c\delta\dot{w} - \sum_i q_i\delta\varphi \tag{2.35}$$

式中:$c$ 为机械阻尼系数。根据欧拉-伯努利梁理论,应变可以表示为

$$S = -z_t \frac{\partial^2 w(x,t)}{\partial x^2} = -z_t \psi_r''(x) \eta(t) \tag{2.36}$$

电场定义为电势的梯度:

$$E = -\nabla \varphi(x,t) = -\nabla \phi_v(x) v(t) \tag{2.37}$$

把式(2.29)~式(2.37)代入到式(2.27),且 $w_B$ 是确定的输入量,有 $\delta w_B = \delta\dot{w}_B = 0$,则有

$$\int_{t_1}^{t_2}\left\{\begin{array}{l}\int\rho_s\delta\,\dot\eta^t\psi_r^t(\dot w_B+\psi\dot\eta)\mathrm{d}V_s+\int\rho_p\delta\dot\eta^t\psi_r^t(\dot w_B+\psi_r\dot\eta)\mathrm{d}V\\[4pt]+M_0\delta\dot\eta^t\psi_r^t(L_b)(\dot w_B+\psi(L_b)\dot\eta)+2(\delta\dot\eta^t\psi_r^t(L_b)S_0\psi_r'(L_b)\dot\eta)+\\[4pt]\delta\dot\eta^t(\psi_r''(L_b)+\psi_r'(L_b))S_0\dot w_B+J_0\delta\dot\eta^t\psi_r''(L_b)\psi_r'(L_b)\dot\eta\\[4pt]-\int\delta\eta^t(-z_t\psi_r'')^tc_s(-z_t\psi_r''\eta)\mathrm{d}V_s-\int\delta\eta^t(-z_t\psi_r'')^tc_p(-z_t\psi_r''\eta)\mathrm{d}V_p\\[4pt]\int\delta\eta^t(-z_t\psi_r'')^te^t(-\nabla\phi_v v)\mathrm{d}V_p+\int\delta v^t(-\nabla\phi_v)^te(-z_t\psi_r''\eta)\mathrm{d}V_p\\[4pt]+\int\delta v^t(-\nabla\phi_v)^t\varepsilon^t(-\nabla\phi_v v)\mathrm{d}V_p\\[4pt]+\sum_{j=1}^n\delta v_j\phi_{vj}q_j-\sum_{i=1}^n c\delta\eta^t\psi_r^t(\dot w_B+\psi_r\dot\eta)\end{array}\right\}\mathrm{d}t=0$$

$$(2.38)$$

运用等式:

$$\int_{t_1}^{t_2}A\delta\dot B\mathrm{d}t=-\int_{t_1}^{t_2}\dot A\delta B\mathrm{d}t \qquad (2.39)$$

对方程式(2.38)化简,要使等式恒成立,则 $\delta\eta$ 和 $\delta v$ 的系数为零,则有

$$\left\{\begin{array}{l}\left[\int\rho_s\psi_r^t\psi_r\mathrm{d}V_s+\int\rho_p\psi_r^t\psi_r\mathrm{d}V+M_0\psi_r^t(L)\psi(L)+2\psi_r^t(L)S_0\psi_r'(L)+J_0\psi_r''(L)\psi_r'(L)\right]\ddot\eta\\[4pt]+\sum_{i=1}^n c\psi_r^t\psi_r\dot\eta\\[4pt]+\left[\int(-z_t\psi_r'')^tc_s(-z_t\psi_r'')\mathrm{d}V_s+\int(-z_t\psi_r'')^tc_p(-z_t\psi_r'')\mathrm{d}V_p\right]\eta\\[4pt]-\left[\int(-z_t\psi_r'')^te^t(-\nabla\phi_v)\mathrm{d}V_p\right]v\end{array}\right\}$$

$$=-\left[\int\rho_s\psi_r^t\mathrm{d}V_s+\int\rho_p\psi_r^t\mathrm{d}V+M_0\psi_r^t(L)+\psi_r''(L)S_0\right]\ddot w_B-\sum_{i=1}^n c\psi_r^t\dot w_B$$

$$(2.40)$$

$$\left[\int(-\nabla\phi_v)^te(-z_t\psi_r'')\mathrm{d}V_p\right]\eta$$
$$+\left[\int(-\nabla\phi_v)^t\varepsilon^t(-\nabla\phi_v)\mathrm{d}V_p\right]v+\sum_{j=1}^n\phi_{vj}q_j=0 \qquad (2.41)$$

整理得

$$M\ddot\eta+C\dot\eta+K\eta-\Theta v=-B_f\ddot w_B-\sum_{i=1}^n c\psi^t\dot w_B \qquad (2.42)$$

54

$$\Theta\eta + C_{\mathrm{p}}v + q = 0 \tag{2.43}$$

表 2.4 中列出了等效量及其表达式。

表 2.4　等效量及其表达式

| 等效量 | 表达式 |
|---|---|
| 质量 $M$ | $\int m\psi_{\mathrm{r}}^{t}\psi_{\mathrm{r}}\mathrm{d}x + M_0\psi_{\mathrm{r}}^{t}(L)\psi(L) + 2\psi_{\mathrm{r}}^{t}(L)S_0\psi_{\mathrm{r}}^{\prime}(L) + J_0\psi_{\mathrm{r}}^{\prime t}(L)\psi_{\mathrm{r}}^{\prime}(L)$ |
| 阻尼系数 $C$ | $\sum\limits_{i=1}^{n}\psi_{\mathrm{r}}^{t}c$ |
| 刚度 $K$ | $\int(-z_{\mathrm{t}}\psi_{\mathrm{r}}^{\prime\prime})^{t}c_{\mathrm{s}}(-z_{\mathrm{t}}\psi_{\mathrm{r}}^{\prime\prime})\mathrm{d}V_{\mathrm{s}} + \int(-z_{\mathrm{t}}\psi_{\mathrm{r}}^{\prime\prime})^{t}c_{\mathrm{p}}(-z_{\mathrm{t}}\psi_{\mathrm{r}}^{\prime\prime})\mathrm{d}V_{\mathrm{p}}$ |
| 机电耦合系数 $\Theta$ | $\int(-z_{\mathrm{t}}\psi_{\mathrm{r}}^{\prime\prime})^{t}e^{t}(-\nabla\phi_{\mathrm{v}})\mathrm{d}V_{\mathrm{p}}$ |
| 惯性力 $B_{\mathrm{f}}$ | $\int m\psi_{\mathrm{r}}^{t}\mathrm{d}x + M_0\psi_{\mathrm{r}}^{t}(L) + \psi_{\mathrm{r}}^{\prime t}(L)S_0$ |
| 电容 $C_{\mathrm{p}}$ | $\int(-\nabla\phi_{\mathrm{v}})^{t}\varepsilon^{t}(-\nabla\phi_{\mathrm{v}})\mathrm{d}V_{\mathrm{p}}$ |

方程式(2.42)右边第二项表明,激励不仅来源与惯性力,而且还与阻尼力有关。当机械阻尼比小于 5% 时,阻尼力可以忽略[17]。在 MEMS 器件中机械阻尼比通常小于 1%,因此在后面推导过程中忽略阻尼力项。根据欧拉-伯努利梁理论,可以得到振型 $\psi_{rN}$ 的表达式:

$$EI\psi_{rN}^{(4)} - m\omega_{N}^{2}\psi_{rN} = 0 \tag{2.44}$$

$$\psi_{rN} = A_1\sinh\frac{\lambda_N}{L_{\mathrm{b}}}x + A_2\cosh\frac{\lambda_N}{L_{\mathrm{b}}}x + A_3\sin\frac{\lambda_N}{L_{\mathrm{b}}}x + A_4\cos\frac{\lambda_N}{L_{\mathrm{b}}}x \tag{2.45}$$

式中: $A_1$、$A_2$、$A_3$ 和 $A_4$ 可以通过边界条件确定; $N$ 为对应的振动阶数。各阶振动固有频率为

$$\omega_N = \lambda_N^2\sqrt{\frac{EI}{mL_{\mathrm{b}}^4}} \tag{2.46}$$

式中: EI 为等效刚度。梁自由振动的边界条件为

$$\psi_{rN}(0) = 0, \quad \psi_{rN}^{\prime}(0) = 0 \tag{2.47}$$

$$EI\psi_{rN}^{\prime\prime}(L_{\mathrm{b}}) = \omega_N^2 J_0\psi_{rN}^{\prime}(L_{\mathrm{b}}) + \omega_N^2 S_0\psi_{rN}(L_{\mathrm{b}}) \tag{2.48}$$

$$EI\psi_{rN}^{\prime\prime\prime}(L_{\mathrm{b}}) = -\omega_N^2 M_0\psi_{rN}(L_{\mathrm{b}}) - \omega_N^2 S_0\psi_{rN}^{\prime}(L_{\mathrm{b}}) \tag{2.49}$$

把式(2.45)代入到边界条件方程有

$$\begin{pmatrix} A_{11} & A_{12} \\ A_{21} & A_{22} \end{pmatrix}\begin{bmatrix} A_3 \\ A_4 \end{bmatrix} = 0 \tag{2.50}$$

$$A_{11} = (\sinh\lambda_N + \sin\lambda_N) + \lambda_N^3 J_L(-\cosh\lambda_N + \cos\lambda_N) \\ + \lambda_N^2 S_L(-\sinh\lambda_N + \sin\lambda_N) \tag{2.51}$$

$$A_{12} = (\cosh\lambda_N + \cos\lambda_N) + \lambda_N^3 J_L(-\sinh\lambda_N - \sin\lambda_N) \\ + \lambda_N^2 S_L(-\cosh\lambda_N + \cos\lambda_N) \tag{2.52}$$

$$A_{21} = (\cosh\lambda_N + \cos\lambda_N) + \lambda_N M_L(\sinh\lambda_N - \sin\lambda_N) \\ + \lambda_N^2 S_L(\cosh\lambda_N - \cos\lambda_N) \tag{2.53}$$

$$A_{22} = (\sinh\lambda_N - \sin\lambda_N) + \lambda_N M_L(\cosh\lambda_N - \cos\lambda_N) \\ + \lambda_N^2 S_L(\sinh\lambda_N + \sin\lambda_N) \tag{2.54}$$

式中：$M_L = \dfrac{M_0}{m_b L_b}$；$S_L = \dfrac{S_0}{m_b L_b^2}$；$J_L = \dfrac{J_0}{m_b L_b^3}$；$N$ 阶模态的本征值 $\lambda_N$ 可以从式（2.55）导出：

$$A_{11}A_{22} - A_{12}A_{21} = 0 \tag{2.55}$$

因此，振型的一般形式为

$$\psi_{rN} = C_N\left(\left(\cosh\frac{\lambda_N}{L_b}x - \cos\frac{\lambda_N}{L_b}x\right) - \frac{A_{12}}{A_{11}}\left(\sinh\frac{\lambda_N}{L_b}x - \sin\frac{\lambda_N}{L_b}x\right)\right) \tag{2.56}$$

式中：$C_N$ 为质量归一化常数，将式（2.56）代入到等效质量 $M$ 和等效刚度 $K$ 表达式中，并由归一化方程（2.57）式（2.58）求出质量归一化常数 $C_N$。

$$M_{ij} = \delta_{ij} \tag{2.57}$$

$$K_{ij} = \delta_{ij}\omega_i^2 \tag{2.58}$$

对于压电振动能量收集器，大部分情况处于一阶振动，因此下面只讨论一阶振动，式（2.42）、式（2.43）简化为

$$\ddot{\eta} + 2\zeta_m\omega_1\dot{\eta} + \omega_1^2\eta - \theta v = -B_f\ddot{w}_B \tag{2.59}$$

$$\theta\dot{\eta} + C_p\dot{v} + \frac{1}{R_1}v = 0 \tag{2.60}$$

式中：$\zeta_m = \dfrac{C}{2\omega_1}$ 为机械阻尼比。对于 $d_{31}$ 模式，假定压电薄膜正向极化（沿 $z$ 方向极化），即下电极电势为 0，上电极电势为 +1，则有

$$\varphi_v = \frac{t_{pu} - z_t}{t_p} \qquad t_{su} \leq z_t \leq t_{pu} \tag{2.61}$$

式中：$t_{su}$、$t_{pu}$ 分别为下电极和上电极到离压电悬臂梁中性面的距离；$t_p$ 为 PZT 压电层的厚度。如图 2.11 所示，$z_N$ 为中性面，则有中性面坐标 $z_N$ 的表达式为

$$z_N = \frac{t_p z_p + n t_b z_b}{t_p + n t_b} \tag{2.62}$$

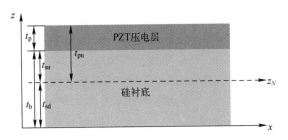

图 2.11　压电悬臂梁截面图

式中：$n=\dfrac{E_{\mathrm{Si}}}{E_{\mathrm{p}}}$，$z_{\mathrm{b}}=\dfrac{t_{\mathrm{b}}}{2}$，$z_{\mathrm{p}}=t_{\mathrm{b}}+\dfrac{t_{\mathrm{p}}}{2}$，$E_{\mathrm{Si}}$、$E_{\mathrm{p}}$ 分别为硅和压电材料的弹性模量，则有

$$t_{\mathrm{su}}=\frac{nt_{\mathrm{b}}^{2}-t_{\mathrm{p}}^{2}}{2(t_{\mathrm{p}}+nt_{\mathrm{b}})} \tag{2.63}$$

$$t_{\mathrm{pu}}=\frac{nt_{\mathrm{b}}^{2}+2nt_{\mathrm{b}}t_{\mathrm{p}}+t_{\mathrm{p}}^{2}}{2(t_{\mathrm{p}}+nt_{\mathrm{b}})} \tag{2.64}$$

$$t_{\mathrm{sd}}=\frac{t_{\mathrm{p}}^{2}+2t_{\mathrm{b}}t_{\mathrm{p}}+nt_{\mathrm{s}}^{2}}{2(t_{\mathrm{p}}+nt_{\mathrm{b}})} \tag{2.65}$$

等效弯曲刚度为

$$\begin{aligned}
\mathrm{EI} &= W_{\mathrm{b}}t_{\mathrm{b}}E_{\mathrm{Si}}\left[(z_{\mathrm{b}}-z_{\mathrm{N}})^{2}+\frac{t_{\mathrm{b}}^{2}}{12}\right]+W_{\mathrm{b}}t_{\mathrm{p}}E_{\mathrm{p}}\left[(z_{\mathrm{p}}-z_{\mathrm{N}})^{2}+\frac{t_{\mathrm{p}}^{2}}{12}\right] \\
&= \frac{W_{\mathrm{b}}(E_{\mathrm{Si}}(t_{\mathrm{su}}^{3}-t_{\mathrm{sd}}^{3})+E_{\mathrm{p}}(t_{\mathrm{pu}}^{3}-t_{\mathrm{su}}^{3}))}{3}
\end{aligned} \tag{2.66}$$

压电层采用薄板等效，有

$$\theta=e_{31f}\int(-z_{t}\psi'')^{t}(-\nabla\phi_{\mathrm{v}})\mathrm{d}V_{\mathrm{p}}=-\chi\psi'_{\mathrm{r1}}(L_{\mathrm{e}}) \tag{2.67}$$

$$\chi=\frac{e_{31f}W_{\mathrm{M}}}{2t_{\mathrm{p}}}[t_{\mathrm{pu}}^{2}-t_{\mathrm{su}}^{2}] \tag{2.68}$$

$$C_{\mathrm{p}}=\int(-\nabla\phi_{\mathrm{v}})^{t}\varepsilon^{t}(-\nabla\phi_{\mathrm{v}})\mathrm{d}V_{\mathrm{p}}=\frac{\varepsilon_{33f}^{s}W_{\mathrm{M}}L_{\mathrm{e}}}{t_{\mathrm{p}}} \tag{2.69}$$

假定基座位移为

$$w_{\mathrm{B}}=Y_{0}\cos\omega_{0}t \tag{2.70}$$

式中：$\omega_{0}$ 为基座振动频率。假定机械响应频率和电学响应频率与基座振动频率相同，即模态 $\eta(t)=H\cos(\omega_{0}t+\varphi_{1})$ 和输出电压 $v(t)=V\cos(\omega_{0}t+\varphi_{2})$，则有

$$v(t)=\frac{-\omega_{0}R_{1}\theta F_{\mathrm{r}}\cos(\omega_{0}t+\varphi_{2})}{\omega_{1}^{2}\sqrt{(1-\Omega^{2}-2\zeta_{m}r\Omega^{2})^{2}+\Omega^{2}(2\zeta_{m}+r(1-\Omega^{2})+rK_{\mathrm{ef}})^{2}}} \tag{2.71}$$

$$\eta(t) = \frac{F_r \cos(\omega_0 t + \varphi_1)}{\omega_1^2 \sqrt{(1 - \Omega^2 + 2\zeta_e r \Omega^2)^2 + (2\zeta_m \Omega + 2\zeta_e \Omega)^2}}. \tag{2.72}$$

$$w_{rel} = \frac{F_r \varphi_{r1}(x) \cos(\omega_0 t + \varphi_1)}{\omega_1^2 \sqrt{(1 - \Omega^2 + 2\zeta_e r \Omega^2)^2 + (2\zeta_m \Omega + 2\zeta_e \Omega)^2}} \tag{2.73}$$

相位角 $\varphi_1$、$\varphi_2$ 分别为

$$\varphi_1 = \arctan\left[\frac{2\zeta_m \Omega + 2\zeta_e \Omega}{1 - \Omega^2 + 2\zeta_e r \Omega^2}\right] \tag{2.74}$$

$$\varphi_2 = \arctan\left[\frac{1 - \Omega^2 - 2\zeta_m r \Omega^2}{-\Omega(2\zeta_m + r(1 - \Omega^2) + rK_{ef})}\right] \tag{2.75}$$

式中:$\Omega = \dfrac{\omega_0}{\omega_1}$ 和 $r = \omega_1 R_l C_p$ 分别为归一化频率和归一化负载;$K_{ef} = \dfrac{\theta^2}{\omega_1^2 C_p}$ 为等效机电耦合系数;$\zeta_e = \dfrac{rK_{ef}}{2(1 + \Omega^2 r^2)}$ 为电学阻尼比;$F_r = -B_f \ddot{w}_B$ 等效激励力。质量块末端的位移为

$$w_m = w(L_b, t) + \partial_x w(L_b, t) \times L_M$$
$$= [\psi_{r1}(x) + \partial_x \psi_{r1}(x) \times L_M]_{x \to L_b} \times H \tag{2.76}$$

当负载电阻接近零和无穷大即为电学短路和电学开路时,方程(2.73)简化为

$$w_{rel}(R_l \to 0) = \frac{F_r \varphi_{r1}(x) \cos(\omega_0 t + \varphi_1)}{\omega_1^2 \sqrt{(1 - \Omega^2)^2 + (2\zeta_m \Omega)^2}} \tag{2.77}$$

$$w_{rel}(R_l \to \infty) = \frac{F_r \varphi_{r1}(x) \cos(\omega_0 t + \varphi_1)}{\omega_1^2 \sqrt{(1 - \Omega^2 + K_{ef})^2 + (2\zeta_m \Omega)^2}} \tag{2.78}$$

两种电学条件下共振处的频率分别称为共振频率和反工作频率为

$$\omega_r = \omega_1 \sqrt{1 - 2\zeta_m^2} \tag{2.79}$$

$$\omega_{ar} = \omega_1 \sqrt{1 - 2\zeta_m^2 + K_{ef}} \tag{2.80}$$

因此,等效机电耦合系数可以表示为共振频率 $\omega_r$ 和反共振频率的函数 $\omega_{ar}$,即

$$K_{ef} = \frac{\omega_{ar}^2 - \omega_r^2}{\omega_1^2} \approx \frac{\omega_{ar}^2 - \omega_r^2}{\omega_r^2} \tag{2.81}$$

共振频率和反共振频率可以通过实验测定,从而在实验上确定等效机电耦合系数,进而评估压电材料的压电性能。基于半功率点法计算阻尼比理论可知,通过式(2.79)、式(2.80)计算得到两种电学连接状态下的机械阻尼比相同,即

$$\zeta_m = \frac{\Delta\omega}{2\omega_n} \tag{2.82}$$

压电振动能量收集器平均输出功率为

$$P_{\text{Rave}} = \frac{1}{T} \int_0^T \frac{v^2}{R_l} \mathrm{d}t$$

$$= \frac{\Omega^2 r K_{\text{ef}} F_{\text{r}}^2}{2\omega_1((1 - \Omega^2 - 2\zeta_m r\Omega^2)^2 + \Omega^2(2\zeta_m + r(1 - \Omega^2) + rK_{\text{ef}})^2)}$$

(2.83)

## 2.2  MEMS 压电振动能量收集器设计与加工技术

MEMS 压电振动能量收集器设计与加工的一般流程如图 2.12 所示。首先根据应用需求,提出压电振动能量收集器结构并建立相应的解析模型或数值分析模型(如有限元模型);然后通过解析模型或数值分析模型对结构进行优化设计;接着,将优化的结构进行加工、测试与分析,通过测试结果与优化结果比较进一步优化结构。

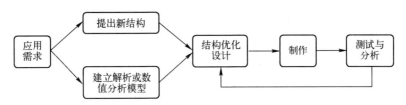

图 2.12  MEMS 压电振动能量收集器设计与加工的一般流程

在结构优化设计过程中,首先需要明确 MEMS 压电振动能量收集器的主要技术指标,然后对 MEMS 压电振动能量收集器结构参数进行优化,并确定满足各技术指标的结构参数。本节以重庆大学微系统研究中心研制的 MEMS 压电振动能量收集器为例,对压电振动能量收集器设计与加工技术进行具体介绍。

### 2.2.1  MEMS 压电振动能量收集器设计

重庆大学微系统研究中心在微型压电振动能量收集器研究过程中,系统研究了基于 AlN 和 PZT 薄膜的 MEMS 压电振动能量收集器。根据 AlN 材料具有电压系数大的特点,提出采用单悬臂梁-质量块结构,如图 2.13 所示;而 PZT 具有电压系数小的特点,提出基于共质量块 MEMS 压电悬臂梁阵列结构,如图 2.14 所示。

#### 2.2.1.1  MEMS 压电振动能量收集器主要技术指标

MEMS 压电振动能量收集器主要技术指标包括应用环境特性指标、应用需求指标和其他技术指标。下面以 PZT 压电振动能量收集器为例分析各项技术指标。

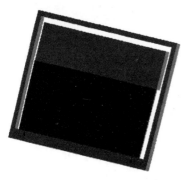

图 2.13　AlN 单悬臂梁-质量
块振动能量收集器

图 2.14　PZT 共质量块阵列
梁振动能量收集器

应用环境特性指标主要是指外界激励振动特性,包括振动频率和加速度幅值。环境中常见的振动源振动频率低于 300Hz,加速度幅值小于 1g。

应用需求指标主要有输出电压和输出功率。MEMS 压电振动能量收集器在实际应用中通常不能直接给负载供电,需要专门的电源管理电路对 MEMS 压电振动能量收集器输出电能进行管理,再由电源管理电路对负载供电。MEMS 压电振动能量收集器输出的是交流电,首先要对交流电进行整流,因此需要 MEMS 压电振动能量收集器的输出电压要高于整流电路的开启电压,通常情况下,整流电路的开启电压为 0.5~0.8V;为了降低整流电路在整流过程中的损耗,MEMS 压电振动能量收集器输出电压应尽量高。然而,电压过高时会造成整流电路击穿,通常情况下,整流电路击穿电压为 15V 左右。因此,MEMS 压电振动能量收集器输出电压应高于 0.8V 低于 15V。在实际应用中,MEMS 压电振动能量收集器输出功率越大越好。

其他技术指标主要有悬臂梁最大应力和振动能量收集器最大位移。对于硅基 MEMS 压电振动能量收集器,为了防止器件在工作过程中失效,其最大应力不得超过其许用应力,图 2.15 为 Chong 等人[18]获得的硅晶片断裂应力与晶片厚度关系曲线。从图中可以看出,在厚度小于 0.15mm 时,硅晶片断裂应力在 400~600MPa 之间;另外,压电振动能量收集器硅悬臂梁上的压电薄膜材料等会对压电悬臂梁许用应力造成影响。基于 Chong 等人的研究结果以及实验室对 PZT 压电振动能量收集器测试分析,PZT 压电悬臂梁的许用应力为 230MPa。在实际应用中,MEMS 压电振动能量收集器通常需要进行封装,其封装空间至少应大于 MEMS 压电振动能量收集器的最大振幅。因为振幅过大,会造成封装器件体积增大,若采用圆片级封装,振幅过大还会造成封装工艺难度增加。因此,在设计过程中,应尽量使 MEMS 压电振动能量收集器的最大振幅小。

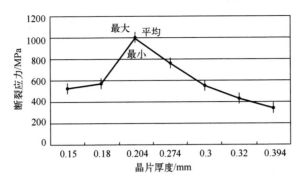

图 2.15　硅晶片断裂应力与晶片厚度关系

### 2.2.1.2　MEMS 压电振动能量收集器优化设计总体思路

在满足各技术指标的情况下,通过结构尺寸等参数优化使 MEMS 压电振动能量收集器输出功率最大,输出电压尽可能大。对于给定的 MEMS 压电振动能量收集器,其最大输出功率通常是在谐振状态下,最优化负载处获得。因此,具体优化步骤如下:

(1) 根据具体的结构,建立相应的理论模型。针对单悬臂梁质量块结构,直接采用本章建立的双向耦合分布参数模型;针对共质量块阵列梁结构,基于本章建立的双向耦合分布参数模型,建立共质量块阵列梁双向耦合分布参数模型。

当共质量块的 MEMS 压电悬臂梁阵列振动能量收集器含有 $n$ 个压电悬臂梁单元,且各单元之间采用串联连接时,忽略各压电单元之间的间隙对机械振动和电学的影响,式(2.59)、式(2.60)变为

$$\ddot{\eta} + 2\zeta_m\omega_1\dot{\eta} + \omega_1^2\eta - \sum_i^n \theta_i v_i = -B_f\ddot{w}_B \tag{2.84}$$

$$\sum_i^n \theta_i\dot{\eta} + \sum_i^n C_{pi}\dot{v}_i + \sum_i^n v_i/R_l = 0 \tag{2.85}$$

式中:$\theta_i$ 为第 $i$ 个压电悬臂梁单元的机电耦合项;$v_i$ 为第 $i$ 个压电悬臂梁单元的电压降;$C_{pi}$ 为第 $i$ 个压电悬臂梁单元的电容。由于各压电悬臂梁单元结构参数一致,则有

$$\theta_1 = \theta_2 = \cdots = \theta_n = \theta/n \tag{2.86}$$

$$v_1 = v_2 = \cdots = v_n \tag{2.87}$$

$$C_{p1} = C_{p2} = \cdots = C_{pn} = C_p/n \tag{2.88}$$

各压电悬臂梁单元采用串联连接,因此压电悬臂梁阵列振动能量器输出电压为

$$v_{PE} = \sum_i^n v_i \tag{2.89}$$

式(2.59)、式(2.60)化简为

$$\ddot{\eta} + 2\zeta\omega_1\dot{\eta} + \omega_1^2\eta - \theta_{PE}v_{PE} = -B_f\ddot{w}_B \tag{2.90}$$

$$\theta_{PE}\dot{\eta} + C_{pPE}\dot{v}_{PE} + \frac{v_{PE}}{R_{lPE}} = 0 \tag{2.91}$$

式中：$\theta_{PE} = \theta/n$，$C_{pPE} = C_p/n^2$。可以看出，压电悬臂梁阵列振动能量收集器理论模型与传统压电振动能量收集器类似，只需要将传统压电振动能量收集器理论模型中的 $\theta$、$C_p$ 和 $R_1$ 替换成 $\theta_{PE}$、$C_{pPE}$ 和 $R_{lPE}$ 就可以得到压电悬臂梁阵列振动能量收集器理论模型。

（2）根据输出功率表达式（2.83）导出 MEMS 压电振动能量收集器在最大功率输出时的谐振频率和最优化负载表达式。

对于给定的 MEMS 压电振动能量收集器，当激励加速度一定时，激励频率和负载决定了其输出功率。谐振频率和最优化负载可以通过输出功率表达式（2.83）对归一化频率和负载求导数获得，即

$$\frac{\partial P_{Rave}}{\partial \Omega} = 0, \qquad \frac{\partial P_{Rave}}{\partial r} = 0 \tag{2.92}$$

在强耦合情况下，即 $K_{ef} \geqslant 4\zeta_m(1+\zeta_m)$，方程式（2.92）存在两组解：

$$\Omega_{opt1} = \frac{\sqrt{2 + K_{ef} - 4\zeta_m^2 - (A^2 - 16 - 16K_{ef})^{1/2}}}{\sqrt{2}} \tag{2.93}$$

$$r_{opt1} = \frac{K_{ef} + 4\zeta_m^2 - (A^2 - 16 - 16K_{ef})^{1/2}}{4(\zeta_m + K_{ef}\zeta_m)} \tag{2.94}$$

和

$$\Omega_{opt2} = \frac{\sqrt{2 + K_{ef} - 4\zeta_m^2 + (A^2 - 16 - 16K_{ef})^{1/2}}}{\sqrt{2}} \tag{2.95}$$

$$r_{opt2} = \frac{K_{ef} + 4\zeta_m^2 + (A^2 - 16 - 16K_{ef})^{1/2}}{4(\zeta_m + K_{ef}\zeta_m)} \tag{2.96}$$

在弱耦合情况下，即 $K_{ef} < 4\zeta_m(1+\zeta_m)$，只有一组优化解为

$$\Omega_{opt} = \sqrt{\frac{2 + K_{ef} - 4\zeta_m^2 + (16 + 16K_{ef} + A^2)^{1/2}}{6}} \tag{2.97}$$

$$r_{opt} = \frac{\sqrt{8 + 8\zeta_m^2 + 4K_{ef}(3 + K_{ef} + 2\zeta_m^2) + A(4 + 3K_{ef} - 4\zeta_m^2 - A)}}{2\sqrt{2}\sqrt{1 + 3K_{ef} + 3K_{ef}^2 + K_{ef}^3 - \zeta_m^2 - 2K_{ef}\zeta_m^2 - K_{ef}^2\zeta_m^2}} \tag{2.98}$$

式中：$A^2 = 16 + 16K_{ef} + K_{ef}^2 - 16\zeta_m^2 - 8K_{ef}\zeta_m^2 + 16\zeta_m^4$，且 $A \geqslant 0$，则最大输出功率可将式（2.93）~式（2.98）代入输出功率方程式（2.83）中获得。计算结果表明，当 $K_{ef} \geqslant 4\zeta_m(1+\zeta_m)$ 时，两组优化解下的输出功率一样，但第二组优化解下的输出电压

大,实际应用中通常选取第二组优化解。

（3）基于能量守恒法导出输入功率和能量转换效率表达式,研究结构尺寸等参数对 MEMS 压电振动能量收集器能量获取与能量转换的影响,确定结构尺寸等参数对 MEMS 压电振动能量收集器输出性能的总体变化趋势。

将压电振动能量收集器从环境中获取的振动能定义为输入功率,用 $P_{in}$ 表示,能量转换效率则定义为输出功率和输入功率之比:

$$\eta_{CE} = \frac{P_{Rave}}{P_{in}} \tag{2.99}$$

通过式(2.59)和式(2.60)可以导出输入功率、输出功率和能量转换效率表达式。将式(2.59)和式(2.60)两边分别乘 $\dot{\eta}$ 和 $v$ 有

$$\frac{d}{dt}\left[\left(\frac{1}{2}\dot{\eta}^2\right)+\frac{1}{2}\omega_1^2\eta^2\right]+2\zeta_m\omega_1\,\dot{\eta}^2-\theta v\dot{\eta} = -B_f\ddot{w}_B\dot{\eta} \tag{2.100}$$

$$\theta\dot{\eta}v+\frac{1}{R_1}v^2+\frac{d}{dt}\left(\frac{1}{2}C_p v^2\right) = 0 \tag{2.101}$$

将式(2.100)和式(2.101)在一个周期内对时间积分,并对时间求平均有

$$\frac{1}{T}\int_0^T 2\zeta\omega_1\dot{\eta}^2 dt - \frac{1}{T}\int_0^T \theta v\dot{\eta}dt = -\frac{1}{T}\int_0^T B_f\ddot{w}_B\dot{\eta}dt \tag{2.102}$$

$$\frac{1}{T}\int_0^T \theta\dot{\eta}v dt + \frac{1}{T}\int_0^T \frac{v^2}{R_1}dt = 0 \tag{2.103}$$

则输入功率为

$$P_{in} = -\frac{1}{T}\int_0^T B_f\ddot{w}_B\dot{\eta}dt = \frac{\sin\varphi_1}{2}F_r \times \omega_0 H \tag{2.104}$$

机械阻尼损耗为

$$P_{\zeta_m} = \frac{1}{T}\int_0^T 2\zeta_m\omega_1\dot{\eta}^2 dt = \zeta_m \times \omega_1(\omega_0 H)^2 \tag{2.105}$$

输出功率为

$$P_{Rave} = \frac{1}{T}\int_0^T \frac{v^2}{R_1}dt = -\frac{1}{T}\int_0^T \theta\dot{\eta}v dt$$

$$= 2\zeta_e\omega_0^2\omega_1 \times H^2 \times \frac{(\sin\varphi_1 + r\Omega\cos\varphi_1)}{\cos\varphi_2} \times \frac{\sin(\varphi_1 - \varphi_2)}{2} \tag{2.106}$$

且有

$$P_{\zeta_m}+P_{Rave} = P_{in} \tag{2.107}$$

方程式(2.107)表明,压电振动能量收集器从环境中获取的能量转换为了电能和机械阻尼损耗能两部分。

当 $K_{ef} \geq 4\zeta_m(1+\zeta_m)$ 时,两组优化解下都有

$$1-\Omega^2+2\zeta_e r\Omega^2=0 \tag{2.108}$$

即相位角 $\varphi_1=\dfrac{\pi}{2}$，且恒有 $\zeta_e=\zeta_m$。代入到式（2.104）~式（2.106）有

$$P_{\mathrm{Rave}}=P_{\zeta_m}=\frac{1}{2}P_{\mathrm{in}} \tag{2.109}$$

因此，能量转换效率 $\eta_{\mathrm{CE}}=50\%$。

当 $K_{\mathrm{ef}}<4\zeta_m(1+\zeta_m)$ 时，能量转换效率为

$$\eta_{\mathrm{CE}}=\frac{\zeta_{\mathrm{ef}}}{\zeta_{\mathrm{ef}}+\zeta_m} \tag{2.110}$$

式中：$\zeta_{\mathrm{ef}}=\zeta_e\times(\sin\varphi_1+r\Omega\cos\varphi_1)\times\sin(\varphi_1-\varphi_2)\times(\cos\varphi_2)^{-1}$。可以看出，能量转换效率只与等效机电耦合系数和机械阻尼比有关。图 2.16（a）为机械阻尼比一定时，能量转换效率与等效机电耦合系数的关系，可以看出等效机电耦合系数越大，能量转换效率越高，但不超过 50%；图 2.16（b）为等效机电耦合系数一定时，能量转换效率与机械阻尼比的关系。可以看出，机械阻尼比越小，能量转换效率越大，但也不超过 50%，当机械阻尼比较小时，能量转换效率随机械阻尼比的变化大。

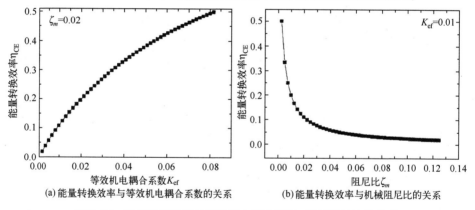

(a) 能量转换效率与等效机电耦合系数的关系　(b) 能量转换效率与机械阻尼比的关系

图 2.16　能量转换效率与等效机电耦合系数、机械阻尼比的关系

微型压电振动能量收集器的输出功率取决于输入功率和能量转换效率，输入功率越大，能量转换效率越高，输出功率越大。输入功率主要与惯性力、激励频率和压电振动能量收集器振动位移有关；能量转换效率主要与等效机电耦合系数和机械阻尼比有关，提高压电振动能量收集器的等效机电耦合系数或降低机械阻尼比，都可以提高其能量转换效率，但能量转换效率不超过 50%。

（4）基于建立的理论模型，研究结构尺寸等参数对各技术参数的影响，确定最优化结构尺寸等参数。

优化过程采用单参数优化法，即优化某一参数时，其他参数保持不变。

### 2.2.1.3 微型压电悬臂梁阵列振动能量收集器优化

基于上述优化思想,本节以基于共质量块阵列梁结构的 PZT 薄膜压电振动能量收集器为例进行优化设计。主要技术指标有:

(1) 核心尺寸:小于 $11 \times 12.4 \times 0.5 \text{mm}^3$。

(2) 激励加速度:小于 $1g$,小于 300Hz。

(3) 输出电压:$\geqslant 4\text{V}$。

(4) 输出功率:$\geqslant 200\mu\text{W}$。

主要优化参数有硅悬臂梁尺寸、PZT 压电层尺寸、PZT 压电材料性能参数、机械阻尼比以及压电悬臂梁单元数。

由建立的双向耦合分布参数模型可知,MEMS 压电振动能量收集器的宽度只对输出功率有影响,且宽度越大,输出功率越高,对其他技术参数如谐振频率、输出电压、位移等没有影响,因此,固定总宽为 12.4mm。同时,根据实验室所用硅片规格,质量块厚度设定为 0.5mm。

**1) 硅悬臂梁尺寸优化**

MEMS 压电悬臂梁阵列振动能量收集器硅悬臂梁尺寸主要包括梁长 $L_b$ 和梁厚 $t_b$。由于器件总体尺寸一定,当硅悬臂梁长确立后,质量块的长度相应确立。优化过程中保持 PZT 压电层厚度为 $1\mu\text{m}$,长度与悬臂梁长度一致,PZT 压电性能参数采用标准参数,压电悬臂梁单元数为 5,激励加速度为 $1g$ 振幅的正弦波,机械阻尼比为 0.003。

图 2.17、图 2.18 为输入功率和能量转换效率与梁长和梁厚的关系。可以看出,在梁长增大过程中,输入功率先增大后减小,在梁长为 3mm 处都存在最大值;能量转化效率缓慢减小,在悬臂梁厚度较小时,能量转换效率基本不变。在梁厚增大过程中,输入功率和能量转换效率都减小。以上分析表明,梁长主要影响输入功

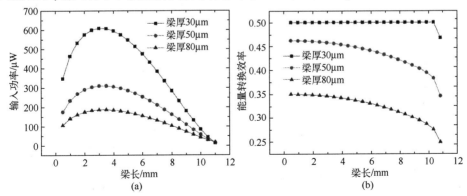

图 2.17 不同梁厚下输入功率和能量转换效率与梁长的关系(见彩图)

率,合适的梁长能够有效地提高能量获取效率;减小梁厚,能够同时提高能量转换效率和能量获取效率。

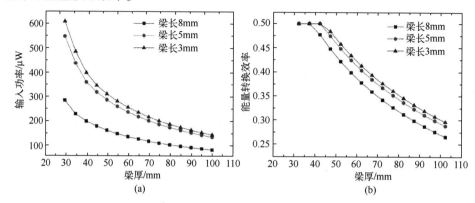

图 2.18　不同梁长下输入功率和能量转换效率与梁厚的关系(见彩图)

　　图 2.19~图 2.21 为不同梁厚下各技术参数与压电悬臂梁梁长的关系。可以看出,梁长在 2~10mm 之间时,谐振频率变化缓慢,且存在最小值,同时输出功率在梁长为 3mm 处达到最大,而质量块末端位移在 2~10mm 之间较大,且存在最大值。因此,在确定硅悬臂梁梁长时,为了使 MEMS 压电振动能量收集器的谐振频率与环境频率匹配,同时保证输出功率大,输出位移小,梁长在 2~10mm 之间靠近2mm 处或靠近 10mm 处进行选取;随着梁长增大,输出电压减小,同时兼顾考虑最大应力,梁长在靠近 2mm 处选取。由于在 3mm 处输出功率最大,因此,MEMS 压电振动能量收集器压电悬臂梁梁长设计为 3mm。图 2.22~图 2.24 为不同梁长下压电悬臂梁梁厚与各技术参数的关系。可以看出,随梁厚增大,除谐振频率增大外,其他技术参数都减小,且梁厚越大,各技术参数减小的速度越慢,在梁厚为 50~100μm 之间各技术参数变化趋于稳定。在梁长为 3mm 情况下,梁厚小于 60μm

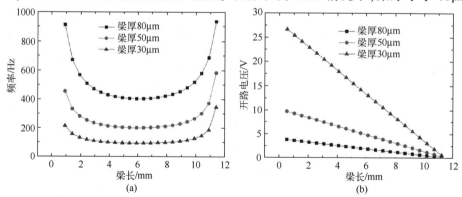

图 2.19　不同梁厚下谐振频率和开路电压与梁长的关系(见彩图)

时,谐振频率低于 300Hz,兼顾考虑到最大应力以及质量块末端位移要求,硅悬臂梁厚度设计为 50μm。以上分析表明,压电悬臂梁厚度对各技术参数的影响大于压电悬臂梁长度对各技术参数的影响。

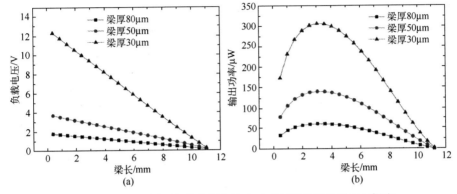

图 2.20 不同梁厚下负载电压和输出功率与梁长的关系(见彩图)

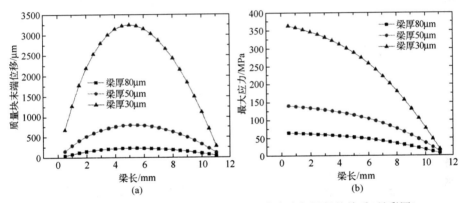

图 2.21 不同梁厚下质量块末端位移和最大应力与梁长的关系(见彩图)

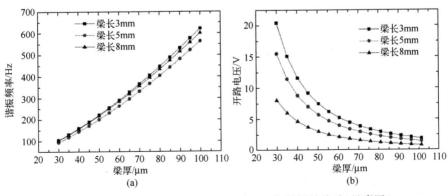

图 2.22 不同梁长下谐振频率和开路电压与梁厚的关系(见彩图)

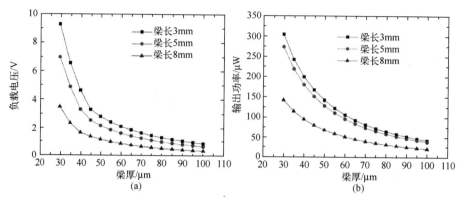

图 2.23　不同梁长下负载电压和输出功率与梁厚的关系(见彩图)

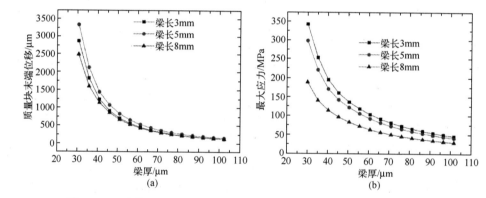

图 2.24　不同梁长下质量块末端位移和最大应力与梁厚的关系(见彩图)

## 2）PZT 压电层尺寸优化

PZT 压电层尺寸主要包括压电层长和压电层厚。优化过程中保持硅悬臂梁厚度为 $50\mu m$,长度为 $3mm$,压电悬臂梁单元数为 5,PZT 压电性能参数采用标准参数,激励加速度恒定 $1g$,机械阻尼比为 $0.003$。

图 2.25、图 2.26 为输入功率和能量转换效率与压电层长度和厚度的关系。可以看出,随压电层长度增大,有:①输入功率先减小后不变,且压电层厚度越大,输入功率减小至定值的速度越快;②能量转换效率增大,且压电层厚度越大,能量转换效率增大的速度越快,但最大不超过 $50\%$。压电层厚度对输入功率和能量转换效率的影响趋势与压电层长度对输入功率和能量转换效率的影响趋势基本一致。因此,从输入功率分析,压电层长度和厚度不宜太大;从能量转换效率分析,压电层长度和厚度越大,能量转换效率越容易达到最大值 $50\%$。

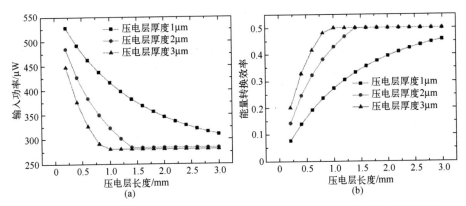

图 2.25　不同压电层厚度下输入功率和能量转换效率与压电层长度的关系(见彩图)

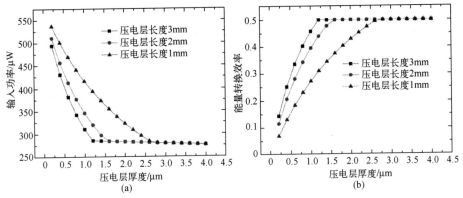

图 2.26　不同压电层长度下输入功率和能量转换效率与压电层厚度的关系(见彩图)

　　图 2.27~图 2.29 为各技术参数随压电层长度变化关系。可以看出,随着压电层长度增大,有:①谐振频率增大,但增幅小。②开路电压减小,这主要是因为随着压电层长度增大,压电层上的平均应力减小,导致开路电压减小。③在压电层厚度小时,负载电压减小;在压电层厚度大时,负载电压先减小后增大最后基本不变,负载电压从减小到增大的转折点所对应的压电层长度正好是能量转换效率达到最大时的压电层长度。④在压电层厚度较小时,输出功率增大;在压电层厚度较大时,输出功率先增大后基本不变,且压电层厚度越大,输出功率达到最大值的速度越快。⑤在压电层厚度较小时,质量块末端位移和压电悬臂梁最大应力都减小;在压电层厚度较大时,质量块末端位移和压电悬臂梁最大应力都先减小后基本不变,这是因为当压电层长度增大到一定值时,能量转换效率达到最大值,此时电学阻尼在压电层长度增大过程中基本不变,即总阻尼(电学阻尼和机械阻尼之和)不变,因此质量块末端位移和压电悬臂梁最大应力也不变。

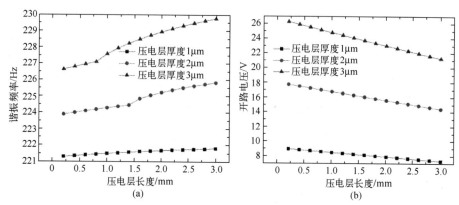

图 2.27　不同压电层厚度下谐振频率和开路电压与压电层长度的关系(见彩图)

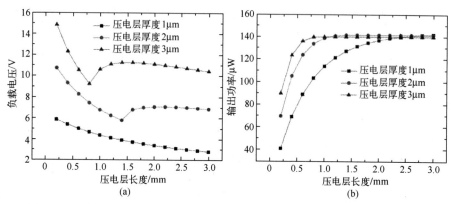

图 2.28　不同压电层厚度下负载电压和输出功率与压电层长度的关系(见彩图)

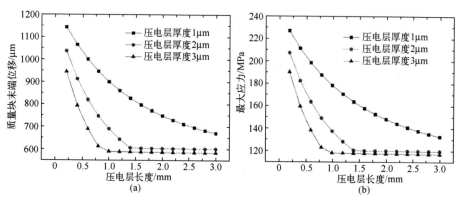

图 2.29　不同压电层厚度下质量块末端位移和最大应力与压电层长度的关系(见彩图)

　　图 2.30~图 2.32 为各技术参数随压电层厚度变化关系。可以看出,随压电层厚度增大,有:①谐振频率增大,但由于压电层厚度有限,因此压电层厚度对频率的

影响有限;②开路电压和负载电压都增大;③输出功率先增大后基本不变,且压电层长度越大,输出功率达到最大值速度越快;④质量块末端位移和压电悬臂梁最大应力都先减小后基本不变,其原因是在压电层厚度增大过程中,能量转换效率先增大后基本不变,总阻尼也随之先增大后基本不变,因此质量块末端位移和压电悬臂梁最大应力先减小后基本不变。

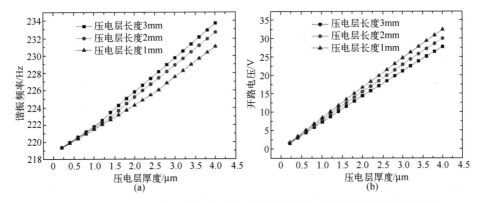

图 2.30　不同压电层长度下谐振频率和开路电压与压电层厚度的关系(见彩图)

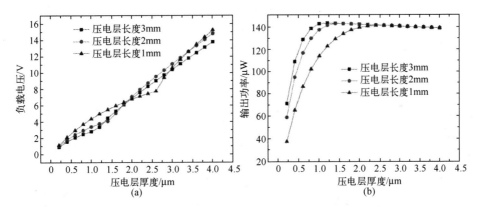

图 2.31　不同压电层长度下负载电压和输出功率与压电层厚度的关系(见彩图)

综上所述,压电层长度和厚度设计为工艺条件允许的最大值,压电层长度是平面结构,工艺容易实现,设计为与硅悬臂梁一样长,为 3mm;压电层厚度受工艺限制大,通常小于 4μm,根据实验室工艺条件,设计为 3.5μm。

### 3) PZT 压电材料性能参数优化

PZT 压电材料的压电应力常数和相对介电常数是影响 MEMS 压电振动能量收集器输出电压和功率的两个主要压电性能参数,在 PZT 薄膜材料制备过程中,改变化学组分比可以调节压电应力常数和相对介电常数。本节在其他参数不变的

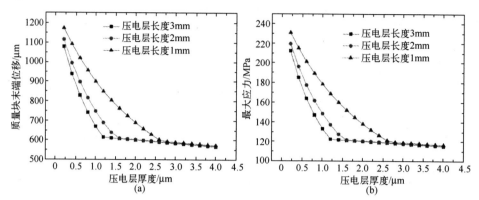

图2.32 不同压电层长度下质量块末端位移和最大(位移)应力与压电层厚度的关系(见彩图)

情况下对 PZT 压电材料的压电应力常数和相对介电常数进行优化,为实验上制备 PZT 薄膜提供理论依据。优化过程中保持硅悬臂梁厚度为 $50\mu m$,长度为 $3mm$,压电层长度为 $3mm$,厚度为 $3.5\mu m$,压电悬臂梁单元数为 5,激励加速度幅值恒定为 $1g$,机械阻尼比为 $0.003$。

图2.33、图2.34 为输入功率和能量转换效率与压电应力常数和相对介电常数关系。可以看出,随压电应力常数的增大,输入功率先减小后不变,能量转换效率先增大至 50% 后不变,当相对介电常数较小时,输入功率和能量转换效率都易于达到定值;随相对介电常数的增大,输入功率增大,且当压电应力常数较大时,输入功率先不变后增大,能量转换效率减小,且当压电应力常数较大时,能量转换效率先不变后减小。以上分析表明,压电应力常数大、相对介电常数小有利于增大能量转换效率,但会降低输入功率,且压电应力常数对能量转换效率和输入功率影响大于相对介电常数。

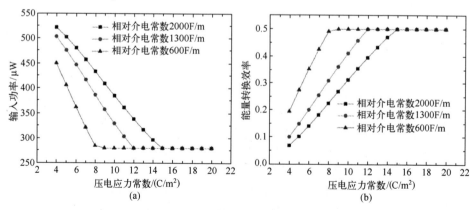

图2.33 不同相对介电常数下输入功率和能量转换效率与
压电应力常数的关系(见彩图)

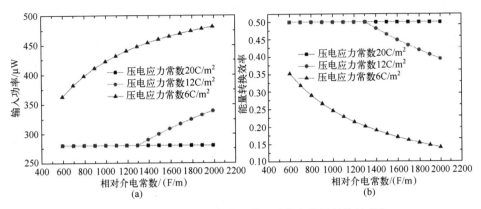

图 2.34　不同压电应力常数下输入功率和能量转换效率与
相对介电常数的关系(见彩图)

　　图 2.35～图 2.37 为各技术参数与压电应力常数关系。可以看出,随压电应力常数的增大,各技术参数的变化为:①谐振频率增大,且相对介电常数越大,谐振频率增大越快;②开路电压和负载电压都增大;③输出功率先增大后不变,表明当压电应力常数增大时,输入功率减小的速度比能量转换效率增大的速度慢,当能量转换效率增大到 50% 时,MEMS 压电振动能量收集器总阻尼不变,输入功率和能量转换效率都不变;④因此,最大应力和质量块末端位移也是先减小后不变。图 2.38～图 2.40 为各输技术参数与相对介电常数关系。图中表明,随相对介电常数的增大,其对各技术参数的影响为:①谐振频率减小,且压电应力常数越大,减小速度越快;②开路电压和负载电压都减小;③输出功率减小,当压电应力常数较大时,输出功率先不变后减小,表明随着相对介电常数增大,输入功率增大的速度小于能量转换效率减小的速度;④因此,质量块末端位移和最大应力增大,当压电应力常数较

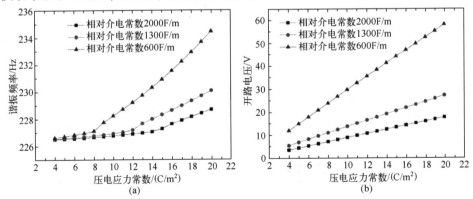

图 2.35　不同相对介电常数下谐振频率和开路电压与压电应力常数的关系(见彩图)

大时,质量块末端位移和最大应力随着相对介电常数增大时先不变后增大。此外,从图 2.35、图 2.38、图 2.19 和图 2.22 可以看出,与硅结构参数相比,压电性能参数对谐振频率的影响较小。

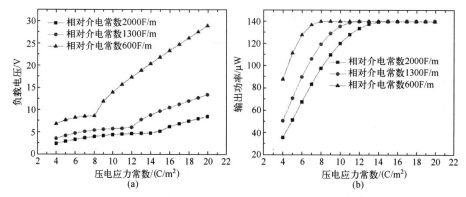

图 2.36　不同相对介电常数下负载电压和输出功率与压电应力常数的关系(见彩图)

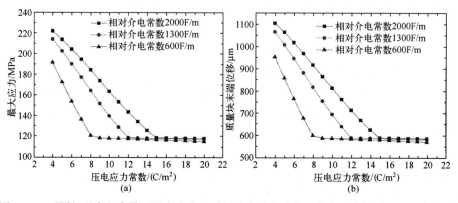

图 2.37　不同相对介电常数下最大应力和质量块末端位移与压电应力常数的关系(见彩图)

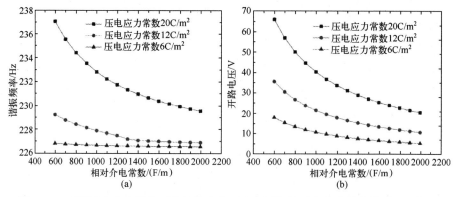

图 2.38　不同压电应力常数下谐振频率和开路电压与相对介电常数的关系(见彩图)

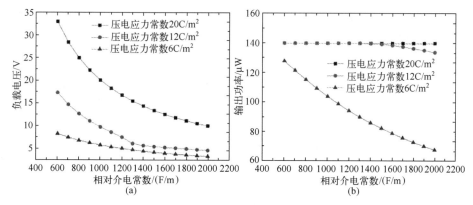

图 2.39  不同压电应力常数下负载电压和开输出功率与相对介电常数的关系(见彩图)

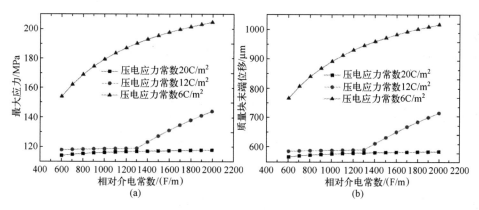

图 2.40  不同压电应力常数下最大应力和质量块末端位移与相对介电常数的关系(见彩图)

以上分析表明,增大压电应力常数和减小相对介电常数能够有效地增大 MEMS 压电振动能量收集器输出功率和输出电压,同时降低质量块末端位移和最大应力。但当压电应力常数增大到一定程度或相对介电常数减小到一定程度时,增大压电应力常数或减小相对介电常数对 MEMS 压电振动能量收集器输出性能基本无影响。该结论为实验上制备最适用于 MEMS 压电振动能量收集器的压电材料提供了理论依据。

### 4)机械阻尼比优化

由方程式(2.107)可知,输入功率一部分转换为机械阻尼损耗,因此机械阻尼过大会导致机械阻尼损耗大,输出功率小。由方程式(2.104)表明,在 MEMS 压电振动能量收集器最大允许位移有限情况下,机械阻尼过小,达到最大位移所需外加激励力或加速度小,导致输入功率低,此时输出功率也小。因此,机械阻尼比的优化对 MEMS 压电振动能量收集器性能的提升具有重要的意义。优化过程中保持硅悬臂梁厚度为 50μm,压电层厚度为 3.5μm,压电悬臂梁长度为 3mm,压电悬臂梁单元数为 5,PZT 压电性能参数采用标准参数。

图 2.41~图 2.43 为加速度恒为 1g 情况下各技术参数与机械阻尼比的关系。可以看出,随机械阻尼比的增大,输入功率和能量转换效率都减小,因此,在加速度一定的情况下,减小机械阻尼比有利于提升 MEMS 压电振动能量收集器性能。机械阻尼比对谐振频率基本无影响,开路电压、负载电压、输出功率以及质量块末端位移和最大应力都随机械阻尼比增大而减小,且当机械阻尼比较小时,减小速度快。与其他优化参数相比,机械阻尼比对质量块末端位移和最大应力的影响大。图 2.44(a)为最大应力不超过 230MPa 时,达到最大应力所需加速度与机械阻尼比的关系,随着机械阻尼比增大,所需加速度增大;图 2.44(b)为输入功率和输出功率与机械阻尼比的关系,图中虚线左边是最大应力恒为 230MPa,激励加速度小于 1g 时,输入功率和输出功率随机械阻尼比变化曲线。可以看出,随着机械阻尼比、输入功率的增大,输出功率先增大后不变,在机械阻尼比较小时,输入功率增大幅度比能量转换效率下降幅度大,此时输出功率增大。当机械阻尼比增大到一定程度时,输入功率增大幅度与能量转换效率下降幅度相同,此时输出功率不变。虚线处是最大应力为 230MPa,加速度为 1g 时的情况。虚线右边分两种情况:①若最大应力仍保持为 230MPa,随着机械阻尼比的增大,输入功率增大,输出功率不变。输入功率增大是因为要达到该应力要求,激励加速度要增大;输出功率不变是因为在机械阻尼比增大过程中,能量转换效率下降,且输入功率增大幅度与能量转换效率下降幅度相同,因此输出功率不变。②若加速度不超过 1g(与实际应用环境加速度大小有限相符合),随着机械阻尼比的增大,输入功率和输出功率都减小。以上分析表明,机械阻尼比的选取与应用环境密切相关,机械阻尼比过大或过小都会降低 MEMS 压电振动能量收集器的输出性能。

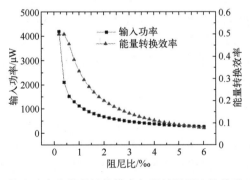

图 2.41　输入功率和能量转换效率与机械阻尼比的关系(见彩图)

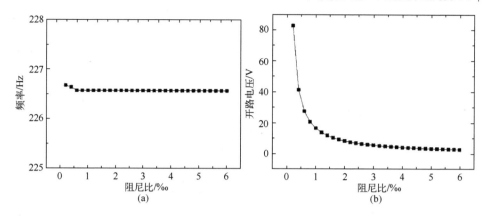

图 2.42　谐振频率和开路电压与机械阻尼比的关系

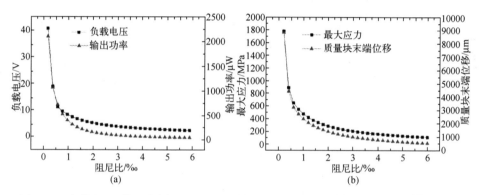

图 2.43　负载电压、输出功率、最大应力、质量块末端位移与机械阻尼比的关系(见彩图)

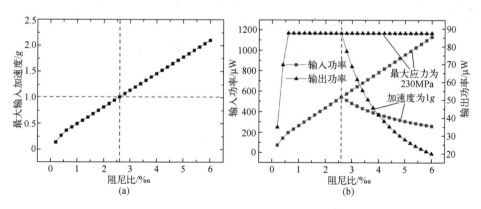

图 2.44　最大输入加速度、输入功率和输出功率与机械阻尼比的关系(见彩图)

　　悬臂梁结构一阶模态机械阻尼比主要由黏滞阻尼、压膜阻尼、支撑阻尼和内部阻尼四部分组成[19],为了简化,总机械阻尼比为四部分阻尼比之和:

$$\zeta_{air} = \frac{3\pi\mu W_b + \frac{3}{4}\pi W_b^2 \sqrt{2\rho_{air}\mu\omega_1}}{2\rho_b W_b t_b L_b \omega_1} \tag{2.111}$$

$$\zeta_{sq} = \frac{\mu W_b^2}{2\rho_b g_0^3 t_b \omega_1} \tag{2.112}$$

$$\zeta_{su} = 0.23 t_b^3 / L_b^3 \tag{2.113}$$

$$\zeta_{in} = \beta/2 \tag{2.114}$$

$$\zeta_m = \zeta_{air} + \zeta_{sq} + \zeta_{su} + \zeta_{in} \tag{2.115}$$

式中:$\mu$ 和 $\rho_{air}$ 分别为空气黏滞系数和空气密度;$\beta$ 为结构阻尼因子;$g_0$ 为空气膜厚度。在开放环境中,黏滞阻尼比起主要作用,其他阻尼可以忽略;在封闭环境或空气膜厚度较小的环境,压模阻尼比起主要作用。可以看出,通过结构设计和改变空气黏度系数能够调节机械阻尼比,提出的带间隙的压电悬臂梁阵列结构能够降低机械阻尼比。由理论分析可知,在强耦合情况下,能量转换效率达到恒为 50% 的最大值,若此时在 1g 加速度激励下最大应力刚好不超过许用应力,则输出功率达到最大,机械阻尼比达到最优值。

### 5) 压电悬臂梁单元数优化

实验室提出采用共质量块的压电悬臂梁阵列结构提高 MEMS 压电振动能量收集器输出电压,本节根据输出电压技术指标,对压电悬臂梁阵列单元数进行优化。优化过程中保持硅悬臂梁厚度为 $50\mu m$,压电层厚度为 $3.5\mu m$,压电悬臂梁长度为 3mm,PZT 压电材料性能取标准参数,各压电悬臂梁单元宽度之和为器件总宽 12.4mm,机械阻尼比为 0.003,当压电悬臂梁单元数较少($<10$)时,压电悬臂梁单元之间的间隙大小对各技术指标的影响可以忽略。

图 2.45~图 2.47 为各技术参数与压电悬臂梁单元数关系。可以看出,随压电

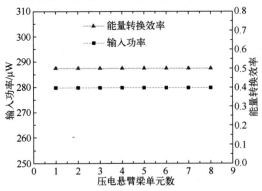

图 2.45　输入功率和能量转换效率与压电悬臂梁单元数的关系

悬臂梁单元数的增大,除了输出电压增大外,其他技术参数,如输出功率、谐振频率等都与压电悬臂梁单元数无关。因此,可以在不影响其他技术参数的情况下通过改变压电悬臂梁单元数调节输出电压,从而降低 MEMS 压电振动能量收集器设计难度。由于实验上制备的 PZT 压电薄膜性能参数与标准性能参数存在一定差距,现有文献表明,PZT 压电薄膜压电应力常数是标准值的一半左右,因此,根据输出电压需求,压电悬臂梁单元数设计为 5。

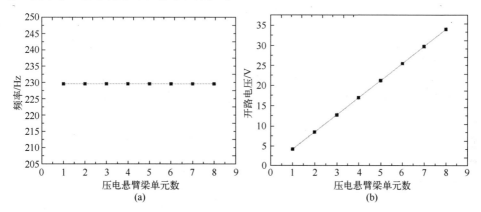

图 2.46  谐振频率和开路电压与压电悬臂梁单元数的关系

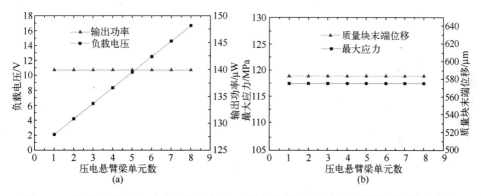

图 2.47  负载电压、输出功率和最大应力、质量块末端位移与压电悬臂梁单元数的关系

综上所述,对于总体尺寸一定(为 11mm×12.4mm×0.5mm)的 MEMS 压电振动能量收集器,硅悬臂梁参数的优化比压电层参数的优化能够更有效地提高输入功率,而压电层尺寸、压电性能参数的优化则能够更有效地提高能量转换效率;硅悬臂梁厚度、长度以及压电层尺寸性能参数都对谐振频率有影响,但硅悬臂梁厚度对谐振频率影响最大,改变硅悬臂梁尺寸能够有效地调节谐振频率;压电层尺寸比硅悬臂梁尺寸对输出电压影响大,优化压电层尺寸能够更有效地提高输出电压,而改

变压电悬臂梁单元数能够在不改变其他技术参数情况下调节输出电压,降低MEMS压电振动能量收集器设计难度;输出功率取决于输入功率和能量转换效率,其优化过程需要综合考虑硅悬臂梁参数和压电层参数的影响;机械阻尼比也是影响输出功率的重要参数,过大或过小都会降低输出功率,机械阻尼比的选取应密切联系应用环境。MEMS压电振动能量收集器优化过程归纳为:

(1) 硅结构尺寸参数优化。根据应用环境频率匹配需求,优化MEMS压电振动能量收集器硅结构尺寸参数,以提高能量获取效率。

(2) 压电层结构尺寸参数及压电材料性能参数优化。在能量获取效率一定的情况下,根据输出功率最大化要求对能量转换效率进行优化。

(3) 机械阻尼比优化。根据压电悬臂梁最大许用应力要求以及应用环境特点,综合考虑机械阻尼比对输入功率和能量转换效率的影响,确定最优化机械阻尼比。

(4) 压电悬臂梁单元数优化。根据输出电压需求优化压电悬臂梁单元数。分析表明压电悬臂梁单元数对其他技术参数无影响,可作为调节输出电压的最终方案。

基于MEMS压电振动能量收集器技术指标和以上优化设计方法,设计的MEMS压电悬臂梁阵列振动能量收集器最优化结构尺寸参数如表2.5所列,其中,最佳机械阻尼比为1.55‰,压电性能参数满足$e_{31,f}^2/\varepsilon_{33,f}^s \geq 0.057$。$\varepsilon_{33,f}^s$的大小通常为1000左右[20],则$e_{31,f} \geq 7.5\text{C/m}^2$,实验室现有条件制备的PZT薄膜基本能够达到该要求。在标准的压电性能参数下与ANSYS仿真结果进行了对比,相应的输出性能参数如表2.6所列。

表2.5 MEMS压电悬臂梁阵列振动能量收集器最优化结构尺寸参数

| 悬臂梁单元数 | 硅悬臂梁单元尺寸/μm | | | 压电层单元尺寸/μm | | | 质量块尺寸/μm | | | 间隙/μm |
|---|---|---|---|---|---|---|---|---|---|---|
| | 长 | 宽 | 厚 | 长 | 宽 | 厚 | 长 | 宽 | 厚 | |
| 5 | 3000 | 2400 | 50 | 3000 | 2400 | 3 | 8000 | 12400 | 500 | 100 |

表2.6 最优化MEMS压电悬臂梁阵列振动能量收集器输出性能参数比较

| 压电性能参数 | | 频率/Hz | 开路电压/V | 负载电压/V | 输出功率/μW | 质量块末端位移/μm | 最大应力/MPa | 能量转换效率 |
|---|---|---|---|---|---|---|---|---|
| 理论模型 | 给定参数 | 227.2 | 24.8 | 11.1 | 270.7 | 1142 | 230 | 0.5 |
| | 标准参数 | 229.8 | 41.2 | 20.48 | 270.7 | 1128 | 227 | 0.5 |
| ANSYS仿真 | 标准参数 | 223.5 | 37.5 | 20.47 | 270.3 | 1313 | 273.7 | — |

## 2.2.2 MEMS 压电振动能量收集器加工技术

MEMS 压电振动能量收集器制作的关键主要包括压电薄膜材料的制备及其兼容加工,三维微结构的兼容加工等。近年来,重庆大学微系统研究中心致力于 MEMS 压电振动能量收集器的研究,在 AlN 和 PZT 压电薄膜的制备及其相应的 MEMS 压电振动能量收集器方面取得了一定的成果。本节以重庆大学微系统研究中心研制的 PZT 薄膜 MEMS 压电悬臂梁阵列振动能量收集器为例对 MEMS 压电振动能量收集器加工技术进行介绍。PZT 薄膜 MEMS 压电振动能量收集器的制作主要包括 PZT 薄膜的制备、三维微结构的加工以及相关的兼容加工工艺。

### 2.2.2.1 PZT 薄膜的制备及其图形化

#### 1) PZT 薄膜制备方法

近年来,各类传感器和执行器的快速发展极大地促进了高性能 PZT 薄膜的研究,其制备方法呈现出多种多样,如磁控溅射法[21-23]、脉冲激光沉积法(PLD)[24, 25]、金属化学气相沉积法( MOCVD )[26, 27] 和溶胶 – 凝胶法( sol - gel )[28, 29] 等。这些制备方法可以分为两大类:第一类为物理沉积,通常需要真空环境,如上述的磁控溅射法和脉冲激光沉积法,此类制备方法的优点是薄膜纯度高、清洁干燥,且与半导体集成电路工艺兼容性好,缺点是设备成本高,沉积速率慢,不能精确控制薄膜组分;第二类为化学沉积,无须真空环境,如上述的金属化学气相沉积法和溶胶–凝胶法,其优点是设备成本低,沉积速率快,薄膜组分能够精确控制,易形成均匀、大面积薄膜且易于进行微量、均匀的薄膜掺杂改性,缺点是会带来环境污染,制备的薄膜厚度难以精确控制。由于化学沉积法具有设备成本低等优点,实验室采用化学沉积法中的溶胶–凝胶法制备 PZT 薄膜。

溶胶凝胶法的基本过程是[30]:首先将金属醇盐溶于有机溶剂中,然后加入其他组分,在一定温度、pH 等条件下,金属醇盐的混合溶液变成溶胶,溶胶经过水解和缩聚等一系列复杂的化学反应形成凝胶,通过匀胶等方法将凝胶均匀涂覆在衬底上形成湿膜,经烘干去除湿膜中的溶剂和有机物,反复涂覆、烘干使基片上的薄膜达到一定厚度,再通过退火处理形成所需要晶态的薄膜。涉及的基本化学反应有以下几种。

溶剂化:能电离的金属盐的金属阳离子 $M^{Z+}$ 吸收水分子形成溶剂单元 $M(H_2O)_n^{Z+}$。

$$M(H_2O)_n^{Z+} \leftrightarrow M(H_2O)_{n-1}(OH)^{(Z-1)} + H^+ \tag{2.116}$$

水解反应:非电离式金属盐 $M(OR)_X$ 分子与水反应。

$$M(OR)_X + H_2O \rightarrow M(OR)_{X-1}(OH) + ROH \tag{2.117}$$

缩聚反应:缩聚反应可分为失水反应和失醇反应。

$$2M(OR)_{X-1}(OH) \rightarrow (RO)_{X-1}-M-O-M-(OR)_{X-1}+H_2O \qquad (2.118)$$

$$2M(OR)_{X-1}(OH) \rightarrow (RO)_{X-1}-M-O-M-(OR)_{X-2}+ROH \qquad (2.119)$$

**2) 溶胶–凝胶法制备PZT薄膜**

根据MEMS压电悬臂梁阵列振动能量收集器加工工艺要求及实验室工艺条件,实验室在4英寸(0.1016m)SOI晶片上制备PZT薄膜,采用如图2.48所示的衬底膜结构。文献[31,32]表明,LaNiO$_3$(LNO)种子层不仅有利于增大PZT薄膜的压电性能,而且能够降低后续微结构加工过程中PZT薄膜压电性能的下降程度,提高

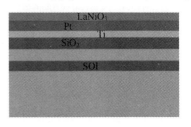

图2.48　衬底膜结构
示意图(见彩图)

PZT薄膜与后续微结构加工过程的兼容性。此外,LNO晶格常数0.384nm与下电极的Pt晶格常数0.3923nm接近,晶格匹配程度高,能够有效地避免PZT薄膜龟裂现象的发生。因此,在制备PZT薄膜前,首先在SOI基片上制备LNO/Pt/Ti/SiO$_2$作为衬底,然后采用溶胶–凝胶法制备PZT薄膜,其工艺流程如图2.49所示,主要包括以下几个步骤:

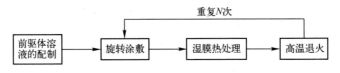

图2.49　溶胶–凝胶法制备PZT薄膜工艺流程图

(1) PZT前驱体溶胶的配置:利用Pb、Zr、Ti的三种金属化合物和特定的溶剂、催化剂、稳定剂等,在一定的条件下混合反应得到均匀稳定的PZT前驱体溶胶。在溶胶配置过程中,许多复杂的化学反应,如水解、缩聚反应等会发生,这些反应对溶胶的质量有重要影响,且直接影响制备的薄膜的质量,因此该步骤是溶胶–凝胶工艺中最重要的一步。

(2) 匀胶:采用旋转涂覆法进行匀胶,将溶胶均匀地滴在备好的基片上,采用旋转的方式使胶体均匀地涂覆在基片表面。

(3) 湿膜热处理:将均匀涂覆在基片表面的PZT薄膜进行热处理,去除薄膜中的溶剂和有机物。

(4) 快速退火:将去除了溶剂和有机物的PZT薄膜进行高温快速退火处理,使其结晶化形成钙钛矿结构。为避免氧空位,该过程需要在氧气环境中进行。

(5) 重复(2)~(4)的步骤,直到薄膜厚度达到所需要的厚度为止。

**3) PZT薄膜的表征**

采用X射线衍射仪(日本岛津公司生产的XRD-6000)、扫描电镜(FEI公司生

产的 Nova 400 Nano SEM)和台阶仪(AMBIOS technology 生产的 XP-100)等仪器测定 PZT 薄膜的晶向、表面形貌和厚度。图 2.50 是 PZT 薄膜的 X 射线衍射谱,可以看出制备 PZT 薄膜是多晶薄膜,衍射峰尖锐表明薄膜的结晶程度好。图 2.51 是 PZT 薄膜样品台阶仪厚度测试曲线,可以看出 PZT 薄膜厚度约为 2μm,对多个样品的测试表明,制备的 PZT 薄膜样品厚度为 1~4μm。对制备的 PZT 薄膜厚度均匀性进行测试,测试点分布如图 2.52 所示。测试结果表明,整个硅片上 PZT 薄膜厚度偏离其平均值的最大误差为 4.4%,能够满足器件的要求。图 2.53 是 PZT 薄膜的扫描电镜照片,可以看出制备 PZT 薄膜没有龟裂和孔洞。

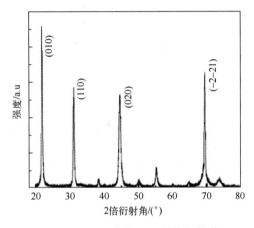

图 2.50　PZT 薄膜的 X 射线衍射谱

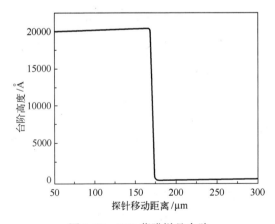

图 2.51　PZT 薄膜样品台阶
仪厚度测试曲线

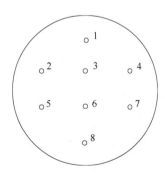

图 2.52　PZT 薄膜厚度测
试点分布图

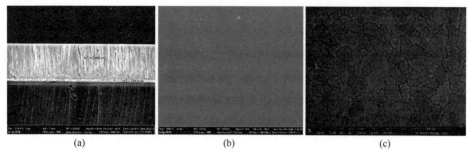

(a)           (b)           (c)

图 2.53　LNO/Pt/Ti/SiO2/Si 衬底上制备的 PZT 薄膜的扫描电镜照片

**4) PZT 薄膜的图形化**

PZT 薄膜图形化的质量不仅对 PZT 压电性能有影响,而且对后续能否进行极化,以及能否使 PZT 完全极化也有影响,因此,PZT 薄膜的图形化工艺是 MEMS 压电阵列振动能量收集器制作的关键技术之一。相对于一般的 MEMS 工艺,实验室制备的 PZT 膜厚较厚($>3\mu m$),因此要完成其图形化:①在光刻工艺方面,需要选择合适的光刻胶,并对其旋涂工艺进行研究。采用美国安智公司生产的 AZ1500 光刻胶,旋涂厚度为 $2.2\mu m$,旋涂参数为 $1000r/min$、$30s$;②在刻蚀工艺方面,选择低成本高效率的湿法刻蚀方法,并对腐蚀液进行研究。文献[33, 34]显示,PZT 薄膜腐蚀液的主要成分有 HF、HCl、$HNO_3$、BOE(49% 的 HF 和 40% 的 $NH_4F$ 按 1:6 配制)和 BHF(40% 的 $NH_4F$ 和 49% HF 按 10:1 配制)等,通过实验,确定 PZT 薄膜的腐蚀液配方为 BHF : $HNO_3$ : $H_2O$ = 1:1:30。

为了研究 PZT 薄膜的图形化工艺兼容性,实验室研究了 PZT 薄膜腐蚀液和 LNO 薄膜腐蚀液对 $SiO_2$ 层、Pt 电极层的影响,其中 LNO 薄膜的腐蚀液为 10% 的稀盐酸。实验结果表明,PZT 薄膜腐蚀液对 LNO 和 $SiO_2$ 都有腐蚀作用,对铂电极没有腐蚀作用,LNO 薄膜腐蚀液对 $SiO_2$ 和 Pt 电极均没有腐蚀作用。图 2.54 是 PZT/LNO/Pt/Ti/$SiO_2$/ SOI 样品腐蚀后的照片,可以看出,PZT 薄膜

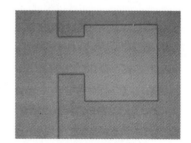

图 2.54　PZT/LNO/ Pt/Ti/$SiO_2$/SOI<br>样品腐蚀后的照片

图形边界清晰,无 PZT 残留,说明 PZT 薄膜图形化兼容性好,能够满足 MEMS 压电悬臂梁振动能量收集器加工要求。采用台阶仪测量 PZT 薄膜腐蚀后 PZT 薄膜层的台阶高度,以确定 PZT 薄膜腐蚀速率,测试结果表明,PZT 薄膜的腐蚀速率约为 15.6nm/s,LNO 薄膜的腐蚀速率约为 1.5nm/s。PZT 薄膜图形化的工艺流程如图 2.55 所示。

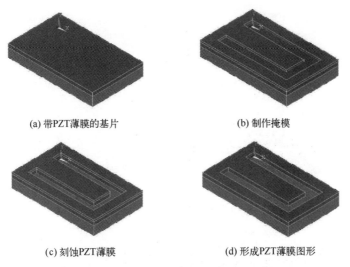

(a) 带PZT薄膜的基片        (b) 制作掩模

(c) 刻蚀PZT薄膜        (d) 形成PZT薄膜图形

图 2.55   PZT 薄膜图形化工艺流程(见彩图)

### 2.2.2.2   MEMS 压电悬臂梁阵列振动能量收集器加工工艺

#### 1) 工艺流程设计

根据实验室加工工艺条件,以及设计的 MEMS 压电悬臂梁阵列振动能量收集器结构参数,采用体硅微加工工艺,设计并优化 MEMS 压电悬臂梁阵列振动能量收集器加工工艺。结构优化设计表明,硅悬臂梁厚度对 MEMS 压电振动能量收集器输出参数影响大,在加工过程中需要精确控制,因此,加工过程中采用 SOI 基片作为衬底,其结构层厚度为 $50\mu m$,夹层 $SiO_2$ 层厚度为 $1\mu m$,支撑层厚度为 $450\mu m$。优化后的工艺流程如图 2.56 所示。

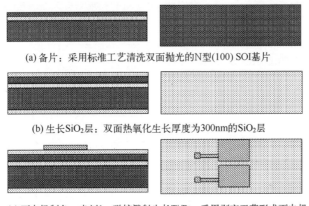

(a) 备片:采用标准工艺清洗双面抛光的N型(100) SOI基片

(b) 生长$SiO_2$层:双面热氧化生长厚度为300nm的$SiO_2$层

(c) 下电极制备:光刻1,磁控溅射生长Ti/Pt,采用剥离工艺形成下电极

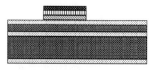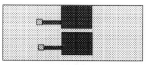

(d) PZT薄膜制备及图形化：采用溶胶-凝胶法制备LNO(300nm)/PZT
(3.5μm)薄膜，光刻2，室温下依次图形化PZT/LNO，丙酮去胶

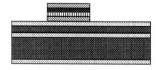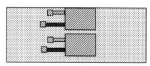

(e) 上电极制备：磁控溅射生长厚度为1.1μm的Al层，光刻3，45℃条件
下湿法腐蚀Al，丙酮去胶形成上电极

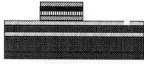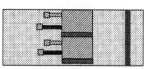

(f) 光刻4，BHF湿法腐蚀SOI基片表面$SiO_2$层

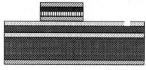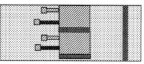

(g) 背面溅射Al

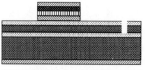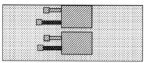

(h) 正面ICP（感应耦合等离子体）刻蚀50μm厚的硅结构层，形成压电
悬臂梁阵列结构

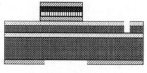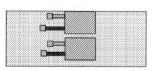

(i) 光刻5：背面光刻，45℃条件下湿法腐蚀Al，丙酮去胶

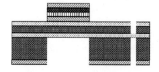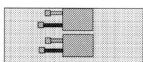

(j) ICP刻蚀：ICP背面刻蚀支撑层Si，至夹层$SiO_2$层停止

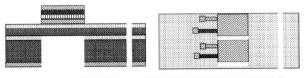

(k)RIE(反应离子刻蚀)刻蚀:RIE刻蚀SOI夹层的SiO₂层,释放结构

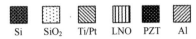

Si  SiO₂  Ti/Pt  LNO  PZT  Al

图 2.56　MEMS 压电悬臂梁阵列振动能量收集器加工工艺流程图

### 2）掩模版图设计

根据所设计的 MEMS 压电悬臂梁阵列振动能量收集器结构和加工工艺流程,采用 L-EDIT 版图设计软件优化设计了 5 块光刻掩模版,如图 2.57 所示。在版图设计过程中,不但要考虑各层之间的图形关系,还要根据工艺条件及图形情况确定光刻胶的正负性和版图的正负性。

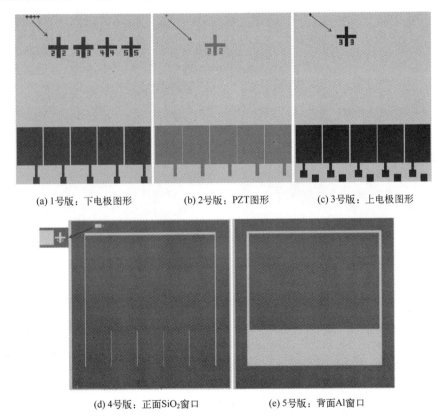

(a) 1号版:下电极图形　　　(b) 2号版:PZT图形　　　(c) 3号版:上电极图形

(d) 4号版:正面SiO₂窗口　　　　　(e) 5号版:背面Al窗口

图 2.57　MEMS 压电悬臂梁阵列振动能量收集器加工掩模版图(见彩图)

表 2.7 中列出了加工过程中所用的光刻胶与掩模版的正负性。

表 2.7　加工过程中所用的光刻胶与掩模版的正负性

| 光刻版编号 | 图 形 意 义 | 光刻胶正负性 | 掩模板正负性 |
|---|---|---|---|
| 1 号版 | 下电极图形(剥离工艺) | 正 | 正 |
| 2 号版 | PZT 图形(刻蚀工艺) | 正 | 负 |
| 3 号版 | 上电极图形(刻蚀工艺) | 正 | 负 |
| 4 号版 | 正面 $SiO_2$ 窗口(刻蚀工艺) | 正 | 负 |
| 5 号版 | 背面 Al 窗口(刻蚀工艺) | 正 | 负 |

根据以上工艺流程,基于重庆大学微系统研究中心 MEMS 工艺平台制作的 MEMS 压电悬臂梁阵列振动能量收集器样机芯片如图 2.58 所示。采用静态测试方法对研制的样机芯片进行初步检测,筛选出加工合格的芯片。首先采用光学显微镜对芯片机械结构进行检查,判断是否存在压电悬臂梁断裂、电极龟裂等情况;然后采用探针测试平台对压电层的电容、电阻等电学参数进行测试,并根据经验值对测试结果进行判定。为了便于后续 MEMS 压电悬臂梁振动能量收集样机性能测试分析,将筛选出的芯片安装于设计制作的 PCB 板上,通过引线键合机将芯片上电极焊盘与 PCB 板焊盘连接,如图 2.59 所示。

图 2.58　研制的样机芯片　　　　图 2.59　安装完成的样机

### 3) PZT 薄膜的极化

PZT 材料是铁电材料,需要经过极化后才具有压电性能。根据实验室条件,搭建了如图 2.60 所示的极化装置,左边为温度可调的加热板,右边是直流电源。通过加热板控制极化温度,采用直流电源控制极化电场,采用电子秒表控制极化时间。在极化温度为 150℃,极化时间为 30min 的极化条件下,对极化电场进行了优

图 2.60　PZT 薄膜的极化装置

化,优化的极化电场约为 11MV/m。因此,将制作的 MEMS 压电振动能量收集器在该极化条件下完成极化后,压电振动能量收集器的制作完成。

## 2.3　MEMS 压电振动能量收集器测试与分析

　　MEMS 压电振动能量收集器的测试包括器件结构尺寸测试和器件性能测试两大部分。对于 MEMS 器件,结构尺寸测试主要是针对微米级结构尺寸进行测量,在一定程度上判断工艺流程是否合理;在器件性能测试中,为了表征器件输出功率,采用电阻作为器件的负载,电阻的功率即为器件的输出功率。器件性能测试主要包括开路条件和短路条件下样机输出电压随频率变化曲线,共振下样机负载电压随负载电阻变化曲线和共振下最优化负载处样机负载电压随加速度变化曲线。下面以制作的 PZT 薄膜 MEMS 压电悬臂梁阵列振动能量收集器为例进行测试与分析。

### 2.3.1　器件结构尺寸参数测试与分析

　　在本节主要对微米级结构尺寸进行测试,包括压电层厚度、样机各压电悬臂梁之间间隙以及硅悬臂梁厚度测试,测试方法和测试仪器如下:

　　(1)压电层厚度测试:压电层厚度参数需要在加工过程中进行测试,所用仪器为 AMBIOS technology 生产的 XP-100 台阶仪。具体测试流程为:当 LNO 层制备完成后,用台阶仪测试 LNO 层的厚度为 $t_L$,完成 PZT 压电薄膜制备后,再用台阶仪测试 LNO/PZT 层厚度为 $t_{LP}$,则 PZT 压电层厚度为 $t_P = t_{LP} - t_L$。

　　(2)样机各压电悬臂梁之间间隙测试:样机加工完成后,采用光学显微镜首先对该结构参数进行测试。

　　(3)硅悬臂梁厚度测试:硅悬臂梁厚度的测试需要在样机样品破坏后进行,将硅悬臂梁厚度面置于光学显微镜下进行测量。

　　基于以上测试方法,对研制的样机结构尺寸参数进行测试。图 2.61 和图 2.62 分别为 LNO 薄膜厚度和 PZT、LNO 薄膜总厚度测试结果,可以看出,LNO 薄膜厚度为 350nm,PZT 和 LNO 薄膜总厚度为 3563.8nm,则 PZT 薄膜层厚度为 3.2μm,比设计值小,主要是在 PZT 制备过程中 PZT 涂覆次数不足导致。图 2.63 为压电悬臂梁间隙测试结果,可以看出,间隙约为 112μm,且均匀性好,但大于设计值 100μm,主要由侧向腐蚀造成。图 2.64 为压电悬臂梁厚度测试结果,可以看出,压电悬臂梁厚度均匀性好,厚度约为 52μm,则硅梁厚度约为 49μm,小于设计值,主要是由 SOI 硅片生产厂家导致。测试结果表明,研制的样机尺寸参数与设计值基本一致,表明样机的加工工艺流程合理。

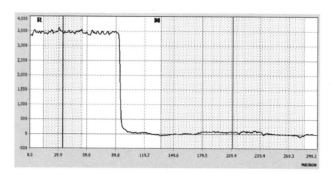

图 2.61　LNO 薄膜厚度测试图(单位为 Å)

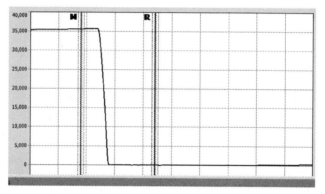

图 2.62　PZT 薄膜与 LNO 薄膜厚度之和测试图(单位为 Å)

图 2.63　压电悬臂梁间隙
测试图(单位为 μm)

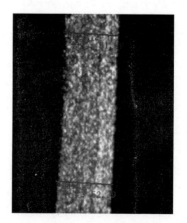

图 2.64　压电悬臂梁厚度
测试图(单位为 μm)

### 2.3.2 样机测试与分析

#### 2.3.2.1 测试平台

为了实现对压电振动能量收集器性能的测试,搭建了如图 2.65 所示的振动测试平台。信号发生器产生的电信号,经功率放大器放大之后驱动振动台振动,振动台振动信号通过加速度计进行测量,加速度计获取的振动信号经电荷放大器和数据采集卡传输到计算机上进行显示;通过信号发生器调节振动台振动频率,调节功率放大器获取所需的激励加速度幅值,制作的样机安装在振动台上进行测试,通过示波器测量输出电压。为了研究机械阻尼对样机输出性能的影响,实验室设计了带深槽的测试夹具,如图 2.66 所示。在夹具深槽被封和开放两种情况下测试样机的输出性能,研究机械阻尼对样机输出性能的影响。

图 2.65　振动测试平台　　　　图 2.66　带深槽的测试夹具

#### 2.3.2.2 样机性能测试与分析

首先在夹具深槽封闭情况下对样机进行测试,包括样机单梁性能测试和串、并联后样机性能测试。图 2.67~图 2.69 为 0.5g 加速度激励下样机单梁测试曲线。可以看出,各梁输出性能基本一致,表明 PZT 薄膜厚度和硅梁厚度均匀性好,且 PZT 薄膜压电性能一致性好,表 2.8 列出了各梁在 0.5g 加速度激励下的输出性能。

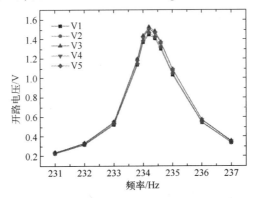

图 2.67　样机单梁频率—开路电压曲线(见彩图)

微型环境动能收集技术

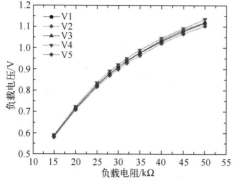

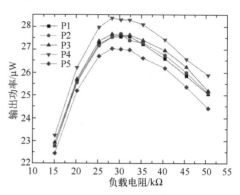

图 2.68　样机单梁负载电阻-负载电压曲线
（见彩图）

图 2.69　样机单梁负载电阻-输出
功率曲线（见彩图）

表 2.8　样机单梁输出性能

| 梁编号 | 加速度($g$) | 共振频率/Hz | 开路电压/V | 优化负载/kΩ | 负载电压/V | 输出功率/μW |
|---|---|---|---|---|---|---|
| 1 | | | 1.448 | 30 | 0.908 | 27.48 |
| 2 | | | 1.510 | 30 | 0.910 | 27.60 |
| 3 | 0.5 | 234.2 | 1.526 | 30 | 0.909 | 27.54 |
| 4 | | | 1.504 | 30 | 0.920 | 28.21 |
| 5 | | | 1.469 | 30 | 0.899 | 26.94 |

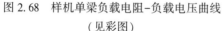

　　图 2.70~图 2.72 为样机串联情况下的测试曲线。为了通过实验测试结果计算压电材料的压电性能和样机的机械阻尼比，对样机开路条件和短路条件下的频率—电压曲线进行测试。其中，开路条件采用远大于优化负载的负载电阻进行等效，短路条件采用远小于优化负载的负载电阻进行等效。样机单梁测试结果表明，单梁优化负载为 30kΩ，因此串联下样机优化负载大致为 150kΩ；实验测试过程中所用的示波器阻抗为 1MΩ，因此，开路条件测试时将样机直接与示波器相连，短路条件测试中采用 5kΩ 的负载电阻进行等效，0.5$g$ 加速度激励下测试结果如图 2.70 所示。可以看出，样机谐振频率为 234.1Hz，反谐振频率为 232.9Hz。根据等效机电耦合系数计算公式可知等效机电耦合系数 $K_{ef}$ = 10.226‰，在标准介电数下计算出压电应力常数 $e_{31}$ = 12.533C/m$^2$，可以看出，制备的 PZT 薄膜经图形化、三维微结构加工后仍具有良好的压电性能[35]。采用半功率点法计算出开路等效条件下的机械阻尼比为 3.535‰，短路等效条件下的机械阻尼比为 2.776‰。对于串联情况，由于示波器阻抗有限，短路等效条件比开路等效更接近于真实情况，短路等效条件下计算出的机械阻尼比更接近真实的机械阻尼比。短路等效条件下，负载电阻有小的功率输出，因此，通过短路等效条件计算出的机械阻尼比比真实的机械阻尼比大，但由于负载电阻功率小，可以认为短路等效条件计算出的机械阻尼比

92

就是真实的机械阻尼比。图 2.70 表明 0.5$g$ 加速度激励下开路最大输出电压为 4.85V。图 2.71 为 0.5$g$ 加速度激励下样机负载电压和输出功率随负载电阻的变化曲线,可以看出,随负载电阻增大,负载电压增大,但增大速度不断减小,输出功率则先增大后减小。当负载电阻为 100kΩ 时,输出功率最大为 45.5μW,此时的负载为最优化负载,采用此时的输出功率表征样机的输出性能,此时负载电压为 2.13V。在相同外部激励下,与单梁测试情况相比可知,样机串联开路电压和输出功率都小于单梁测试下 5 梁开路电压和输出功率之和,其中串联开路电压为单梁测试开路电压之和的 0.65 倍,串联输出功率为单梁测试输出功率之和的 0.33 倍,减小得更多。这是因为在开路情况下,样机会对示波器输入能量,单梁测试时,只有其中一梁对示波器输入能量,串联时,5 梁同时对示波器输入能量,因此,单梁测试时电学阻尼是串联情况下的 1/5。单梁测试下总阻尼比(机械阻尼比和电学阻尼比之和)比串联测试下小,样机能量获取效率高,输出电压大;在最优化负载下,样机对负载输入的能量比对示波器输入的能量大,因此,在最优化负载处,样机输出性能比开路情况下减小得多。图 2.72 为样机在最优化负载处,共振激励下负载电压和输出功率随加速度变化曲线,可以看出,随着加速度增大,负载电压基本是线性增大,输出功率也增大,且加速度越大,输出功率增大速度越快,这与理论分析相符合。当加速度为 1$g$ 时,在共振激励、最优化负载电阻下,负载电压为 4.08V,输出功率为 138.5μW。

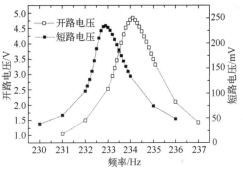

图 2.70 样机串联情况下
频率–电压曲线

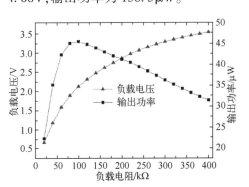

图 2.71 样机串联情况下负载电阻–负载
电压/输出功率曲线

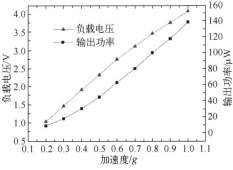

图 2.72 样机串联情况下加速度–负载
电压/输出功率曲线

图 2.73~图 2.75 为样机并联情况下测试曲线。开路条件通过样机并联后直接与示波器连接等效,短路条件通过样机并联后连接 1kΩ 的负载电阻进行等效。图 2.73 为样机并联情况,0.5g 加速度激励下频率与开路电压/短路电压关系曲线,可以看出,样机并联情况下的谐振频率为 234.2Hz,反谐振频率为 233Hz,则有等效机电耦合系数为 $K_{ef}=10.221‰$。在标准介电常数下计算出压电应力常数 $e_{31}=12.530C/m^2$,与串联情况下得到的压电应力常数值基本相同,这是合理的。对于同一振动能量收集器,压电应力常数与串、并联无关,只与压电材料本身有关;采用半功率点法计算得到开路条件下的机械阻尼比为 2.824‰,短路条件下的机械阻尼比为 3.206‰。对于并联情况,开路等效条件比短路等效条件更接近于真实情况,因此开路等效条件下得到的机械阻尼比更接近真实机械阻尼比。对于同一振动能量收集器,其机械阻尼比与电学条件无关,因此,串联情况下得到的机械阻尼比应与并联条件下得到的机械阻尼比相同,实际测试的结果也基本相同,但存在一定的差别,其主要原因有:两种测试条件与真实情况符合程度存在一定的差别,以及测试过程本身存在测试误差。在 0.5g 加速度共振激励下,样机并联开路电压为 1.481V,小于相同激励单梁测试条件下 5 梁开路电压平均值,其原因与串联情况一

样。图 2.74 为样机并联情况,0.5g 加速度激励下负载电压与输出功率随负载电阻变化的曲线,可以看出,在负载电阻为 10kΩ 时,输出功率最大为 51.6μW。图 2.75 为样机在最优化负载处,共振激励下负载电压与输出功率随加速度变化的曲线,可以看出,在 1g 加速度激励下样机并联输出功率为 157.7μW。

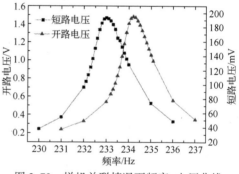

图 2.73　样机并联情况下频率-电压曲线

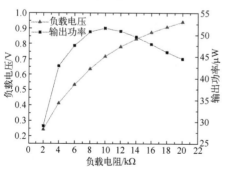

图 2.74　样机并联情况下负载电阻-负载电压/输出功率曲线

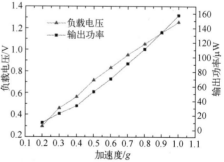

图 2.75　样机并联情况下加速度-负载电压/输出功率曲线

以上测试结果表明,实验室提出的压电悬臂梁阵列结构振动能量收集器输出电压比传统的单悬臂梁质量块振动能量收集器有大幅度的提高,能够满足整流电路工作需求。理论分析表明,样机串联输出功率应与并联情况一致,而测试结果表明样机串联输出功率小于并联输出功率,分析发现其原因是测试过程中,不同电学连接条件下示波器消耗功率不同导致,串联情况负载电压大于并联情况负载电压,而示波器在电压测试过程中与负载电阻并联连接,因此,负载电压越大,示波器消耗功率越大。图 2.76 为样机串、并联情况下,负载功率、示波器功率和总输出功率与负载电阻关系曲线,可以看出,随着负载电阻增大,串、并联情况下示波器功率都增大,但串联情况下示波器的功率大于并联情况下示波器功率;总输出功率为示波器输出功率和负载功率之和,为样机实际输出功率,可以看出,0.5$g$ 加速度激励下,串联情况总输出功率为 50.15$\mu$W,并联情况总输出功率为 52.06$\mu$W,两种电学连接情况输出功率基本一致,与理论相符;串联情况下最优化负载变为 120k$\Omega$//1M$\Omega$,即为 107.1k$\Omega$,并联情况下最优化负载变为 10k$\Omega$//1M$\Omega$,即为 9.9k$\Omega$。图 2.77 为样机串、并联情况下,最优化负载处,负载功率、示波器功率和总输出功率与加速度关系曲线,可以看出,

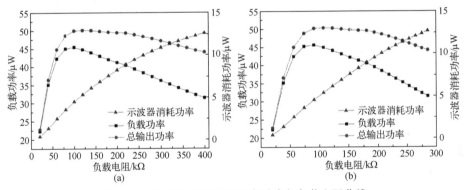

图 2.76 样机串、并联情况下各功率与负载电阻曲线

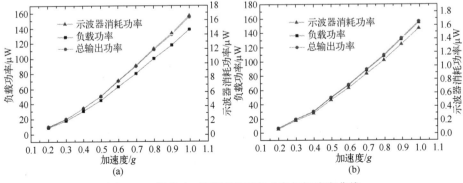

图 2.77 样机串、并联情况下各功率与加速度曲线

1g 加速度激励下,样机串联总输出功率为 155.14μW,样机并联总输出功率为 159.33μW,输出功率基本一致。表 2.9 列出了样机在 0.5g 和 1g 加速度激励下的输出性能参数。

表 2.9　样机串、并联输出性能参数

| 连接方式 | 加速度($g$) | 共振频率/Hz | 开路电压/V | 优化负载/kΩ | 负载电压/V | 总输出功率/μW |
|---|---|---|---|---|---|---|
| 串联 | 0.5 | 234.3 | 4.670 | 107.1 | 2.318 | 50.15 |
| | 1 | 234.3 | 8.261 | 107.1 | 4.077 | 157.17 |
| 并联 | 0.5 | 234.1 | 1.463 | 9.9 | 0.718 | 52.06 |
| | 1 | 234.1 | 2.589 | 9.9 | 1.256 | 159.33 |

为了研究机械阻尼对样机输出性能的影响,将样机在串联情况下安装于低阻尼的开放槽夹具上进行测试,测试结果如图 2.78~图 2.82 所示。从图 2.78 可以看出,8mm 样机的谐振频率为 234.1Hz,反谐振频率为 232.9Hz,采用半功率点法计算出开路情况下机械阻尼比为 3.018‰,短路情况机械阻尼比为 2.171‰,短路情况得到的机械阻尼比与真实情况更接近,因此开放槽环境下的机械阻尼比为 2.171‰,比封闭槽环境下机械阻尼比小。在该测试环境条件下,0.5g 加速度共振激励的开路电压为 6.0V。图 2.79 表明在 0.5g 加速度共振激励下,样机在优化负载 60 kΩ 处的输出功率为 66.67μW。图 2.80 表明在 1g 加速度共振激励下,样机在优化负载处的输出功率为 189.34μW。图 2.81 为 0.5g 加速度共振激励下,负载电阻与负载功率、示波器功率和总功率关系曲线,可以看出,优化负载变为 80kΩ//1MΩ,即 74.1kΩ,总输出功率为 70.85μW。图 2.82 表明在 1g 加速度激励下总输出功率为 204.49μW。

表 2.10 列出了 8mm 样机在 0.5g 和 1g 加速度激励下的输出性能参数。

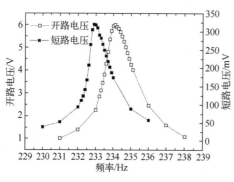

图 2.78　样机串联情况下
开放槽测试频率-电压曲线

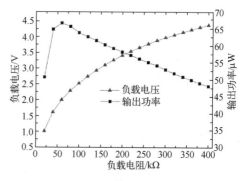

图 2.79　样机串联情况下开放槽测试
负载电阻-负载电压/输出功率曲线

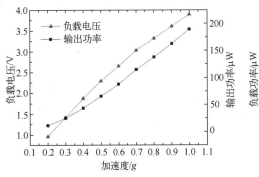

图 2.80　样机串联情况下开放槽测试
加速度−负载电压/输出功率曲线

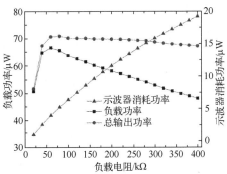

图 2.81　样机串联情况下开放槽
测试负载电阻与各功率曲线

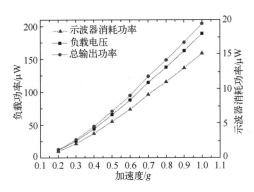

图 2.82　样机串联情况下开放槽测试加速度与各功率曲线

表 2.10　样机在深槽开放情况下的输出性能参数

| 连接方式 | 加速度($g$) | 共振频率/Hz | 开路电压/V | 优化负载/kΩ | 负载电压/V | 总输出功率/μW |
|---|---|---|---|---|---|---|
| 串联 | 0.5 | 233.5 | 3.459 | 74.1 | 2.291 | 70.85 |
| | 1 | 233.5 | 5.876 | 74.1 | 3.892 | 204.49 |

对两种测试条件下样机的测试结果进行比较分析可知,夹具深槽封闭情况下的机械阻尼比是夹具开槽情况下的 1.279 倍,而夹具深槽开放情况下的输出功率是夹具深槽封闭情况下的 1.288 倍,输出功率增大幅度略大,其原因是机械阻尼比降低不仅增大了输入功率,而且提高了能量转换效率,因此,输出功率增大比机械阻尼比减小大。这也说明,在一定机械阻尼比范围内,降低机械阻尼比能够有效地增大输出功率。

表 2.11 将研制的样机与国际上报道的 MEMS 压电振动能量收集器进行了比

较,可以看出,研制的 PZT 薄膜共质量块阵列结构同时具有高输出功率和高输出电压的性能,样机总体输出性能与国际水平相当,且输出电压比国际上报道的器件高一个数量级,有利于 MEMS 压电振动能量收集器实际应用。

表 2.11    目前报道的 MEMS 压电振动能量收集器输出性能比较

| 研究机构/年份 | 加速度 (g) | 频率 /Hz | 开路电压/V | 输出功率/μW | 归一化功率密度 /(mW·cm⁻³·g⁻²) |
|---|---|---|---|---|---|
| 美国奥本大学/2013 年[36] | 0.5 | 243.0 | 0.320 | 2.15 | 8.09 |
| 上海交通大学/2006 年[37] | 1.0 | 609.0 | 0.317 | 2.16 | 11.00 |
| 荷兰 IMEC/Holst 中心/2012 年[38] | 0.9 | 615.0 | — | 51 | 4.97 |
| 国立台湾大学/2009 年[39] | 1.0 | 255.9 | 0.610 | 1.125 | 2.65 |
| 重庆大学 | 0.5 | 233.5 | 3.459 | 70.85 | 5.40 |
| (样机)/2013 年 | 1.0 | 233.5 | 5.876 | 204.49 | 3.96 |

### 2.3.2.3    实验结果与理论结果比较

基于以上测试分析结果,将得到的样机尺寸参数、机械阻尼比和压电性能参数代入到本章建立的双向耦合分布参数模型中,对样机实验结果与理论结果进行比较研究,进一步从实验上验证理论模型的正确性。

图 2.83~图 2.85 为样机在深槽封闭和开放情况下实验与理论分析曲线,可以看出,两种测试条件下,实验结果与理论结果基本一致,深槽开放情况下样机的输出性能在实验上和理论上都高于深槽封闭情况;由图 2.84 可以看出,深槽开放情况下实验测得优化负载小于深槽封闭情况,与理论结果相符合。表 2.12 比较了样机在深槽开放和封闭情况下样机实验结果与理论结果。

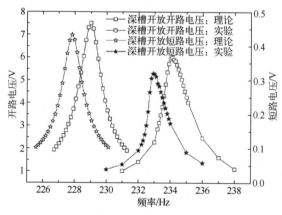

图 2.83    样机电压随频率变化曲线

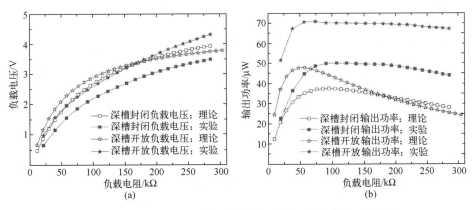

图 2.84　样机负载电压、输出功率随负载电阻变化曲线(见彩图)

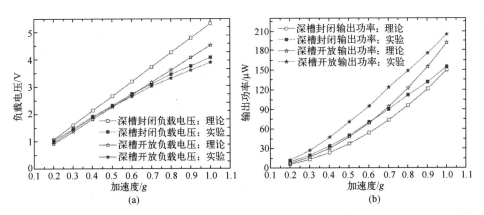

图 2.85　样机负载电压、输出功率随加速度变化曲线(见彩图)

表 2.12　样机在深槽开放和封闭情况下输出性能实验结果与理论结果

| 参　　数 | | 谐振频率 /Hz | 反谐振频率 /Hz | 两频率之差 /Hz | 开路电压[①] /V | 输出功率[②] /μW |
|---|---|---|---|---|---|---|
| 深槽封闭 | 理论结果 | 227.9 | 229 | 1.1 | 6.12 | 150.0 |
| | 实验结果 | 232.9 | 234.1 | 1.2 | 4.79 | 155.1 |
| | 相对误差 | 2.15% | 2.18% | 8.33% | 27.77% | 3.29% |
| 深槽开放 | 理论结果 | 227.9 | 229 | 0.9 | 7.51 | 191.6 |
| | 实验结果 | 232.2 | 234.1 | 0.9 | 6.0 | 204.5 |
| | 相对误差 | 1.89% | 2.23% | 0 | 25.1% | 6.73% |
| ① 开路电压为 0.5g 加速度,开路条件下共振激励处的值; ② 输出功率为 1g 加速度,最优化负载处共振激励下的值 | | | | | | |

# 2.4 本章小结

本章介绍了压电振动能量收集器工作原理,分析了现有压电振动能量收集器理论模型的不足,建立了考虑质量块效应的集总参数模型和分布参数模型;以重庆大学微系统研究中心研制的 PZT 薄膜共质量块振动能量收集器为例,对 MEMS 压电振动能量收集器的设计、加工和测试与分析进行了系统介绍。

# 参 考 文 献

[1] Park J C,Park J Y,Lee Y. Modeling and Characterization of Piezoelectric-Mode MEMS Energy Harvester[J]. Microelectromechanical Systems,Journal of,2010,19(5):1215-1222.

[2] 张福学. 现代压电学[M]. 北京:科学出版社,2002.

[3] Ledermann N,Muralt P,Baborowski J,et al. {1 0 0}-Textured,piezoelectric Pb(Zr$_x$,Ti$_{1-x}$)O$_3$ thin films for MEMS:integration,deposition and properties[J]. Sensors and Actuators A:Physical,2003,105(2):162-170.

[4] Williams C B,Yates R B. Analysis of a micro-electric generator for microsystems[J]. sensors and actuators A:Physical,1996,52(1):8-11.

[5] Chen S,Wang G,Chien M. Analytical modeling of piezoelectric vibration-induced micro power generator[J]. Mechatronics,2006,16(7):379-387.

[6] Erturk A,Inman D J. A distributed parameter electromechanical model for cantilevered piezoelectric energy harvesters[J]. Journal of Vibration and Acoustics,2008,130(4):41002.

[7] Roundy S,Wright P K,Rabaey J. A study of low level vibrations as a power source for wireless sensor nodes[J]. Computer Communications,2003,26(11):1131-1144.

[8] Priya S,Inman D J. Energy harvesting technologies[M]. New York:Springer,2008:41-128.

[9] 克拉夫,彭津,王光远. 结构动力学[M]. 北京:高等教育出版社,2006:195-227.

[10] 倪振华. 振动力学[M]. 西安:西安交通大学出版社,1989:338-429.

[11] Hjelmstad K D. Fundamentals of Structural Mechanics [M]. 2nd ed. New York:Springer-Verlag New York Inc.,2005:34-75.

[12] 王喆垚. 微系统设计与制造[M]. 北京:清华大学出版社,2008:32-78.

[13] Roundy S,Wright P K. A piezoelectric vibration based generator for wireless electronics[J]. Smart Materials and Structures,2004,13(5):1131.

[14] Andosca R,McDonald T G,Genova V,et al. Experimental and theoretical studies on MEMS piezoelectric vibrational energy harvesters with mass loading[J]. Sensors and Actuators A:Physical,2012,178:76-87.

[15] Liu H,Tay C J,Quan C,et al. Piezoelectric MEMS energy harvester for low-frequency vibrations

with wideband operation range and steadily increased output power[J]. Journal Microelectrome-chanical Systems,2011,20(5):1131-1142.

[16] Preumont A. Mechatronics: dynamics of electromechanical and piezoelectric systems[M]. Springer Science & Business Media,2006.

[17] Erturk A,Inman D J. On mechanical modeling of cantilevered piezoelectric vibration energy harvesters[J]. Journal of Intelligent Material Systems and Structures,2008,19(11):1311-1325.

[18] Chong D Y,Lee W E,Lim B K,et al. Mechanical characterization in failure strength of silicon dice[C]//:Thermal and Thermomechanical Phenomena in Electronic Systems,2004. ITHERM' 04. The Ninth Intersociety Conference on,2004.

[19] Hosaka H,Itao K,Kuroda S. Damping characteristics of beam-shaped micro-oscillators[J]. Sensors and Actuators A:Physical,1995,49(1):87-95.

[20] Ledermann N,Muralt P,Baborowski J,et al. {1 0 0}-Textured,piezoelectric Pb($Zr_x$,$Ti_{1-x}$)$O_3$ thin films for MEMS:integration,deposition and properties[J]. Sensors and Actuators A:Physical,2003,105(2):162-170.

[21] Wu J,Zhu J,Xiao D,et al. Preparation and properties of highly(100)-oriented Pb($Zr_{0.2}Ti_{0.8}$)$O_3$ thin film·prepared by rf magnetron sputtering with a PbO x buffer layer[J]. Journal of applied physics,2007,101(9):94107.

[22] Meng X,Yang C,Fu W,et al. Preparation and electrical properties of ZnO/PZT films by radio frequency reactive magnetron sputtering[J]. Materials Letters,2012,83:179-182.

[23] Tsuchiya K,Kitagawa T,Nakamachi E. Development of RF magnetron sputtering method to fabricate PZT thin film actuator[J]. Precision engineering,2003,27(3):258-264.

[24] Walker D,Thomas P A,Collins S P. A comprehensive investigation of the structural properties of ferroelectric $PbZr_{0.2}Ti_{0.8}O_3$ thin films grown by PLD[J]. physica status solidi(a),2009,206 (8):1799-1803.

[25] Boerasu I,Pereira M,Vasilevskiy M,et al. Properties of ferroelectric films based on Nb-modified PZT produced by PLD technique[J]. Applied Surface Science,2003,208:604-610.

[26] Peng C H,Desu S B. Low - temperature metalorganic chemical vapor deposition of perovskite Pb($Zr_x Ti_{1-x}$)$O_3$ thin films[J]. Applied physics letters,1992,61(1):16-18.

[27] Jeong S,Shi-Zhao J,Kim H R,et al. MOCVD of PZT thin films with different precursor solutions for testing mass-production compatibility[J]. Journal of The Electrochemical Society,2003,150(10):C678-C687.

[28] Dey S K,Budd K D,Payne D A. Thin-film ferroelectrics of PZT of sol-gel processing. [J]. IEEE transactions on ultrasonics,ferroelectrics,and frequency control,1987,35(1):80-81.

[29] Belleville P,Bigarre J,Boy P,et al. Stable PZT sol for preparing reproducible high-permittivity perovskite-based thin films[J]. Journal of sol-gel science and technology,2007,43(2):213-221.

［30］ 杨南如,余桂郁. 溶胶–凝胶法简介第一讲——溶胶–凝胶法的基本原理与过程［J］. 硅酸盐通报,1993,2:56.

［31］ Kobayashi T,Ichiki M,Kondou R,et al. Degradation in the ferroelectric and piezoelectric properties of Pb(Zr,Ti)O$_3$ thin films derived from a MEMS microfabrication process［J］. Journal of Micromechanics and Microengineering,2007,17(7):1238.

［32］ Kobayashi T,Ichiki M,Kondou R,et al. Fabrication of piezoelectric microcantilevers using LaNiO$_3$ buffered Pb(Zr,Ti)O$_3$ thin film［J］. Journal of Micromechanics and Microengineering,2008,18(3):35007.

［33］ Ezhilvalavan S,Samper V D. Ferroelectric properties of wet–chemical patterned PbZr$_{0.52}$Ti$_{0.48}$O$_3$ films［J］. Applied Physics Letters,2005,86(7):72901.

［34］ 蔡长龙,李明,马卫红,等. 锆钛酸铅薄膜腐蚀研究［J］. 红外与激光工程,2007,36(5):711-714.

［35］ Trolier–Mckinstry S,Muralt P. Thin film piezoelectrics for MEMS［J］. Journal of Electroceramics,2004,12(1-2):7-17.

［36］ Kim S,Park H,Kim S,et al. Comparison of MEMS PZT cantilevers based on d$_{31}$ and d$_{33}$ modes for vibration energy harvesting［J］. Microelectromechanical Systems,Journal of,2013,22(1):26-33.

［37］ Fang H,Liu J,Xu Z,et al. Fabrication and performance of MEMS–based piezoelectric power generator for vibration energy harvesting［J］. Microelectronics Journal,2006,37(11):1280-1284.

［38］ Janphuang P,Lockhart R,Briand D,et al. Wafer level fabrication of vibrational energy harvesters using bulk PZT sheets［J］. Procedia Engineering,2012,47:1041-1044.

［39］ Lee B S,Lin S C,Wu W J,et al. Piezoelectric MEMS generators fabricated with an aerosol deposition PZT thin film［J］. Journal of Micromechanics and Microengineering,2009,19(6):65014.

# 第3章　微型电磁振动能量收集器技术

在法拉第发现电磁感应定律后不久,电磁感应就被广泛应用于发电机。近年来,随着微加工技术的发展,从立方毫米级到立方厘米级的微型电磁振动能量收集器受到广泛研究。本章主要介绍微型电磁振动能量收集器工作原理与相关理论,并结合重庆大学微系统研究中心在微型电磁振动能量收集器方面的研究工作,对微型电磁振动能量收集器的关键加工技术进行介绍。

## 3.1　微型电磁振动能量收集器理论

### 3.1.1　微型电磁振动能量收集器工作原理

微型电磁振动能量收集器一般由感应线圈和永磁体构成,其工作原理是在外界激励下,永磁体与线圈产生相对运动,使线圈中的磁通量发生改变,由于电磁感应效应,线圈中产生感应电流或电压,实现振动能—电能的转换。根据相对运动方向与线圈平面方向的关系,微型电磁振动能量收集器结构可以分为"magnet in-line coil"(相对运动方向与线圈平面垂直)型和"magnet across coil"[1](相对运动方向与线圈平面平行)型,如图 3.1 和图 3.2 所示。

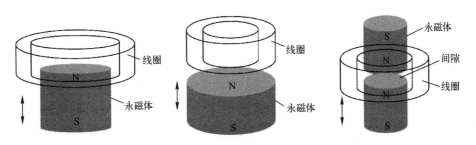

图 3.1　"magnet in-line coil"型结构

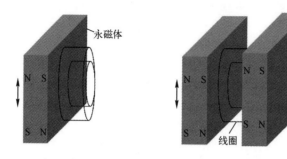

图 3.2 "magnet across coil" 型结构

## 3.1.2 微型电磁振动能量收集器理论模型

以上不同结构的微型电磁振动能量收集器都可简化为弹簧-质量块-阻尼系统,如图 3.3 所示。$k$ 是悬臂梁等效成弹簧的弹性系数;$m$ 是系统的集总质量,$m$ 等于质量块的质量 $m_0$ 与支撑梁的等效质量 $m_b^*$ 之和;$u_m$ 是质量块的相对位移,$c$ 是结构的总阻尼系数,由机械阻尼 $c_m$ 和电学阻尼 $c_e$ 构成[2,3]。1996 年,英国谢菲尔德大学 Williams 和 Yates 等人[4]基于力学平衡法首次建立了微型电磁振动能量收集器理论模型,随后研究人员基于该模型对电磁振动能量收集器开展了广泛的研究[5,6]。该模型在一定程度上能够预测微型电磁振动能量收集器的输出特性,但在模型建立过程中,直接将总阻尼简化为机械阻尼和电学阻尼之和。实际上,机械阻尼与电学阻尼之间存在一定的相位差,该相位差的大小取决于机械阻尼和电学阻尼比的大小以及振动特性,建模过程中总阻尼不等于机械阻尼和电学阻尼之和。本节首先介绍 Williams 和 Yates 等人的传统理论模型,然后基于 Hamilton 变分原理,导出电磁振动能量收集器新理论模型——基于 Hamilton 原理的微型电磁振动能量收集器理论模型。

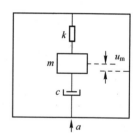

图 3.3 微型振动能量收集器的集总参数模型

### 3.1.2.1 传统理论模型

当微型电磁振动能量收集器受到外界激励作用时,质量块发生运动,运动过程中受弹性力和阻尼力(包括机械阻尼 $c_m$ 和电磁阻尼 $c_e$)作用[7-9]。当外界输入正弦激励 $Y(t) = Y_0 \sin(\omega t)$ 时,能量收集器运动方程表示为

$$m\ddot{u}(t) + c\dot{u}(t) + ku(t) = m\omega^2 Y_0 \sin(\omega t) \qquad (3.1)$$

式中:$u(t)$ 为质量块的相对位移;$\ddot{u}(t)$ 和 $\dot{u}(t)$ 分别为相对加速度和速度;$k$ 为弹性支撑梁的弹性系数;$c$ 为系统总阻尼系数,在传统模型中 $c = c_m + c_e$,$c_m$ 和 $c_e$ 分别为机

械阻尼和电磁阻尼;$Y_0$ 和 $\omega$ 分别为输入激励的振幅和频率。

对式(3.1)进行拉普拉斯变换得

$$(ms^2+cs+k)z(s) = -ms^2 Y(s) \tag{3.2}$$

则系统的传递方程为

$$G_{mech}(s) = \frac{z(s)}{Y(s)} = -\frac{ms^2}{ms^2+cs+k} \tag{3.3}$$

将系统的固有频率 $\omega_n = \sqrt{k/m}$,阻尼比 $\zeta = c/2m\omega_n$ 和 $s=j\omega$ 代入式(3.3)中有

$$G_{mech}(s) = \frac{(\omega/\omega_n)^2}{[1-(\omega/\omega_n)^2]+j2\zeta_t(\omega/\omega_n)} \tag{3.4}$$

则微型电磁振动能量收集器的稳态响应可表示为

$$u(t) = \frac{Y_o\omega_r}{\sqrt{(1-\omega_r^2)^2+[2(\zeta_m+\zeta_e)\omega_r]^2}} \sin(\omega t - \varphi) \tag{3.5}$$

式中:$\omega_r = \dfrac{\omega}{\omega_n}$;$\zeta_m$ 和 $\zeta_e$ 分别表示机械阻尼比和电磁阻尼比(其中,$\zeta_m = \dfrac{c_m}{2m\omega_n}$,$\zeta_e = \dfrac{c_e}{2m\omega_n}$)。$\varphi$ 表示质量块相对位移与外界激励振幅间的相位角,其表达式为

$$\varphi = \arctan\left[\frac{(c_m+c_e)\omega}{k-m\omega^2}\right] = \arctan\frac{2(\zeta_m+\zeta_e)\omega_r}{1-\omega_r^2} \tag{3.6}$$

电磁振动能量收集器总输出功率为电磁力与速度的乘积:

$$P_T = \frac{1}{T}\int_0^T F_{em}u(t)\,\mathrm{d}t \tag{3.7}$$

电磁力为

$$F_{em} = \zeta_e\,\dot{u}(t) \tag{3.8}$$

将式(3.5)和式(3.8)代入式(3.7)得

$$P_T = \frac{m\zeta_e Y_o^2\omega^3\omega_r^3}{(1-\omega_r^2)^2+(2\zeta_t\omega_r)^2} \tag{3.9}$$

当振动能量收集器工作在谐振状态下,即 $\omega_r = 1$ 时,总输出功率达到最大为

$$P_{Tmax} = \frac{m\zeta_e\omega^3 Y^2}{4(\zeta_e+\zeta_m)^2} \tag{3.10}$$

感应线圈等效为交流电压源与电感和内阻串联,如图 3.4 所示,线圈开路情况下的感应电压为

$$V = -\frac{\mathrm{d}\varPhi}{\mathrm{d}t} \tag{3.11}$$

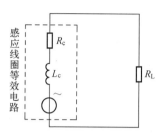

感应线圈等效电路

图 3.4　微型电磁振动能量收集器等效电路图

式中: $\Phi$ 为 $N$ 匝线圈总磁链,表述为 $\Phi = \sum\limits_{i=1}^{N}\int_{A_i} B \cdot \mathrm{d}A$, $B$ 为第 $i$ 匝线圈的磁通密度。永磁体的磁通密度与时间无关,因此,负载电压可以表述为磁链梯度和速度的乘积:

$$V = -\frac{\mathrm{d}\Phi}{\mathrm{d}u}\dot{u}(t) \tag{3.12}$$

电磁力产生的电能全部耗散在线圈和外接负载上,则有

$$F_{\mathrm{em}}\dot{u}(t) = \frac{V^2}{R_1 + R_c + \mathrm{j}\omega L_c} \tag{3.13}$$

式中: $R_1$ 为负载电阻; $R_c$ 为线圈内阻; $L_c$ 为线圈电感系数。在低频振动环境中,感抗可以忽略。由式(3.13)可以得到电磁阻尼比为

$$\zeta_e = \frac{1}{R_1 + R_c + \mathrm{j}\omega L_c}k_t^2 \tag{3.14}$$

其中, $k_t = \mathrm{d}\Phi/\mathrm{d}u$ ,表示磁通量沿运动方向的变化梯度,称为换能因数(the Transduction Factor)[1]。可以看出,电磁阻尼比只与线圈本身有关。负载电阻的功率即为电磁振动能量收集器输出功率:

$$P_{\mathrm{Rl}} = \left(\frac{V}{R_1 + R_c + \mathrm{j}\omega L_c}\right)^2 R_1 = P_{\mathrm{T}}\frac{R_1}{R_1 + R_c + \mathrm{j}\omega L_c} \tag{3.15}$$

### 3.1.2.2　基于 Hamilton 原理的微型电磁振动能量收集器理论模型

在传统理论模型中,系统总阻尼比将直接简化为机械阻尼比和电学阻尼比之和。实际上,机械阻尼比与电学阻尼比之间存在一定的相位差,不能简单地相加。本节根据 Hamilton 原理,建立基于 Hamilton 原理的微型电磁振动能量收集器理论模型,系统作用量表达式为[10]

$$\mathrm{V.\,I.} = \int_{t_1}^{t_2}\left(\delta\left(T_{\mathrm{m}}^* + W_{\mathrm{m}}^* - V\right) + \delta W_{\mathrm{nc}}\right)\mathrm{d}t = 0 \tag{3.16}$$

式中: $T_{\mathrm{m}}^*$ 为质量块共能项; $W_{\mathrm{m}}^* - V$ 为势能共能项; $W_{\mathrm{nc}}$ 为非守恒项。仿照线性压电

理论,感应线圈的本构方程为

$$\begin{bmatrix} \lambda \\ f \end{bmatrix} = \begin{pmatrix} L_1 & T_{em} \\ -T_{em} & K \end{pmatrix} \begin{bmatrix} i \\ u_m(t) \end{bmatrix} \tag{3.17}$$

式中:$\lambda$ 为磁链;$f$ 为力;$L_1$ 为线圈电感;$T_{em}$ 为等效磁电耦合系数;$K$ 为等效刚度;$i$ 为线圈电流;$u_m(t)$ 为质量块位移。

质量块的共能为

$$T_m^* = \frac{1}{2} m \dot{u}^2(t) \tag{3.18}$$

势能共能项:

$$W_m^* - V = \int \lambda \, di - \int f du \tag{3.19}$$

把式(3.17)代入式(3.19)得

$$W_m^* - V = \frac{1}{2} L_1 i^2 + T_{em} i u_m - \frac{1}{2} K u_m^2 \tag{3.20}$$

非守恒项为

$$\delta W_{nc} = -c_m \dot{u} \delta u - (R_T) i \delta q \tag{3.21}$$

式中:$c_m$ 为系统机械阻尼系数;$R_T = R_L + R_C$,$R_C$ 为线圈内阻。把式(3.17)~式(3.21)代入到式(3.16),且有 $\delta u_B = 0$,$i = \dot{q}$,则有

$$m \ddot{u}_m + c_m \dot{u}_m + K u_m - T_{em} i = -m \ddot{u}_B - c \dot{u}_B \tag{3.22}$$

$$L_1 \dot{i} + T_{em} \dot{u}_m + R_T i = 0 \tag{3.23}$$

式(3.22)化简为

$$\ddot{u}_m + 2\omega_0 \zeta_m \dot{u}_m + \omega_0^2 u_m - T_{EM} i = -\ddot{u}_B - 2\omega_0 \zeta \dot{u}_B \tag{3.24}$$

式中:$\omega_0 = \sqrt{K/m}$ 为系统固有频率;$\zeta_m = \dfrac{c_m}{2\omega_0 m}$ 为系统机械阻尼比;$T_{EM} = T_{em}/m$。

式(3.24)右边第二项为阻尼力对基座产生的激励,与惯性激励力相比,可以忽略不计。$L_1$ 是线圈电感系数,仅与线圈本身有关;$T_{em}$ 取决于磁体磁场分布和线圈。下面以"magnet in-line coil"型结构为例求解 $T_{em}$,图 3.5 为长方体永磁体相对方形线圈以速度 $U$ 沿 $Z$ 方向运动示意图,为计算方便,把磁场强度 $B_z$ 定义为 $B_\parallel$,$B_x$、$B_y$ 定义为 $B_\perp$。

根据洛伦兹力定律,磁场中电流为 $i$ 的线圈所受的磁力为

$$f = \int_{l_c} B_\perp i dl = \left( \int_{l_c} B_\perp dl \right) i \tag{3.25}$$

因此

$$T_{em} = \int_{l_c} B_\perp dl \tag{3.26}$$

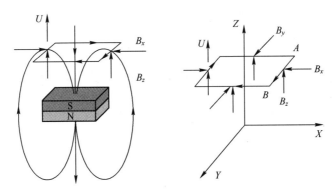

图 3.5　电磁感应示意图

此处 $T_{em}$ 就是前面的换能因数 $k_t$，图 3.6 为长方体永磁体示意图，其磁场分布为[11]

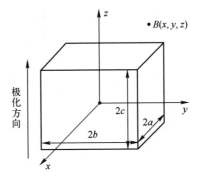

图 3.6　长方形体永磁体示意图

$$B_x(x,y,z) = \frac{Br}{4\pi} \sum_{i,j,k=0}^{1} (-1)^{i+j+k} \mathrm{Log}(r(x,y,z) - V(y)) \tag{3.27}$$

$$B_y(x,y,z) = \frac{Br}{4\pi} \sum_{i,j,k=0}^{1} (-1)^{i+j+k} \mathrm{Log}(r(x,y,z) - U(x)) \tag{3.28}$$

$$B_z(x,y,z) = \frac{Br}{4\pi} \sum_{i,j,k=0}^{1} (-1)^{i+j+k} \arctan\left(\frac{U(x)V(y)}{W(z)r(x,y,z)}\right) \tag{3.29}$$

式中：$U(x) = x - (-1)^i a$；$V(y) = y - (-1)^j b$；$W(z) = z - (-1)^k c$；$2a$、$2b$、$2c$ 分别为磁体的长、宽和高。当方形线圈置于永磁体正下方，垂直于 $Z$ 轴时，如图 3.7 所示，$T_{em}$ 为

$$T_{em} = \int_{l_c} B_{\perp} \mathrm{d}l = 2\left[ \sum_{i=1}^{n} \left( \int_{L_{xi}} B_x \mathrm{d}y \mid_{x=\frac{L_{yi}}{2}} + \int_{L_{yi}} B_y \mathrm{d}x \mid_{y=\frac{L_{xi}}{2}} \right) \right] \tag{3.30}$$

式中，$n$ 为线圈匝数，可以看出，$T_{em}$ 只与坐标轴 $Z$ 有关。如图 3.8 所示是 $T_{em}$ 与坐标轴 $Z$ 的变化关系，其中永磁体尺寸为 $12.7 \times 6.57 \times 1 \mathrm{mm}^3$；线圈尺寸为 $10 \times 14 \mathrm{mm}^2$；

短边线宽为 0.2mm，长边线宽为 0.24mm；线圈匝数为 159，线圈永磁体初始间距为 2mm。可以看出，当永磁体的振幅较小时，$T_{em}$ 随 $Z$ 变化较小，在一定范围内，可以认为 $T_{em}$ 是常数。而微型电磁振动能量收集器的振幅通常较小，因此在计算中取 $T_{em}$ 为常数。

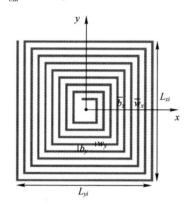

图 3.7 垂直于 $Z$ 轴的方形线圈

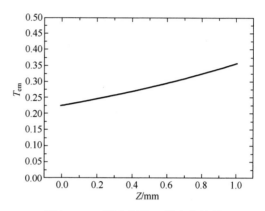

图 3.8 $T_{em}$ 随坐标轴 $Z$ 的变化关系

假设基座位移为

$$u_B = Y_0 e^{j\omega t} \tag{3.31}$$

机械响应和电学响应与基座振动频率相同，分别为 $u_m(t) = H e^{j\omega t}$ 和 $i(t) = I e^{j\omega t}$，则有

$$(\omega_0^2 - \omega^2 + j2\zeta\omega\omega_0)H - T_{EM}I = Y_0\omega^2 \tag{3.32}$$

$$(j\omega L_I + R_T)I + jT_{EM}m\omega H = 0 \tag{3.33}$$

$$H = \frac{A}{\omega_0^2\left[(1-\omega_r^2 + \Omega_m\zeta_m) + \Omega_{em}\zeta_{em}\right]} \tag{3.34}$$

$$I = -\Omega_{em}\omega_0^2\zeta_{em}H \tag{3.35}$$

$$u_m(t) = H e^{j\omega t} \tag{3.36}$$

$$V = IR_L \tag{3.37}$$

式中：$A = \omega^2 Y_0$ 为激励加速度；$\omega_r = \dfrac{\omega}{\omega_0}$ 为归一化频率；$\zeta_{em} = \dfrac{T_{EM}^2}{\omega_0^2 L_I}$ 为系统等效电学阻尼比；$\Omega_{em} = \dfrac{m}{1 + R_T/j\omega L_I}$；$\Omega_m = j2\omega_r$。从式（3.34）可以看出，机械阻尼比与电学阻尼比之间存在一定的相位差，总阻尼比不能直接将机械阻尼比与电学阻尼比相加。

输出功率为

$$P_{em} = |i|^2 R_L \tag{3.38}$$

# 3.2 微型电磁振动能量收集器优化设计

微型电磁振动能量收集器的优化设计流程与微型压电振动能量收集器设计流程基本一致。首先根据应用需求,提出微型电磁振动能量收集器结构并建立相应的优化设计模型;然后通过优化设计模型对结构进行优化设计,优化参数主要有支撑梁结构尺寸、永磁体结构尺寸、线圈参数以及永磁体与线圈初始位移,该部分内容在第5章有相关详细介绍;完成结构优化后,将优化的结构进行加工、测试与分析,通过测试结果与优化结果对比分析,进一步优化结构。本节主要对微型电磁振动能量收集器的组成部分,包括支撑梁、线圈和永磁体(永磁体的特性计算在3.1.2节中进行了介绍)的特性计算进行介绍。

## 3.2.1 支撑梁弹性系数计算

为了降低微型电磁振动能量收集器的工作频率,支撑梁常设计为折叠梁结构。本节对折叠梁结构弹性系数的计算进行详细介绍,如图3.9为典型的折叠梁结构。

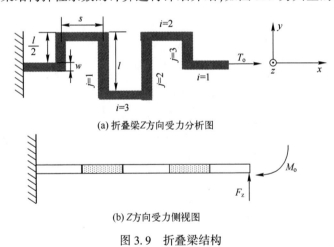

(a) 折叠梁Z方向受力分析图

(b) Z方向受力侧视图

图3.9 折叠梁结构

在该折叠梁结构中,称沿 $X$ 轴的梁为横梁,且所有横梁的长度相等,用 $s$ 表示;沿 $Y$ 轴方向的梁为竖梁,竖梁长度用 $l$ 表示;两端的梁称为短竖梁长度 $l/2$;所有梁的横截面相等,宽度为 $w$,厚度为 $h$。当折叠梁在 $Z$ 方向的力 $F_z$ 作用下时,将产生绕 $Y$ 轴的平衡弯矩 $M_0$ 和绕 $X$ 轴的平衡扭矩 $T_0$。如图3.9(a)所示,各段横梁编号为 $i=1,i=2,\cdots$,各段竖梁编号为 $j=1,j=2,\cdots$。

设折叠梁中,有 $n$ 段横梁,对应存在 $n-1$ 段竖梁。各段的梁弯矩和扭矩计算公式如下[12]:

$$M_{s,i} = M_0 - F_z\big[\,(i-1)s + x\,\big] \qquad i = 1, 2, \cdots, n \tag{3.39}$$

$$\begin{cases} T_{s,i} = T_0 & i = 1, 2, \cdots, n \\ T_{s,i} = T_0 - (-1)iF_z\dfrac{l}{2} & i = 2, 3, \cdots, n-1 \end{cases} \tag{3.40}$$

$$\begin{cases} M_{l,1} = T_0 - F_z y \\ M_{l,j} = T_0 - F_z \cdot \left(\dfrac{l}{2} - y\right) & j = 2, 3, \cdots, n-2 \\ M_{l,n-1} = T_0 + F_z y \end{cases} \tag{3.41}$$

$$T_{l,j} = M_0 - jF_z s \qquad j = 1, 3, \cdots, n-1 \tag{3.42}$$

上述表达式中的 $M_{s,i}$、$T_{s,i}$ 是折叠梁中横梁的弯矩和扭矩，$M_{l,j}$ 和 $T_{l,j}$ 是竖梁的弯矩和扭矩。因为各段梁的横截面积均相等，所以横梁关于 $y$ 轴和竖梁关于 $x$ 轴的惯性矩也相等。

$$I_{s,y} = I_{l,x} = I = \frac{wh^3}{12} \tag{3.43}$$

则整个梁的总变形能表示为

$$U = \sum_{i=1}^{n}\left(\int_0^s\left(\frac{M_{s,i}^2}{2EI_y} + \frac{T_{s,i}^2}{2GI_n}\right)\mathrm{d}x\right) + \sum_{j=2}^{n-2}\left(\int_0^l\left(\frac{M_{l,j}^2}{2EI_x} + \frac{T_{l,j}^2}{2GI_n}\right)\mathrm{d}y\right)$$
$$+ \int_0^{\frac{l}{2}}\left(\frac{M_{l,1}^2}{2EI_x} + \frac{T_{l,1}^2}{2GI_n}\right)\mathrm{d}y + \int_0^{\frac{l}{2}}\left(\frac{M_{l,n-1}^2}{2EI_x} + \frac{T_{l,n-2}^2}{2GI_n}\right)\mathrm{d}y \tag{3.44}$$

式中：$E$ 为弹性模量；$G$ 为剪切弹性模量；$I_n$ 为矩形截面的扭转系数，其计算公式如下[12,13]：

$$I_n = \frac{hw^3}{3}\left(1 - \frac{192w}{\pi^5 h}\sum_{k=0}^{\infty}\frac{1}{(2k+1)^5}\tanh\left(\frac{(2k+1)h\pi}{2w}\right)\right) \qquad h < w \tag{3.45}$$

$$G = \frac{E}{2(1+u)} \tag{3.46}$$

式中：$u$ 为泊松比。根据边界条件为 $\partial U/\partial M_0 = 0$，$\partial U/\partial T_0 = 0$，由卡式定理可知，在力 $F_z$ 的作用下[14]，梁末端在 $Z$ 轴方向的变形量 $\delta_z$ 的表达式如式(3.47)所示。根据上述公式和边界条件，可以推导出折叠梁在 $Z$ 方向的弹性系数为

$$\delta_z = \frac{\partial U}{\partial F_z}, \quad K_z = \frac{4F_z}{\delta_z} \tag{3.47}$$

当 $n$ 为偶数时，在 $Z$ 方向的弹性系数表达式为

$$K_z = 4\frac{48EIGI_n}{3sl^2EI(n-2) + l^3GI_n(n-2) + s^3GI_n n^3 + s^2 lEI(n^3 - 6n^2 + 14n - 12)} \tag{3.48}$$

当 $n$ 为奇数时，在 $Z$ 方向的弹性系数表达式为

$$K_z = 4 \frac{48EIGI_n\left[lGI_n(n-2)+sEIn\right]}{\left(\begin{array}{l}l^4\left[GI_n(n-2)\right]^2+s^4EIGI_nn^4+2sl^3EIGI_n(2n^2-7n+6)\\+s^3l(n-2)n\left[(GI_nn)^2+(EI)^2(n^2-4n+6)\right]\\+s^2l^2EI\left[GI_n(n-2)^2(n^2-4n+6)+3EI(n^2-2n-1)\right]\end{array}\right)} \tag{3.49}$$

下面以 $n$ 为奇数为例,研究结构参数对弹性系数的影响,将式(3.45)、式(3.46)代入式(3.49)中化简,得到折叠梁在 $Z$ 方向的弹性系数 $K_z$ 计算公式为

$$K_z = \frac{16E^2wh^3I_n\left[18lEI_n+5sEwh^3(1+u)\right]}{\left(\begin{array}{l}54l^4E^2I_n^2+sE^2wh^3I_n(1+u)(625s^3+42l^3)+\\30s^3lE^2\left[75I_n^2+11w^2h^6(1+u)2\right]+\\s^2l^2E^2wh^3(1+u)\left[99I_n+7wh^3(1+u)\right]\end{array}\right)} \tag{3.50}$$

根据式(3.50)得到,折叠梁弹性系数随折叠梁结构尺寸参数变化的曲线如图 3.10 所示(计算中选定某一参数为变量,其他参数保持不变)。

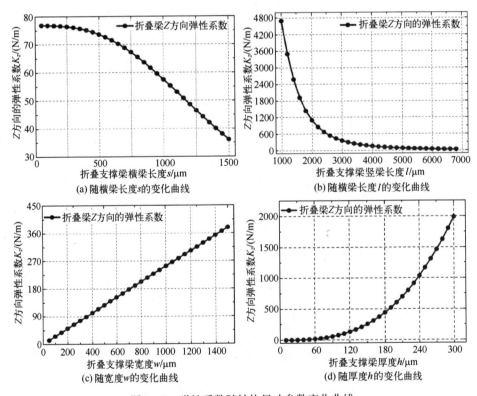

(a)随横梁长度 $s$ 的变化曲线

(b)随横梁长度 $l$ 的变化曲线

(c)随宽度 $w$ 的变化曲线

(d)随厚度 $h$ 的变化曲线

图 3.10 弹性系数随结构尺寸参数变化曲线

### 3.2.2 线圈特性计算

微型电磁振动能量收集器用的线圈有绕线线圈、平面线圈(圆形螺旋线圈和方形螺旋线圈)等,其特性主要包括线圈电阻、线圈匝数和线圈电感特性等。

对于绕线线圈,如图 3.11 所示,线圈的内阻与线圈的半径、匝数、厚度和绕线的半径有关,其表达式如下[15]:

$$R_c = \rho \frac{L_w}{A_w} = \rho \frac{\pi N^2 (r_o + r_i)}{f(r_o - r_i) h} \qquad (3.51)$$

式中:$\rho$ 为导线材料电阻率;$r_o$ 和 $r_i$ 分别为线圈外径和内径;$f$ 为绕线线圈的填充率;$h$ 为线圈的厚度。绕线线圈的填充率反映了绕线线圈缠绕的疏密程度,是衡量绕线线圈特性的重要参数之一。填充率与绕线线圈的绕线面积、匝数和线圈截面积有关,其表达式如下:

图 3.11　典型绕线线圈

$$f = \frac{NA_{wire}}{A_{coil}} \qquad (3.52)$$

式中:$N$ 为线圈匝数;$A_{wire}$ 和 $A_{coil}$ 分别为绕线截面积和线圈面积。

$$N = \frac{L_W}{r_i + \frac{(r_o - r_i)}{2}} \qquad (3.53)$$

式中:$L_W = \dfrac{4fV_T}{\pi w_d^2}$,是绕线线圈绕线的总长度,$w_d$ 是导线直径,$V_T = \pi (r_o^2 - r_i^2) h$ 是绕线线圈的总体积。

平面线圈有两种形状,圆形螺旋线圈和方形螺旋线圈,如图 3.12 所示[16]。

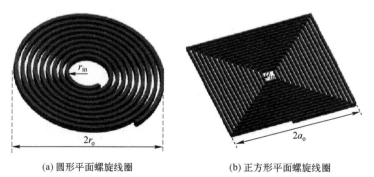

(a) 圆形平面螺旋线圈　　　　　(b) 正方形平面螺旋线圈

图 3.12　单层平面线圈

图 3.12 是单层平面线圈,圆形平面线圈的外径为 $r_o$,内径为 $r_i$;正方形平面线圈外边长为 $2a_o$,内部半边长为 $a_{in}$。假设平面线圈的线宽($s$)和线间距相等($w$),且线圈的内径 $r_i$ 和内部半边长 $a_{in}$ 等于线间距 $w$,平面线圈的匝数可以表示为[17]

$$N_{cp} = \frac{r_o}{w+s} = \frac{r_o}{2w}, \quad N_{sp} = \frac{a_o}{w+s} = \frac{a_o}{2w} \tag{3.54}$$

圆形和正方形平面线圈电感和电阻的计算公式为

$$L_{cp} = \frac{0.098(r_o+w)^2}{15r_o-7w}N_{cp}^2 = \frac{0.098(r_o+w)^2}{15r_o-7w}\left(\frac{r_o}{2w}\right)^2 \tag{3.55}$$

$$R_{cp} = \frac{130.44\pi \cdot \rho}{tw}\left(N_{cp}w + 2w\sum_{i=1}^{N_{cp}} i\right) \tag{3.56}$$

$$L_{sp} = 17\times10^{-3}a_o(N_{sp})^{\frac{5}{3}} = 17\times10^{-3}a_o\left(\frac{a_0}{2w}\right)^{\frac{5}{3}} \tag{3.57}$$

$$R_{sp} = \frac{538.46 \cdot \rho}{hw}\left(N_{sp}w + 2w\sum_{i=1}^{N_{sp}} i\right) \tag{3.58}$$

式中:$L_{cp}$ 和 $R_{cp}$ 分别为圆形平面线圈的电感和电阻;$L_{sp}$ 和 $R_{sp}$ 分别为方形平面线圈的电感和电阻;$\rho$ 为电阻率;$h$ 为平面线圈导线的厚度。根据式(3.55)~式(3.58),得到圆形平面线圈和正方形平面线圈的特性曲线,如图 3.13 所示。

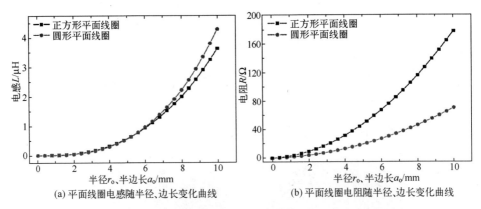

(a) 平面线圈电感随半径、边长变化曲线     (b) 平面线圈电阻随半径、边长变化曲线

图 3.13 圆形平面线圈和正方形平面线圈的特性曲线(见彩图)

# 3.3 微型电磁振动能量收集器关键加工技术

微型电磁振动能量收集器结构通常由支撑梁、永磁体和线圈组成,本节将结合重庆大学微系统研究中心以及国内外的研究成果,对微型电磁振动能量收集器的

关键加工技术进行介绍,主要包括支撑梁结构、永磁体和微型线圈的加工技术。

### 3.3.1 支撑梁的制作

根据支撑梁结构采用的材料不同,分为硅结构和非硅结构支撑梁。硅基结构加工工艺成熟,采用较多。图 3.14 所示为重庆大学微系统研究中心设计的微型电磁振动能量收集器中支撑梁结构示意图,图 3.15 为相应的 MEMS 制作工艺流程图。

其具体的制作工艺流程如下:

(a) 基底备片,选取双面抛光的 4 英寸 (0.1016m),500μm 厚的(100)单晶硅作为基底;清洗硅片。

图 3.14 支撑梁结构示意图

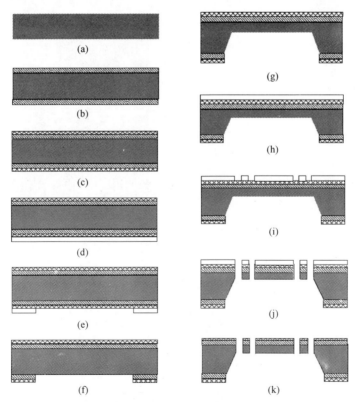

图 3.15 硅基平面弹簧 MEMS 制作工艺流程图

（b）硅片表面通过热氧化生长一层 $SiO_2$，厚度大约为 $0.2\mu m$。

（c）采用低压气相化学沉积（LPCVD）$Si_3N_4$，厚度 $0.12\mu m$（为了平衡梁结构应力，要求生成 $SiO_2$ 和 $Si_3N_4$）。

（d）在硅片背面旋图 $5\mu m$ 的正光刻胶。

（e）用 I 号掩模版曝光，形成需要刻蚀的图形。

（f）采用 RIE 刻蚀 $SiO_2$ 和 $Si_3N_4$，并用丙酮去除光刻胶。

（g）用浓度为 33% 的 KOH 溶液（温度为 80℃），深硅刻蚀 $350\mu m$。

（h）在正面旋图 SU-8 胶（负胶），厚度 $50\mu m$。

（i）用 II 号掩模版光刻、显影，得到平面弹簧的图形。

（j）采用感应耦合等离子体（ICP）干法刻蚀工艺，正面释放结构。

（k）去除 SU-8 胶。

根据硅支撑结构的制作工艺流程，采用 L-Edit 软件设计的版图如图 3.16 所示。

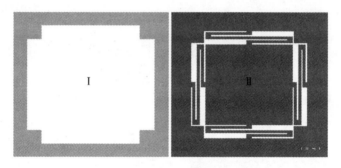

图 3.16　硅基平面弹簧的加工版图

对于非硅结构支撑梁加工，重庆大学也开展了相应的研究，采用激光加工工艺研制出铜基支撑梁，如图 3.17 所示。

图 3.17　铜基支撑梁

激光加工是指利用高功率密度的激光束加工,使材料熔化气化而实现穿孔、切割和焊接等的特种加工技术。根据加工材料的尺寸和加工的精度的不同,可将激光加工技术分为三类:一般激光加工技术,主要加工对象是厚度为数毫米至几十毫米的板材,其加工精度范围为 0.1~1.0mm;激光精密加工技术,是以薄板(0.1~1.0mm)为主要加工对象,其加工精度一般在 10μm 左右;激光微细加工技术,针对厚度在 100μm 以下的各种薄膜为主要加工对象,其加工精度一般在 0.1~10μm 级。图 3.18 为激光精密加工平台。

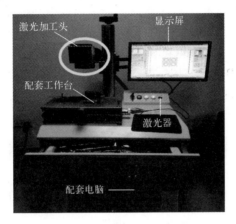

图 3.18 激光精密加工平台

## 3.3.2 微型永磁体的制备

永磁体是微型电磁振动能量收集器的重要组成部分,在微型电磁振动能量收集器研究初期,永磁体直接采用块体材料,通过微组装进行安装,制约了电磁振动能量收集器的微型化和批量化生产。随着 MEMS 工艺技术的发展,以及对微型电磁振动能量收集器微小型化和集成化的需求,研究人员开展了基于 MEMS 工艺制备永磁体的微加工工艺研究。目前,常见的制备方法可以分为两类:采用传统"自下而上"的薄膜沉积工艺制备法和基于永磁体粉末制备微型永磁体的"自上而下"制备法。

传统薄膜沉积工艺比较成熟,但难以制备深宽比大的永磁体,且通常需要在高温下完成,导致难以制备出高性能的微型永磁体,本书不作介绍。下面对基于永磁体粉末制备微型永磁体的方法进行介绍,该方法有两种:一种是仿照块体永磁体制备法,将永磁体粉末与液体树脂或聚合物混合,形成溶液,然后将该溶液通过丝网印刷、光刻等工艺沉积在基底上形成微型永磁体。由于该方法需要将永磁体粉末与树脂或聚合物混合,降低了永磁体粉末比例,从而导致制备的微型永磁体性能低。另一种是采用干压法,直接将永磁体粉末填埋在预先制备的深槽中,然后通过固化或封冒将永磁体粉末固定在深槽中形成微型永磁体,该方法克服了上一种方法中永磁体粉末含量低的问题,能够制备高性能的微型永磁体。

2013 年,上海交通大学 Xuhan Dai 等人[18]仿照块体永磁体制备法制备了厚度为 1000μm 的微型永磁体。制备工艺由两部分构成:永磁体粉末溶液配制和永磁体成型。实验过程中,将永磁体粉末材料 $SrFe_{12}O_{19}$ 与聚合物 SU-8R50 按一定比例进行混合形成溶液,然后在真空箱中去除溶液中的空气,完成溶液配制。永磁体制备工艺流程如图 3.19 所示,(a)在硅片上旋涂厚度 200μm 的 SU-8 层,图形化形成主模型,并将该模型硅烷化;(b)将 PDMS 注入到该模型中,在温度为 80℃的真空箱中烘烤 2h;(c)将 PDMS 剥离 SU-8 并进一步硅烷化;(d)将制备的永磁体粉末混合溶液注入到 PDMS 模型中,在常温真空环境下放置 24h;(e)将形成的微型永磁体结构剥离 PDMS,完成微型永磁体制备。制备的永磁体最大剩余磁化强度为 0.025T。

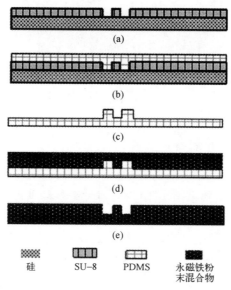

图 3.19　上海交通大学永磁体制备工艺流程图

佛罗里达大学 David P Arnold 小组在微型永磁体制备方面开展了大量研究,2013 年该小组[19]采用干压法制备了微型永磁体。工艺流程图如图 3.20 所示:(a)清洗硅片;(b)旋涂 10μm 光刻胶图形化;(c)采用 DRIE 进行硅深槽刻蚀;(d)去除光刻胶;(e)采用刮片法将干永磁体粉末填埋在深槽中;(f)沉积 10μm 的聚对二甲苯,将深槽封口,使永磁体粉末固定在深槽中。通过该方法研制的微型永磁体最大剩余磁化强度为 0.43T。

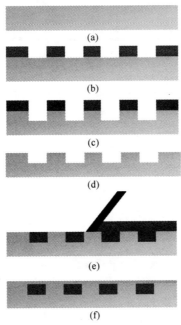

图 3.20　佛罗里达大学微型永磁体制备工艺流程图

### 3.3.3　微型线圈的制作

高密度多层微型线圈是微型电磁振动能量收集器制作的核心,微型线圈的制作方法主要有 PCB 技术和 MEMS 技术,重庆大学在开展微型电磁振动能量收集器研究过程中,分别采用 PCB 技术和 MEMS 技术加工了微型线圈。

**1) PCB 线圈的制作**

采用铜作为环形线圈材料,根据多层 PCB 线圈设计要求,制作多层 PCB 环形铜线圈。制作过程包括内层加工、外层加工和表面处理。为满足每层铜线圈之间的高密度互连要求,多层 PCB 铜线圈不仅仅在内层,而且在外层都有导体连接,各层之间采用埋孔和盲孔实现电气连接;通过埋孔实现内层中相邻两层的电镀通孔连接,盲孔用来实现外层与相邻内层的导体连接。PCB 技术能够实现多层线圈的制作,但加工精度有限。6 层 PCB 铜线圈具体的加工流程如图 3.21 所示。

(a) 开料:按照设计所规定的要求,将基板材料按尺寸开料、裁板,进行磨边和圆角处理,需注意机械方向一致的原则。

(b) 镀铜:在基板两表面电镀一层铜膜,注意电镀层均匀和厚度。

(c) 钻孔:采用现代激光技术钻孔,作为实现内层相邻两层连接的埋孔。

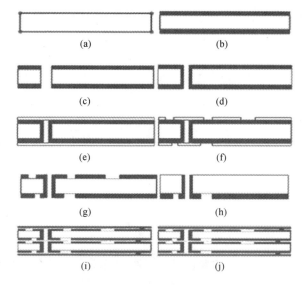

图 3.21　6 层 PCB 铜线圈具体的加工流程

（d）埋孔镀铜：在埋孔内壁化学镀铜，实现两层的电气连接。

（e）湿膜：将经过除污处理后的基板铜面透过热压方式贴上抗蚀湿膜。

（f）曝光显影：采用紫外光进行湿膜曝光处理，用碱液作用清洗未被固化的湿膜部分。

（g）蚀刻去膜：根据多层 PCB 铜线圈设计轮廓，利用药液腐蚀掉显影后的铜，形成内层线圈，利用强碱去基板铜面的抗蚀层，这是最为关键的工艺步骤之一。

（h）按照以上步骤制作外层，注意外层采用单面处理。

（i）叠板压合：采用半固化片隔开每层，通过热压方法将叠合好的基板压成多层板，用盲孔和埋孔实现各层之间的电气连接。

（j）表面处理：对表面进行印刷或者喷漆处理，保护外层线圈。

根据以上工艺流程制得的多层 PCB 铜线圈实物图如图 3.22 所示。

图 3.22　多层 PCB 铜线圈实物图

**2）MEMS 线圈的制作**

采用 MEMS 工艺制作线圈，难点在于各层线圈之间的绝缘、互连以及引线制作等。本实验室采用 $SiO_2$ 作为各层之间的绝缘层，上下层线圈之间的互连以及引线制备都是通过对 $SiO_2$ 刻蚀实现。图 3.23 为双层 MEMS 线圈制作工艺流程图，一

共需要 4 块掩模版,具体步骤如下:

(a) 备片:双面抛光的 N 型(100)4 英寸(1 英寸 = 2.54cm)硅基片;

(b) 热氧化生长一层 $SiO_2$;

(c) 溅射 $2.5\mu m$ 厚的 Al 层,光刻(第一次光刻)形成第一层线圈图形,经 RIE 干法刻蚀 Al 形成第一层线圈;

(d) 采用 PECVD 技术沉积 $SiO_2$ 形成绝缘层,经化学机械研磨抛光 $SiO_2$ 表面,光刻(第二次)形成上下层线圈的通孔和线圈电极通孔;

(e) 采用第一层线圈的制备方法制备第二层线圈,并形成线圈电极。

图 3.24 为研制的双层 MEMS 线圈,测试结果表明,该线圈的电阻为 $5.1k\Omega$,与理论值 $4.86k\Omega$ 基本一致。

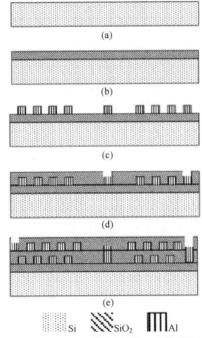

(a)

(b)

(c)

(d)

(e)

Si   $SiO_2$   Al

图 3.23   MEMS 线圈制作工艺流程图

图 3.24   双层 MEMS 线圈实物图

# 3.4 本章小结

本章首先介绍了传统的微型电磁振动能量收集器理论模型,分析了该模型存在的问题。针对该问题,基于 Hamilton 变分原理,导出了更为合理的微型电磁振动能量收集器理论模型。理论分析表明,机械阻尼与电学阻尼之间存在一定的相位差,系统总阻尼不等于机械阻尼与电学阻尼之和,而传统理论模型中系统阻尼直接等于机械阻尼与电学阻尼之和;然后结合重庆大学与国际主要研究机构研究成果,介绍了微型电磁振动能量收集器相关关键加工技术。

# 参 考 文 献

[1] Spreemann D, Manoli Y. Electromagnetic vibration energy harvesting devices: Architectures, design, modeling and optimization[M]. Springer Science & Business Media, 2012.

[2] Chen S, Wang G, Chien M. Analytical modeling of piezoelectric vibration-induced micro power generator[J]. Mechatronics, 2006, 16(7): 379-387.

[3] Roundy S, Wright P K, Rabaey J. A study of low level vibrations as a power source for wireless sensor nodes[J]. Computer Communications, 2003, 26(11): 1131-1144.

[4] Williams C B, Yates R B. Analysis of a micro-electric generator for microsystems[J]. sensors and actuators A: Physical, 1996, 52(1): 8-11.

[5] Mitcheson P D, Green T C, Yeatman E M, et al. Architectures for vibration-driven micropower generators[J]. Microelectromechanical Systems, Journal of, 2004, 13(3): 429-440.

[6] Beeby S P, Tudor M J, White N M. Energy harvesting vibration sources for microsystems applications[J]. Measurement science and technology, 2006, 17(12): R175.

[7] Bouendeu E. Printed circuit board-based electromagnetic vibration energy harvesters[D]. University of Freiburg, 2010.

[8] 刘雪花. 基于 MEMS 的微型振动式发电机系统的研究[D]. 重庆: 重庆大学, 2006.

[9] 温中泉. 微型振动式发电机的基础理论及关键技术研究[D]. 重庆: 重庆大学, 2003.

[10] Preumont A. Mechatronics: dynamics of electromechanical and piezoelectric systems[M]. Springer Science & Business Media, 2006.

[11] Akoun G, Yonnet J. 3D analytical calculation of the forces exerted between two cuboidal magnets[J]. Magnetics, IEEE Transactions on, 1984, 20(5): 1962-1964.

[12] 刘宗林. 电容式微惯性器件设计理论与方法研究[D]. 长沙: 国防科技大学, 2004.

[13] 海岩. 机械振动基础[M]. 北京: 北京航空航天大学出版社, 2005.

[14] Roundy S J. Energy scavenging for wireless sensor nodes with a focus on vibration to electricity conversion[D]. University of California, 2003.

[15] Priya S, Inman D J. Energy harvesting technologies[M]. New York: Springer, 2009.

[16] 向毅. MEMS 平面磁芯螺旋微型变压器的制造技术研究[D]. 上海: 上海交通大学, 2009.

[17] Bouendeu E. Printed Circuit Board-based Electromagnetic Vibration Energy Harvesters[D]. University of Freiburg, 2010.

[18] Dai X, Miao X, Shao G, et al. A novel fast and low cost replication technology for high-aspect-ratio magnetic microstructures[J]. Microsystem technologies, 2013, 19(3): 403-407.

[19] Oniku O D, Bowers B J, Shetye S B, et al. Permanent magnet microstructures using dry-pressed magnetic powders[J]. Journal of Micromechanics and Microengineering, 2013, 23(7): 75027.

# 第4章 风致振动能量收集器技术

流动能(风能、水能等)广泛地存在于环境中,如何充分利用环境流动能,长期受到人类的高度关注。鉴于环境中广泛存在的流动能主要有风能和水能,而二者在许多方面具有共性,主要差异是流体介质的不同。为此,本章重点讨论面向环境风能的风致振动能量收集技术,介绍基于涡激、颤振、驰振等机理的能量收集器的相关理论,以及典型器件的结构、工作原理和相关性能。

## 4.1 风致振动能量收集器

风能收集器技术是指利用风能收集器对环境中广泛存在的风能进行风能获取与转换的(风力发电)技术。风能收集器虽然是一种风力发电机,但是在结构、原理、应用对象等方面都与传统的大型风力发电机不同,尺寸较小(约厘米量级),输出功率在毫瓦数量级,主要通过风致振动机理将风能转为振动能,之后再将振动能转换为电能。

风致振动机理的风能能量收集器技术早在20世纪80年代就开始出现,然而之后发展较为缓慢。近年来随着振动能量收集技术的快速发展,风能收集器逐渐受到关注。早期的风能收集器都是大型风力发电机的小型化,这种结构通过扇叶获取风能并发生转动,使用传动装置带动电磁发电机转子转动,从而产生电能。但随着尺度的减小,这种转动结构就出现各种问题[1,2]。一方面,转动结构比较复杂,器件的加工和安装都很困难,可靠性差;另一方面,微尺度下结构的摩擦力大,会大大降低转轴的运转效率与寿命。因此,这种转动的结构在微型风能收集器中的应用受到了限制,目前的研究重点转移到了风致振动的结构。

风致振动(Wind-Induced Vibration, WIV)是典型的流固耦合(Fluid-Structure Interactions, FSI)问题,是气动弹性力学研究的范畴[3,4]。1878年斯特罗哈(Strouhal)发现了琴弦振动频率与琴弦和风速之间的关系,然而直到1921年,冯卡门才对这种风致振动现象进行了比较系统的实验研究。到了20世纪初,随着航空航天工程的快速发展,风致振动现象才凸显出来。风致振动可使机翼瞬间受到破坏,尤其是在亚声速、超声速的范围,风致振动现象更加显著。在建筑工程方面,风致振动对建筑结构安全的影响也非常大,著名的例子是:1940年美国塔科马(Tacoma)海峡大桥灾难,由于涡激振动或者颤振,大桥在时速64km/h的大风中发生了强烈的振动,最终导致整个桥梁的倒塌。可见,在很多方面风致振动起到了消极的作用,通常是要避免的。而恰恰相反,本章讲的风能收集器则是利用风致振动现象将风能转换为振动能,再实现振动能转化为电能。

风致振动能量收集器是通过涡激振动、颤振、驰振等典型的风致振动机理,将风能转化为振动能量,这是流固耦合的过程;然后再通过压电、电磁、静电等机电转换机理将振动能量转为电能,这是机电耦合的过程,如图4.1所示。总体来看风致振动能量收集器是一个流—机—电的多物理场耦合问题,其中机电耦合部分在前面第2、3章已经介绍过,因此本章将主要讨论流固耦合部分的问题。

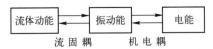

图 4.1 流体诱导振动能量收集器基本原理框图

按照不同的标准,风能收集器可以分为不同的类型。按照风致振动机理的不同,风致振动能量收集器可分为涡激振动风能收集器、颤振风能收集器、驰振风能收集器、共鸣器风能收集器等;按照机电转换机理不同可以分为压电式风能收集器、电磁式风能收集器、静电式风能收集器等。本章根据风致振动机理的不同,主要介绍基于涡激振动、颤振、驰振三种机理的风致振动能量收集器。

## 4.2 基于涡激振动机理的风致振动能量收集器

### 4.2.1 涡激振动的概念

在一定的雷诺数下,流体流过钝体时,会在绕流体后面的尾迹中产生交替脱落的旋涡,称为卡门涡街(Karman Vortex Street)。在钝体上形成交替变化的气动力,同时在尾迹中产生交替变换的流体压力场,白莱文斯对圆柱形的涡街形成机理进行了详细的描述[3-5],如图4.2所示。旋涡的交替脱落会在钝体上面产生周期性的压力,这个压力可以分解为流体方向的拖拽力和垂直于流体方向的升力。当钝体为弹性支撑时,就会在横向发生振动,同时钝体的振动又会改变尾流的旋涡发放,这种流固耦合现象就是涡激振动(Vortex Induced Vibration,VIV)。

研究发现旋涡脱落的频率 $f$ 与流速成正比,与钝体横向尺寸成反比。钝体上旋涡的脱落频率 $f$ 可以表示为

$$f = \frac{S_t U}{D_b} \tag{4.1}$$

125

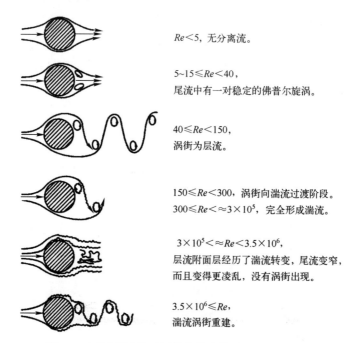

图4.2　不同雷诺数下圆柱体绕流体的涡街发展阶段

式中:$U$ 为来流速度;$D_b$ 为钝体的横向最大尺寸;$S_t$ 为斯特罗哈数,随着雷诺数发生变化,对于一定几何形状的钝体,$S_t$ 在较小的风速范围内的变化量很小,可视为常数。表4.1中为几种典型截面形状钝体的斯特罗哈数。

表4.1　几种典型截面形状钝体的斯特罗哈数[3,6-8]

| 钝体截面形状 | $R_e$系数 | $S_t$系数 |
|---|---|---|
| ● | $1.0×10^3 \sim 1.0×10^5$ | 0.2 |
| ◖ | | 0.2 |
| ◗ | | 0.16 |
| ■ (长:高=1:1) | $2.0×10^4$ | 0.1278 |
| ■ (长:高=1.5:1) | 250 | 0.158 |
| ■ (长:高=6:16) | 400 | $0.1 \sim 0.22$ |

对于弹性支撑的钝体结构,随着风速变化,当旋涡脱落频率与钝体结构共振频率接近时,结构会迫使旋涡的发放频率固定在钝体结构的共振频率附近,这种现象称为"锁定"现象[9]。如图 4.3 所示,$f-U$ 曲线可以分为三部分:随着风速增加,旋涡脱落频率按照式(4.1)的斯特罗哈线性关系增加;当风速达到锁定区域时,旋涡脱落频率锁定在结构的共振频率附近;进一步增加风速,又回到斯特罗哈线性关系。在锁定区域,钝体振动频率和旋涡脱落频率基本保持不变,且钝体的振幅达到最大。对于桥梁、飞机等的共振频率设计应该避开这个区域,而风能收集器的共振频率应设计在这个风速范围内,才能最大化地获取风能。

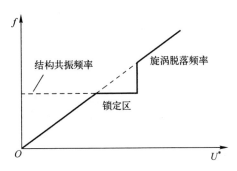

图 4.3 旋涡脱落频率随着风速变化

## 4.2.2 基于涡激振动机理的风致振动能量收集器基本结构

从上面的分析可以看出,涡激振动产生的能量在于两个方面:一个是弹性支撑的钝体在涡激振动时产生的振动能;另一个是钝体后旋涡脱落形成的压力波动能。因此,基于涡激振动机理的风致振动能量收集器就可分为两种结构,如图 4.4 所示。图 4.4(a)的圆柱形钝体为弹性支撑,发生涡激振动时钝体上下振动(忽略风速方向的振动),收集器将钝体的振动能量转化为电能(为了方便区别,可称为钝体上的风能收集器)。如 Gao Xiaotong 等人采用 PZT 压电片支撑圆柱钝体(图 4.5),在 5m/s 下输出功率 $30\mu W$[10]。图 4.4(b)是将收集器安装在涡街中,

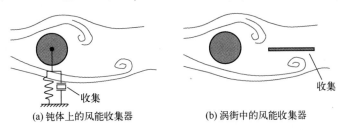

(a) 钝体上的风能收集器　　(b) 涡街中的风能收集器

图 4.4 基于涡激振动机理的风致振动能量收集器结构

127

将涡街中交变的压力波动转化为电能(涡街中的风能收集器)。如 Weinstein 等人则在 PZT 压电片自由端安装了一个叶片,并置于圆柱后方的卡门涡街内(图 4.6),在 5m/s 风速下输出功率 3mW[11]。

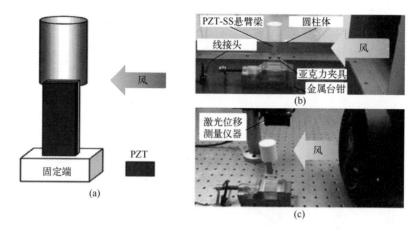

图 4.5　弹性支撑钝体涡激振动结构的风能收集器

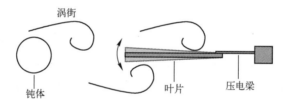

图 4.6　涡街中的风能收集器(见彩图)

表 4.2 中列出了最近几年报道的基于涡激振动机理的风致振动能量收集器输出功率、电压等性能的测试结果,但并不能明显看出性能的优劣。对于在涡街中的风能收集器,Morris 和 Robbins[12] 采用 PVDF 研制的风能收集器的输出功率最高,达到 36mW,但是 PVDF 的尺寸较大。Pobering[13] 也采用类似的结构,紧跟在钝体后面安装了压电性能优良但弹性系数较大的 PZT 梁,在 45m/s 的高风速下也只有 0.1mW 的输出功率。Akaydın[14] 进一步优化了钝体的涡街内压电材料放置的位置,发现在圆柱后的 2D 处输出功率达到最大。Demori[15] 和 Weinstein[11] 也在钝体后一定距离处安装了 PZT 梁,并在 PZT 梁的自由端安装了收集风能的叶片,该叶片使得输出功率有了明显地提高。对于钝体上的风能收集器,Gao[10] 采用 PZT 压电梁支撑圆柱钝体,输出也只有微瓦的量级。

表4.2　基于涡激振动机理的风致振动能量收集器性能对比

| 主要研究者 | 年份 | 风速/（m/s） | 输出功率/mW | 开路电压幅度/V | 尺寸/mm | 备　注 |
|---|---|---|---|---|---|---|
| Pobering | 2009 | 45 | 0.1 | 0.8 | PZT:14×11.8×0.35<br>钝体 D=10.35 | 在涡街中 |
| Akaydın | 2010 | 约7 | 0.004 | 约20 | PVDF:30×16×0.2<br>圆柱钝体 D=30 | 在涡街中 |
| Morris 和 Robbins | 2010 | 8.9 | 36 | 约60 | PVDF:254×203×0.05<br>圆柱钝体 D=20 | 在涡街中 |
| Gao | 2013 | 5.1 | 0.03 | 4.8 | PZT:31×10×0.2<br>圆柱钝体 D=29.1 | 在钝体上 |
| Demori | 2014 | 3.6 | 1.2 | 约50 | PZT:45×20<br>扇叶:70×30<br>钝体 D=55 | 在涡街中 |
| Weinstein | 2013 | 5 | 3 | | PZT:28.6×6.3×0.51<br>扇叶:20×50<br>钝体 D=25 | 在涡街中 |

对于在涡街中的风能收集器,钝体后面的压电膜或者压电梁结构会形成一个分隔板,往往会抑制钝体涡街的形成。只有当分隔板的惯性和刚度足够小时,这种抑制作用才相对较弱,如柔性的压电材料 PVDF,但其压电性能较低。而对于钝体上的风能收集器,机电换能结构置于涡街外,不会对钝体上旋涡脱落和涡街的形成产生较大影响,不会影响收集器的气动性能,结构设计较为灵活。

表 4.2 中只给出了测得最高输出功率的风速点,实际应用中风速不可能是稳定的,通常情况下风速在很宽的范围内变化。对于涡激振动机理而言,振幅最大时只是在锁定区域内。从 Demori[15] 和 Weinstein[11] 等人的测试结果可以看出,功率半峰值点对应的风速工作范围只有约 1m/s,这远远达不到应用的需求,这也限制了涡激振动机理的风致振动能量收集器的应用,目前还未有较好的解决方法。

### 4.2.3　基于涡激振动机理的风致振动能量收集器基础理论

在基础理论方面,涡激振动机理的风致振动能量收集器的运动方程与第 2 章振动能量收集器类似,如下式所示:

$$\begin{cases} M\ddot{y}+C\dot{y}+Ky-\theta V=F_y \\ \theta\dot{y}+C_p\dot{V}+V/R=0 \end{cases} \tag{4.2}$$

不一样的地方在于这里的激励源不是振动加速度,而是气动力 $F_y$。涡激振动作为一种流固耦合现象,气动力作用在钝体上的同时钝体结构反过来也会对气动力产生影响。在涡街中的风能收集器受到的气动力是一种分布作用力,比较复杂,这里不作介绍。但对于在钝体上的风能收集器的气动力是钝体上的升力,较为简单,目前虽尚未有解析的理论方法对涡激振动现象进行分析,但是已有一些经验模型能够很好地对涡激振动的一些现象进行分析,如升力振子模型[16]、经验线性模型[17]、经验非线性模型[18]等。目前,较多的采用有限元方法对流体力学控制方程进行求解,这种方法能够从数值上较为准确地模拟流体运动。王军雷将有限元方法与振动能量收集器模型结合,对涡激振动风能收集器的流机电多场耦合模型进行了研究[19]。下面以压电片支撑的圆柱结构为例,建立多场耦合理论模型,分析涡激振动风能收集器的各种性能,模型结构如图 4.7 所示,两根 PZT 压电悬臂梁自由端安装一圆柱体作为钝体,直径为 $D$,约化风速 $U_r = U/\omega_n D$,$R$ 为负载电阻,$C$ 为系统阻尼,$K$ 为弹性系数,$M$ 为系统等效质量。

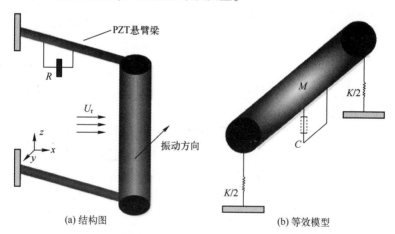

(a) 结构图      (b) 等效模型

图 4.7    圆柱结构的涡激振动风能收集器模型

上述方程组中,含有电压 $V$、振幅 $y$、升力 $F_y$ 三个未知变量。其中 $y$ 和 $F_y$ 采用 OpenFOAM 流固耦合求解器进行数值求解,但是由于方程组中 $V$ 的存在,无法采用 OpenFOAM 直接求解。对于机电耦合部分,主要体现在电阻 $R$ 对系统的一种负反馈效应上。若是将这种效应等效为式(4.2)中的第一个方程中,并写成同样的形式,即可直接进行求解。在不考虑流体作用的情况下,$R$ 对系统的阻尼和固有频率的影响如图 4.8 所示。可以看出在一定的 $R$ 范围内,这种影响显著。按照图 4.8 中的参数,若是将这种负反馈效应等效成系统阻尼 $C_{coup}$ 和弹性系数 $K_{coup}$,则可以将电压参数 $V$ 消去,得到等效的方程:

$$M\ddot{y} + C_{\text{coup}}\dot{y} + K_{\text{coup}}y = F_y \tag{4.3}$$

结合不可压缩流的流动控制方程,在 OpenFOAM 中求解出振动响应和流场特性,在结合式(2.71)和式(2.83)可求解出收集器的输出电压和输出功率。

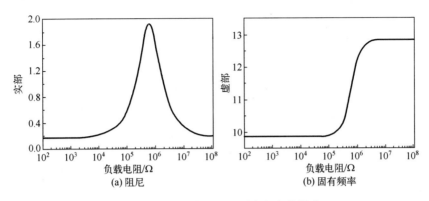

(a) 阻尼      (b) 固有频率

图 4.8   $R$ 对系统阻尼和固有频率的影响

王军雷对光滑圆柱的涡激振动风能收集器进行了研究[19],首先采用 Matlab 外接载荷 $R$ 对机电耦合系统的阻尼和固有频率的影响,然后以此为初始条件计算了不同速度下涡激振动的振幅,再由该振幅反过来计算收集器的电学输出性能。图 4.9 为无负载时圆柱在不同风速下的振幅,可见与 Yang[20] 和 Abdelkefi[21] 结果一致。

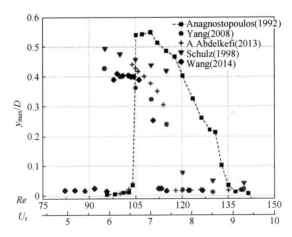

图 4.9   无负载时圆柱在不同风速下的振幅(见彩图)

当外接 $R = 1\text{k}\Omega$、$10\text{k}\Omega$、$100\text{k}\Omega$、$1\text{M}\Omega$、$10\text{M}\Omega$ 时,振幅和旋涡脱落频率随风速 $U_r$ 的变化曲线如图 4.10 所示。可以看出,$R = 1\text{k}\Omega$、$10\text{k}\Omega$、$1\text{M}\Omega$、$10\text{M}\Omega$ 时,风速 $U_r =$

5.4 时才进入锁定区域;$R=100\text{k}\Omega$ 时,风速 $U_r=5.6$ 时才进入锁定区域。在锁定区域,振幅显著增加且存在一个极大值,旋涡脱落频率锁定在结构的固有频率附近。

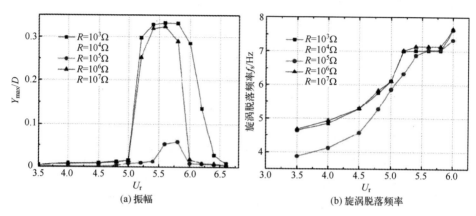

图 4.10　外接负载时圆柱涡激振动的振幅和旋涡脱落频率-5$U_r$ 的关系(见彩图)

图 4.11 是涡激振动风能收集器的输出电压和输出功率,可以看出,输出电压和输出功率都在锁定阶段出现最大值,这个结果与涡激振动的振幅一致。此外,锁定阶段,输出电压和功率都大致保持在一个相对稳定的值。最大输出功率发生在 $U_r=5.1$,$R=1\text{M}\Omega$ 时,其值约为 $20\mu\text{W}$。

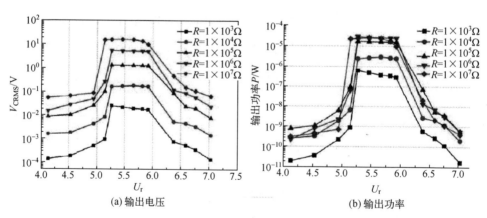

图 4.11　涡激振动风能收集器的输出电压和输出功率-5$U_r$ 的关系(见彩图)

# 4.3 颤振机理的风致振动能量收集器

## 4.3.1 颤振

颤振(Flutter)现象是一种自激的发散振动,具有大振幅和大变形的特征[22,23]。结构在气流中受到的气动力、弹性力和惯性力之间发生相互的耦合作用(流固耦合),使得流体动能、结构机械能和损耗能量(阻尼等原因)之间相互转换,流体动能到结构动能的转换就是结构从流体中吸取能量的过程,增加结构的振幅;一旦结构从流体中吸收的能量大于自身损耗能量时,使得结构的振幅突然增加,发生颤振现象。由于颤振的大振幅和大变形的特点,说明结构从流体中吸取的能量也很大,因此利用这种风致振动现象设计的风能收集器具有较高的能量输出。

颤振通常是在风速大于临界值时触发,这个风速值称为临界风速。在低于该临界风速时,结构吸取的流体动能小于自身的能量损耗,振动是衰减的,处于稳定状态,如图 4.12 所示。当风速略大于临界风速时,振幅突然增加,颤振发生。研究结果表明,临界风速与结构的固有频率具有线性的关系[24],而固有频率与结构的刚度的开方成正比。因此,刚度越小,结构的临界风速越低,越容易发生颤振,刚性大的结构则相反。图 4.12 中忽略了临界风速以下的涡激振动和抖振现象。

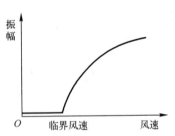

图 4.12 结构振幅随着风速增加的变化曲线

目前报道的基于颤振机理的微型风致振动能量收集器主要有两种结构类型:柔性结构和刚体结构。柔性结构的颤振主要有柔性膜在轴向风中[25-28]或在横向风中[29,30]的颤振,如图 4.13 所示。对于刚体颤振结构,主要为机翼[31-34]、板[24]

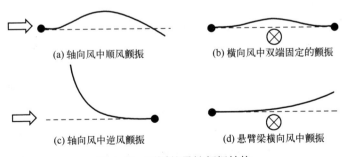

(a) 轴向风中顺风颤振     (b) 横向风中双端固定的颤振

(c) 轴向风中逆风颤振     (d) 悬臂梁横向风中颤振

图 4.13 不同的柔性颤振结构

133

等,刚性结构在横向风中的颤振。柔性结构的颤振具有分布的特性,运动方程为偏微分方程,气动力模型也比较复杂。相比之下刚体的颤振比较简单,可以等效为2自由度的振动系统,气动力也有较成熟的经验性的公式表示形式。下面分别对这两种颤振结构进行分析。

## 4.3.2 基于颤振机理的风致振动能量收集器的结构和基础理论

### 4.3.2.1 柔性结构的颤振

目前报道的柔性结构风能收集器中,根据入风方向和机械支撑条件,可以分为轴向风中的颤振和横向风中的颤振,如图 4.13 所示。图中实线表示颤振振型,虚线表示静止状态,黑色圆点表示固定端。"⟹"表示风速沿着梁的轴线方向,"⊗"表示垂直于梁的轴线方向。图 4.13(a)为轴向风中顺风颤振,如文献[26];图 4.13(c)为轴向风中逆风颤振,如文献[28];图 4.13(b)为横向风中双端固定的颤振,如文献[29,30];图 4.13(d)为悬臂梁横向风中颤振,如文献[35,36]。本节以典型的顺风颤振结构为例建立颤振理论模型,其他结构请参阅相关文献。

对于大振幅的柔性膜,为了计算简便,忽略三维振动效应。Tang 和 Dowell 等人[37]、赵文胜[38]将欧拉-伯努利悬臂梁理论与不可拉伸的条件结合,建立了轴向流中欧拉梁的非线性颤振理论模型,研究了触发后大振幅地颤振特性。为了更精确地描述大变形后的颤振理论模型,Tang 和 Païdoussis[25-27]、Singh 和 Michelin 等人[39]进一步引入了 Kelvin-Voigt 黏滞阻尼。

在气动力方面,气动力的边界条件的处理比较复杂。Kornecki 和 Dowell 等人[40]建立了零环流模型,在悬臂梁前缘的固定端和后缘的自由端都存在奇异性;同时他们又采用了 Theodorsen 非定常气动理论处理了自由端的奇异性,使得满足 Kutta 条件。Argentina 和 Mahadevan[41]基于点涡模型和开尔文环流定理计算了结构后缘的旋涡脱落引起的气动力。Guo 和 Païdoussis[42]、Eloy 等人[43]采用 Galerkin 方法和傅里叶变换方法求解了悬臂梁上的气动压力分布,得到了一个奇异积分方程。Tang、Yamamoto 和 Dowell[37]、Tang 和 Païdoussis[27]基于非稳定的集总涡模型计算了悬臂梁上的气动压力,研究了颤振触发后的特性。Lighthill 提出了大振幅的长条结构的横向运动时的气动力模型[44],该模型不用考虑气动力的边界条件问题,对气动压力的计算比较简单,结果与雷诺时均 Navier Stokes(RANS)方程的模拟结果符合较好。Eloy[45]、Singh 和 Michelin 等人[39]在 Lighthill 模型的基础上考虑了拖拽力和流体分离产生的压力,做了进一步的完善工作。由于颤振模型的计算量较大,大部分研究工作是在计算机计算成熟之后开展的。Balint 和 Lucey[46]就采用有限元方法计算了悬臂梁上的气动压力,用悬臂梁的前 6 级振动模态进行了流固耦合仿真计算。目前,也有一些商业化的有限元流体仿真软件计算,如

Fluent、CFX、Xflow 等,但对这种大振幅柔性颤振结构的流固耦合问题,有限元仿真结果都不是很理想。

图 4.14 为一端固定柔性膜在轴向风中的颤振原理图,该柔性膜的非线性颤振模型可以通过基于欧拉-伯努利悬臂梁的不可拉伸条件和 Highthill 气动力模型建立[44],并通过数值方法计算颤振的振型、振幅等性能。

图 4.14　一端固定柔性膜在轴向风中的颤振原理图

柔性膜的运动方程表示为[39,45-47]

$$f_1 + f_L + f_R = 0 \tag{4.4}$$

式中:$f_1$ 为膜大振幅振动部分的弹性力、惯性力和阻尼力等;$f_L$ 为 Lighthill 气动力;$f_R$ 为拖拽力和流体分离产生的压力,分别表示为

$$
\begin{cases}
f_1 = (1 + m_a)\,\ddot{y} + (1 + \alpha\partial/\partial t)\left[y''''(1 + y'^2) + 4y'y''y''' + y''^3\right] \\
\quad + y'\int_0^s (\dot{y}'^2 + y'\ddot{y}')\,\mathrm{d}s - y'\int_s^1\int_0^s (\dot{y}'^2 + y'\ddot{y}')\,\mathrm{d}s\mathrm{d}s \\
f_L = m_a\left[-0.5y''y'^2 + U^*(\dot{y}'y'^2 - 3y''y'\,\dot{y}) - 2\dot{y}'y'\,\dot{y} - 0.5y''\dot{y}^2 \right. \\
\quad + y'\int_0^s (\dot{y}'^2 + y'\ddot{y}')\,\mathrm{d}s + 2(U^*y'' + \dot{y}')\int_0^s \dot{y}'y'\mathrm{d}s \\
\quad \left. - y''\int_s^1 y'(U^{*2}y'' + 2U^*\dot{y}' + \ddot{y})\,\mathrm{d}s + (U^{*2}y'' + 2U^*\dot{y}')\right] \\
f_R = 0.5C_dM^*\,|U^*y' + \dot{y}|\,(U^*y' + \dot{y})
\end{cases}
\tag{4.5}
$$

式(4.5)进行了无量纲化处理,由于发生了大变形,采用弧长 $s$ 代替变量 $x$,上标“'”表示对 $s$ 的导数,$m_a = M/\rho h$,$M$ 为柔性膜上流体的附加质量[48],$M = \pi\rho_a h_s/4$,阻力系数 $C_d = 1.8$。引入了 Kelvin-Voigt 阻尼,$\alpha$ 为的阻尼比,$\alpha = a\sqrt{D/\rho_s h_s l_s^2}$,这里 $a$ 为材料阻尼系数。$U^* = Ul\sqrt{\rho h/D}$,$M^* = \rho_a l/\rho h$。

采用 Tang 和 Païdoussis[27] 的数值方法对方程式(4.4)的求解。首先利用 Galerkin 模态叠加法,将 $Y$ 表示为

$$Y(s) = \sum_{n=1}^N q_n(t)\psi_n(s) \tag{4.6}$$

式中:$\psi_n$ 为悬臂梁的第 $n$ 阶振型;$q_n(t)$ 为 $n$ 阶振型对应的时间响应。将式(4.6)代入式(4.4)和式(4.5),方程两边同时乘以 $\psi_m$ 并积分得到

$$(1+m_a)\ddot{q}_i+A_iq_i+\alpha A_i\dot{q}_i+B_{imnk}q_mq_nq_k+\alpha B_{imnk}(\dot{q}_mq_nq_k+q_m\dot{q}_nq_k+q_mq_n\dot{q}_k)$$

$$+C_{imnk}q_m(\dot{q}_n\dot{q}_k+q_n\ddot{q}_k)+m_a(-D_{imnk}U^*/2q_mq_nq_k+D_{imnk}U^*\dot{q}_mq_nq_k+E_{imnk}\dot{q}_m\dot{q}_nq_k$$

$$+F_{imnk}\ddot{q}_mq_nq_k+G_{1imnk}U^{*2}q_m+2G_{2imnk}U^*\dot{q}_m)+f_{Ri}^*=0 \qquad (4.7)$$

式中: $A_i$、$B_{imnk}$、$C_{imnk}$、$D_{imnk}$、$E_{imnk}$、$F_{imnk}$、$G_{1imnk}$、$G_{2imnk}$ 为常数, $i$、$m$、$n$、$k=1,2,3,\cdots,N$。
式(4.7)中采用了爱因斯坦求和约定,下文中不做特别说明。

$$A_i = \lambda_s^4$$

$$B_{imnk} = \int_0^L \psi_i(\psi_m'''\psi_n'\psi_k' + \psi_m'\psi_n''\psi_k''' + 4\psi_m''\psi_n''\psi_k'')\mathrm{d}s$$

$$C_{imnk} = \int_0^L \psi_i'\psi_m'\left[\int_s^L\left(\int_0^\eta \psi_n'\psi_k'd\xi\right)d\eta\right]\mathrm{d}s$$

$$D_{imnk} = \int_0^L \psi_i\left[\psi_m''\psi_n'(L)\psi'(L) - 3\psi_m'\psi_n'\psi_k' + 2\left(\int_0^s\psi_m'\psi_n'd\eta\right)\psi_k'' - 2\left(\int_s^L\psi_m'\psi_n'd\eta\right)\psi_k''\right]\mathrm{d}s$$

$$E_{imnk} = \int_0^L \psi_i\left[-\psi_m\psi_n'\psi' - 0.5\psi_m\psi_n\psi_k'' + \left(\int_0^s\psi_m'\psi_n'd\eta\right)\psi_k' + 2\psi_m'\left(\int_0^s\psi_n'\psi_k'd\eta\right)\right]\mathrm{d}s$$

$$F_{imnk} = \int_0^L \psi_i\left[\left(\int_0^s\psi_m'\psi_n'd\eta\right)\psi_k' - \left(\int_s^L\psi_m\psi_n'd\eta\right)\psi_k''\right]\mathrm{d}s$$

$$G_{1imnk} = \int_0^L \psi_i\psi_m''\mathrm{d}s$$

$$G_{2imnk} = \int_0^L \psi_i\psi_m'\mathrm{d}s$$

$$f_{Ri}^* = \int_0^L \psi_i f_R\mathrm{d}s \qquad (4.8)$$

式(4.7)是 $q_i$ 的二阶微分方程组,是一个初值问题,利用 Houbolt 方法[27]将 $q_i$ 的前两阶时间导数的第 $j+1$ 步可以表示为

$$\ddot{q}_i^{j+1} = \frac{\sum_{k=1}^4 a_k q_i^{j-k+2}}{\Delta t^2}, \dot{q}_i^{j+1} = \frac{\sum_{k=1}^4 b_k q_i^{j-k+2}}{\Delta t} \qquad (4.9)$$

其中,常数 $a_k=2,-5,4,-1$, $b_k=11/6,-3,3/2,-1/3$, $k=1,2,3,4$。$\Delta t$ 是时间步长。令

$$(\lambda_{1i},\lambda_{2i},\lambda_{3i})^{j+1} = \left(\sum_{k=2}^4 a_k q_i^{j-k+2}, \sum_{k=2}^4 b_k q_i^{j-k+2}, \Delta t\alpha A_i\lambda_{2i}{}^{j+1} + m_a\lambda_{2i}{}^{j+1}\right)$$

$$D_0 = \int_0^L \psi_i\psi_m''\psi_n'(L)\psi_k'(L)\mathrm{d}s \qquad (4.10)$$

将式(4.9)代入式(4.10)得到

$$P_{1i}q_i+\lambda_{3i}+P_{2imnk}q_mq_nq_k+P_{3imnk}\lambda_{2m}q_nq_k+P_{4imnk}q_m\lambda_{2n}\lambda_{2k}$$

$$+P_{5imnk}q_mq_n\lambda_{1k}+P_{6im}q_m+P_{7im}\lambda_{2m}+\Delta t^2f_{Ri}^*=0 \qquad (4.11)$$

为了书写方便式(4.11)中省略了 $q_i^{j+1}$ 的上标 $j+1$。其他常数如下：

$$
\begin{cases}
P_{1i} = a_1 + m_a a_1 + (\Delta t + \alpha b_1)\Delta t A_i \\
P_{2imnk} = (\Delta t + 3\alpha b_1)\Delta t B_{imnk} + (a_1 + b_1^2)C_{imnk} \\
\qquad + m_a(Ub_1\Delta t D_{imnk} + b_1^2 E_{imnk} + a_1 F_{imnk} - 0.5U^2\Delta t^2 D_0) \\
P_{3imnk} = \Delta t\alpha(B_{imnk} + B_{inmk} + B_{iknm}) + b_1(C_{iknm} + C_{inmk}) \\
\qquad + m_a(U\Delta t D_{imnk} + b_1 E_{imnk} + b_1 E_{inmk}) \\
P_{4imnk} = C_{imnk} + m_a E_{iknm} \\
P_{5imnk} = C_{imnk} + m_a F_{iknm} \\
P_{6im} = m_a(U^2\Delta t^2 G_{1im} + 2b_1 U\Delta t G_{2im}) \\
P_{7im} = 2Um_a\Delta t G_{2im}
\end{cases}
\tag{4.12}
$$

颤振的发生是一个自激的过程，在临界点处，只要一个微小的扰动就会发生颤振。计算过程中，设定所有振型的时间响应 $q$ 的初始值都是 0，但是给某一个振型的响应速度 $\dot{q}$ 一个很小的值。令 $q_i = 0, i = 1 \sim N$；$\dot{q}_1 = 10^{-3}, \dot{q}_i = 0, i = 2 \sim N$。$N$ 为振型个数，这里取 $N = 6$。

计算步骤如图 4.15 所示：首先设定初始值 $(q, \dot{q})$ 和时间步长 $(\Delta t)$；然后计算式(4.12)中的相关常数；接着计算第 $j+1$ 步的初始值，用于第一子步迭代计算；根据式(4.11)计算下一个子步的 $q$ 值，当最新的两个迭代结果误差小于设定的某一值时，终止迭代，并得到第 $j+1$ 步的结果；由第 $j+1$ 步的结果计算下一个时间步的结果，当达到设定的最大时间步时，计算结束。在迭代的过程中可以设置最大迭代步数，超过最大迭代步没有收敛，程序将自动报错退出，然后调整参数后重新计算。

柔性膜的非线性颤振模型主要有 5 个无量纲的参数：质量比 $M^*$、宽长比 $W^*$、归一化风速 $U^*$、阻尼比 $\alpha$、阻力系数 $C_d$。图 4.16 为柔性膜自由端的归一化振幅 $A_y$ 随着风速的变化曲线，可以看出，结构的归一化临界风速 $U_c^* = 9.9$，当 $U^* > 9.9$ 时结构发生颤振，与 Tang[27]（$U_c^* = 9.92$）和 Singh[39]（$U_c^* = 9.3$）的结果基本一致。柔性膜自由端的振幅随着风速增加而增加，在 $9.9 < U^* < 11$ 的风速范围振幅快速增

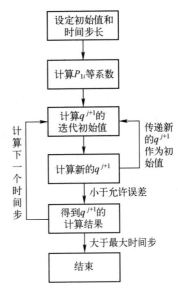

图 4.15　非线性颤振模型的
计算步骤

加;$U^* > 11$ 的风速范围振幅趋于一定值 0.61。

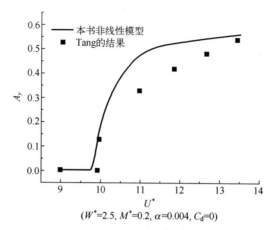

$(W^* = 2.5, M^* = 0.2, \alpha = 0.004, C_d = 0)$

图 4.16　柔性膜自由端横向振幅随着风速的变化曲线

图 4.17 为颤振触发之后的结果。其中图 4.17(a)、(b)、(c)为归一化风速 $U^* = 10$ 的结果;图 4.17(d)、(e)、(f)为归一化风速 $U^* = 14$ 的结果。图 4.17(a)、(d)为柔性膜自由端横向位移随着时间的变化曲线,可以看出,风速越大,触发颤振的时间越短。图 4.17(b)、(e)为柔性梁的颤振响应,可见结构的颤振响应近似二阶振型,并以波的形式向前传播。图 4.17(c)、(f)为柔性膜自由端的运动轨迹,呈"8"字形状,由于柔性梁的不可拉伸条件,在 $x$ 方向的位移始终小于零。$y$ 方向上的一个振动周期,$x$ 方向的位移出现 2 次极大和极小值,所以 $x$ 方向的振动频率是 $y$ 方向的 2 倍。

上面已经建立了柔性膜在轴向风中颤振的理论模型,但进一步的风能收集器的流-机-电多物理场耦合模型还需要结合压电、电磁等机电耦合模型进一步的完善,但目前这部分工作尚需研究者进一步的完善。

### 4.3.2.2　刚体结构的颤振

对于刚体的颤振主要是来源于桥梁、建筑和航天航空等方面。飞机等航天器的机翼和桥梁等结构在高于某一风速下会发生具有破坏性的颤振(包括扭转和振动),使得结构在瞬间发生破坏。McKinney 和 DeLaurier 早在 1981 年就以机翼结构体拍动为原型设计了风能收集器[49],后来 Sousa[50]、Erturk[33]、De Marqui[51]、Abdelkefi[52-54]、Bryant[55-57]等人相序对基于机翼或平板颤振结构的压电式风能收集器进行了研究。

这些刚体结构的颤振可等效成二维的运动:沉浮振动(垂直方向)和扭转摆动(俯仰运动),这就需要沉浮振动自由度和扭转自由度各安装一个弹簧作为反作用力,在振动自由度上安装换能器,将振动能转化为电能。下面以基于压电效应的典

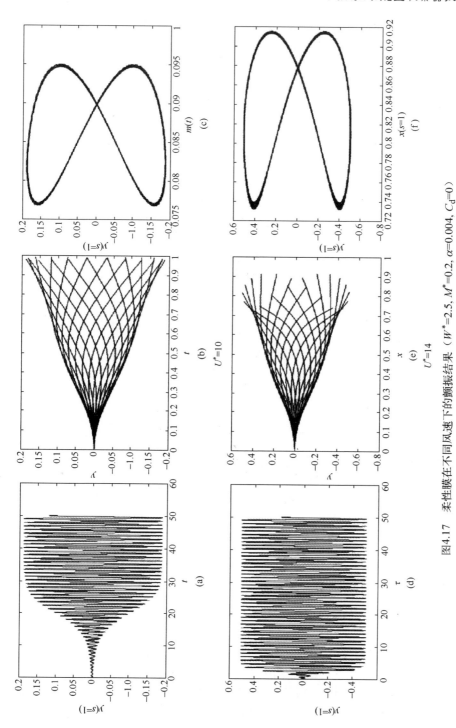

图4.17 柔性膜在不同风速下的颤振结果（$W^*=2.5$, $M^*=0.2$, $\alpha=0.004$, $C_d=0$）

型机翼结构的风能收集器为例对这种弹性支撑的刚体结构建立颤振理论模型,其 2DOF 颤振模型如图 4.18 所示[33]。在 $P$ 点安装一个垂直方向振动弹簧 $k_h$ 和转动方向弹簧 $k_\alpha$,$d_h$ 和 $d_\alpha$ 分别是振动和转动的阻尼。$h$ 和 $\alpha$ 分别是垂直方向位移和转动角度。在振动自由度上安装了压电换能器作为振动能量转换元件(未画出),$C_p$ 为压电材料电极的电容,$R$ 为负载电阻,$\nu$ 为输出电压。$U$ 为风速,$2b$ 为机翼结构弦长,$x_\alpha b$ 为 $P$ 点偏离型心 $C$ 的距离。$L_h$ 为刚体上受的气动升力,$M_\alpha$ 为刚体上受的气动力矩。运动方程可以写为

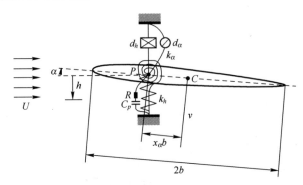

图 4.18　机翼颤振结构 2DOF 振动模型

$$\begin{cases} (m+m_e)\ddot{h}+mbx_a\ddot{\alpha}+d_h\dot{h}+k_hh-\dfrac{\theta}{l}\nu=-L_h \\[2mm] mbx_a\ddot{h}+I_\alpha\ddot{\alpha}+d_\alpha\dot{\alpha}+k_\alpha\alpha=M_a \\[2mm] C_p\dot{\nu}+\dfrac{\nu}{R}+\theta\dot{h}=0 \end{cases} \tag{4.13}$$

式中:$m$ 为机翼结构的线密度;$m_e$ 为附件的等效线密度;$l$ 为机翼的展长;$\theta$ 机电耦合系数。

上述方程为流-机-电全耦合方程组,Sousa[50]采用 Edwards 方法[58],将方程转化为了状态空间形式,其中关键的气动升力和力矩则采用非定常流近似,可以从 Wagner 阶跃函数的 Jones 近似得到,然后通过拉普拉斯变换转将气动力和力矩也转化为状态空间形式。Abdelkefi[52-54]则采用一种简单的准静态的气动失速模型,将气动升力和力矩表示为

$$\begin{cases} L_h=\rho U^2 bc_{la}(\alpha_{\text{eff}}-c_s\alpha_{\text{eff}}^3) \\[2mm] M_a=\rho U^2 b^2 c_{ma}(\alpha_{\text{eff}}-c_s\alpha_{\text{eff}}^3) \end{cases} \tag{4.14}$$

式中:$\rho$ 为流体密度;$c_{la}$ 和 $c_{ma}$ 分别为升力系数和力矩系数;$c_s$ 为失速相关的非线性参数;$\alpha_{\text{eff}}$ 为有效攻角[59]:

$$\alpha_{eff} = \alpha + \frac{\dot{h}}{U} + \left(\frac{1}{2} - a\right) b \frac{\dot{\alpha}}{U} \qquad (4.15)$$

此处的 $a$ 表示弹性轴相对半弦处的位置。将方程组(4.13)转化为矩阵的特征值问题,其中特征值的实部表示振动的阻尼系数,当求得实部为正数时表示振动发散,即发生颤振。如图 4.19 所示,在 1.86m/s 附近,实部从负数变为正数,颤振发生在实部大于 0 的部分,临界风速和频率与实验结果只有 2.1% 和 0.3% 的误差,可见该方法的正确性。

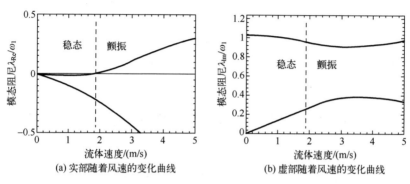

(a) 实部随着风速的变化曲线    (b) 虚部随着风速的变化曲线

图 4.19　特征值的实部和虚部随着风速的变化曲线

采用这种线性方法可以计算得到临界风速 $U_f$ 和频率等参数。图 4.20 为 Abdelkefi[52] 计算的临界风速受扭转弹性系数和振动弹性系数的影响,可见临界风速有个最低点。De Marqui[51] 和 Bryant[56,57] 研究了临界风速受电阻、机电耦合系数、质量、偏心率 $x_a$ 等参数的影响,得到一个很重要的结果是风能收集器输出功率最大时,临界风速也最大。为了进一步研究输出性能,Abdelkefi[53] 在临界风速附近

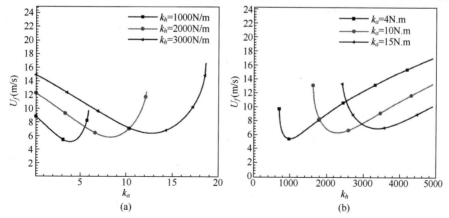

(a)    (b)

图 4.20　临界风速 $U_f$ 受扭转弹性系数和沉浮振动弹性系数的影响

加入了一个扰动风速计算了非线性情况下的输出功率(图 4.21),并研究了临界点的 Hopf 分叉,他指出亚临界的破坏力较大,超临界分叉对颤振机理的风能收集器更为实用。

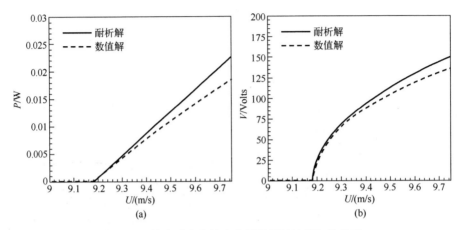

图 4.21　输出功率和输出电压随着风速增加的关系

对比柔性结构和刚体结构的颤振模型,发现难点在于气动力模型方面,柔性结构气动力模型是分布的,计算较为困难。相比之下,刚体上的气动力模型相对简单,运动方程和计算求解简单,因此目前的研究大多集中在后者,在实验方面也是如此。从器件方面来看,二者各有优缺点:首先,二者功率都比较大(毫瓦以上),风能收集效率高。其次,柔性结构的风能收集器尺寸小、重量轻,但设计与加工都受到功能材料特性的限制;而刚体结构的尺寸稍大,设计灵活,但是流线型的机翼结构往往具有高的临界风速,尚需对其他形状的刚体进行研究以降低临界风速。最后,由于颤振为激烈的大变形振动,器件的可靠性较低,提高颤振机理的风能收集器的可靠性是目前面临的一个重要技术问题。

表 4.3 列出了部分报道的颤振机理的风致振动能量收集器,可见输出功率都在毫瓦的水平,远高于涡激振动机理的风致振动能量收集器。Pimentel[60]、Guo[61]、Li[62]、赵兴强[63]分别研制了柔性结构颤振的风致振动能量收集器。Pimentel 将电磁振动能量收集器的动子安装在一个两端固定的柔性“带”上,在横向风中柔性“带”发生颤振,带动动子振动。Guo 则利用摩擦生电机理,将 PTFE 两端固定,安装在一个狭窄的空间内,在横向风中发生颤振,输出电压较高,可以达到209V,但是阻抗较大,可达 10MΩ。Li 在悬臂梁结构的柔性 PVDF 压电膜的自由端横向铰链一个叶片,在横向风中的发生颤振。赵兴强则在 PZT 压电悬臂梁的自由端安装一个 PET 柔性膜,采用轴向风中逆风颤振,有效降低了 PZT 梁的临界风速。

Sousa[50]和 Bryant[56]则在悬臂结构的 PZT 压电片的自由端安装刚性的机翼结构，利用机翼的颤振收集风能，往往都有较大的刚体结构，而机翼往往都设计成流线体结构，不利于颤振的发生。

表 4.3　颤振机理的风致振动能量收集器性能对比

| 主要研究者 | 年份 | 临界风速/（m/s） | 输出功率@测试风速/（mW@m/s） | 输出电压@测试风速/（V@m/s） | 尺寸/mm | 备 注 |
|---|---|---|---|---|---|---|
| Pimentel | 2010 | 3.6 | 171@20 | 开路 RMS：6.17@10 | 柔性膜：500×13 | 柔性结构/电磁 |
| 赵兴强 | 2014 | 8.4 | 3.1@12.2 | 开路 RMS：16.4@12.2 | PZT：15×12.7×0.38 柔性膜：20×20×0.1 | 柔性结构/压电 |
| Guo | 2013 | 约10.8 | 1.5 | 开路峰值：209 | PTFE：30×10×0.05 Cu 表面：30×10 | 柔性结构/摩擦发电 |
| Li | 2011 | 4 | 0.6@8 | 负载 RMS：约1.75@8 | PVDF：72×16×0.41 叶片：14.4cm² | 柔性结构/压电 |
| Sousa | 2011 | 10 | 27@10 | 负载 RMS：约35@10 | 压电片：50.8×25.4×0.381 机翼弦长 2500，翼展 5000 | 刚体结构/压电 |
| Bryant | 2011 | 1.9 | 2.2@7.9 | | 压电片：254×25.4×0.94 机翼弦长 59.4，翼展 136 | 刚体结构/压电 |

## 4.4　基于驰振机理的风致振动能量收集器

驰振（**Galloping**）是非流线型剖面的细长结构因气流的自激作用产生一种风致振动，通常与流体对结构的相对速度和流体对结构的攻角有关[64,65]，如输电线横向风中的驰振等。驰振与颤振类似，也是一种自激的发散振动，具有大振幅和大变形的特征，但只有一个自由度，因此气动力模型较为简单。Yaowen Yang 和 Liya Zhao[66-68]、Abdelkefi[69-71]、Dai[72,73]、Ewere[74]等人先后对方柱、三角柱、D 型柱等弹性支撑的刚体结构的驰振机理的风致振动能量收集器进行了研究。他们采用了半经验的气动力模型，各种截面的结构气动力模型有相似之处，因此下面以方柱为例进行分析。由于篇幅限制，仅对压电效应的收集器的模型进行分析。

图 4.22 为典型的驰振机理的风致振动能量收集器结构示意图，图 4.22（a）为双压电梁支撑方柱（方柱固定在悬臂梁的自由端），图 4.22（b）单压电梁支撑方

柱,二者的风向都是沿着压电梁轴向,从自由端吹向固定端,图 4.22(c)为等效模型。在这里把压电梁等效成弹簧 $K$,$M$ 为等效的质量,$C$ 为机械阻尼,$F_z$ 为气动力。$w$ 表示振动位移,$\alpha$ 为攻角,$U$ 为风速,$U_{rel}$ 为相对风速。

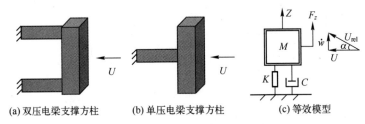

(a) 双压电梁支撑方柱  (b) 单压电梁支撑方柱  (c) 等效模型

图 4.22　驰振机理的风能收集基本结构

结合第 2 章中的压电式振动能量收集器的理论模型,图 4.22(c)中柱体的运动方程可以表示为

$$\begin{cases} M\ddot{w} + C\dot{w} + Kw + \Theta V = F_z \\ \dfrac{V}{R_L} + C_p\dot{V} - \Theta\dot{w} = 0 \end{cases} \tag{4.16}$$

式中:$V$、$R_L$、$C_p$ 分别为输出电压、外接负载和压电层电极间电容;$\Theta$ 为机电耦合系数。采用准静态假设,气动力可以表示为

$$F_z = \frac{1}{2}\rho D_b U^2 \left[ a_1 \frac{\dot{w}}{U} + a_3 \left( \frac{\dot{w}}{U} \right)^3 \right] \tag{4.17}$$

$D_b$ 为柱体迎风面的尺寸,为方柱截面的边长,线性系数 $a_1$ 和非线性系数 $a_3$ 分别为 2.3 和 $-18$[75]。对于其他驰振柱体 $a_1$ 和 $a_3$ 的取值如表 4.4 所列。

表 4.4　不同截面 $a_1$ 和 $a_3$ 系数的取值

| 截　　面 | $a_1$ | $a_3$ |
| --- | --- | --- |
| 方柱[75] | 2.3 | −18 |
| 等腰三角形(30°)[76] | 2.9 | −6.2 |
| 等腰三角形(53°)[77] | 1.9 | −6.7 |
| D 型[78] | 0.79 | −0.19 |

方程式(4.16)驰振临界点的计算方法与式(4.13)一样,转化为矩阵的特征值问题,这里不再重复,临界风速、振幅、输出功率等结果可如图 4.23~图 4.25 所示[69-80]。从图 4.23 发现 D 型截面临界风速最高,30°顶角等腰三角形截面最低,方形截面略高于30°顶角等腰三角形截面。比较图 4.23~图 4.25 发现收集器的输出功率对临界风速有很大影响。从风能收集器中的压电耦合情况可以看出,耦合

强度越大,输出功率越大,阻尼越大,因此要发生驰振的能量就要更高,所以临界风速也增加了。由图 4.25 中风速为 13m/s 的曲线可知,100kΩ 时输出功率最高,为最优化负载。同时最大功率点的振幅最小,说明部分振动能量转化为电能,也说明电学阻尼的存在。图 4.25 中风速为 8m/s 时,输出功率—电阻曲线上在 100kΩ 附近存在一个未发生驰振的"窗口",因为 100kΩ 对应的驰振临界风速约为 10m/s。而在随着电阻增加或者减小,机电耦合作用减弱,电学阻尼减小,临界风速也降低,所以又发生了驰振。

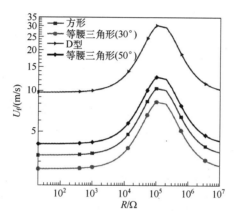

图 4.23　不同截面柱体驰振临界风速 $U_f$ 与负载电阻 $R$ 的关系

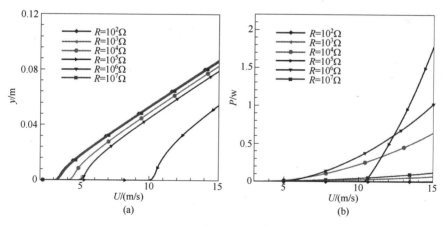

图 4.24　振幅 $y$ 和输出功率 $P$ 随风速 $U$ 的变化关系(见彩图)

表 4.5 列出了已报道的一些驰振机理的风致振动能量收集器的结构和相关性能参数。Yang[66]、Ewere[74] 和 Sirohi[81] 器件的结构都很类似,如图 4.22 所示;而

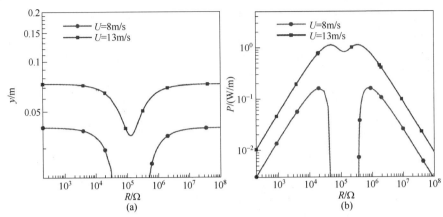

图 4.25 振幅 $y$ 和输出功率 $P$ 在不同风速下随着负载的变化关系

Sirohi[82]结构略有差别。还可以发现驰振机理的风致振动能量收集器的输出功率和电压都很高,最大达到 53 mW。同时,悬臂梁结构的长度都较大,等效的弹簧系数 $K$ 小,导致了临界风速都很低。

表 4.5 驰振机理的风致振动能量收集器性能对比

| 主要研究者 | 年份 | 临界风速/ (m/s) | 输出功率 @测试风速/ (mW@m/s) | 输出电压 @测试风速/ (V@m/s) | 尺寸/ mm | 备 注 |
|---|---|---|---|---|---|---|
| Yang[66] | 2013 | 2.5 | 8.4@8 | 负载 RMS: 29.7 @8 | 压电片:61×30×0.5 铝梁:150×30×0.6 方柱钝体:40 × 40 ×150 | 方柱+1 个双层压电梁 |
| Ewere[74] | 2014 | 2 | 13@8 | 负载 RMS:36@8 | 压电片:85×28×0.3 钢梁:228×40×0.4 方柱钝体:50 × 50 ×100 | 方柱+1 个单层压电梁 |
| Sirohi[81] | 2011 | 3.6 | 53@5.2 | 负载 RMS: 44.3 @5.2 | 压电片:85×28×0.3 钢梁:228×40×0.4 等边三角钝体:50 ×100 | 三角柱+2 个双层压电梁 |
| Sirohi[82] | 2012 | 2.5 | 1.14@4.7 | 负载 RMS: 28.2 @4.7 | 压电片:72.4×36.2 ×0.267 铝梁:90×38×0.635 D 型钝体:$\Phi$30×235 | D 型柱+1 个双层压电梁 |

# 4.5　本 章 小 结

转动结构的风能收集器由于结构复杂、加工困难等问题,目前的研究较少。相比之下,基于涡激振动、颤振和驰振等机理的风致振动收集器结构简单、功率密度高,能够有效地获取风能,是微型风能收集器的主要发展方向。特别是颤振、驰振等自激的大幅度的振动受到了研究者的广泛重视,也取得了很大的进展。尽管如此,风致振动的能量收集器在很多方面还存在不足,需要研究者进一步地完善,如柔性颤振结构的多场耦合理论模型的建立、风能收集器的可靠性研究、应用研究等方面。

# 参 考 文 献

[1]　Holmes A S, Hong G, Pullen K R. Axial-flux permanent magnet machines for micropower generation[J]. Journal of microelectromechanical systems, 2005,14(1):54-62.

[2]　Priya S. Modeling of electric energy harvesting using piezoelectric windmill[J]. Applied Physics Letters, 2005,87(18):184101.

[3]　白莱文斯 R D, 吴恕三, 王觉. 流体诱发振动[M]. 北京: 机械工业出版社, 1981.

[4]　道尔 E H, 小柯蒂斯 H C, 斯坎伦 R H, 等. 气动弹性力学现代教程[M]. 北京: 中国宇航出版社, 1991.

[5]　Lienhard J H. Synopsis of Lift, Drag, and Vortex Frequency Data for Rigid Circular Cylinders [M]. Washington: Technical Extension Service, 1966.

[6]　Robertson I, Li L, Sherwin S J, et al. A numerical study of rotational and transverse galloping rectangular bodies[J]. Journal of fluids and structures, 2003,17(5):681-699.

[7]　Tan B T, Thompson M C, Hourigan K. Numerical predictions of forces on a long rectangular plate subjected to cross-flow perturbation [C]//: 13th Australasian Fluid Mechanics Conference, Monash University, Melbourne, Australia, 1998.

[8]　Taylor I, Vezza M. Prediction of unsteady flow around square and rectangular section cylinders using a discrete vortex method[J]. Journal of Wind Engineering and Industrial Aerodynamics, 1999,82(1):247-269.

[9]　Khalak A, Williamson C. Motions, forces and mode transitions in vortex-induced vibrations at low mass-damping[J]. Journal of Fluids and Structures, 1999,13(7):813-851.

[10]　Gao X, Shih W H, Shih W Y. Flow Energy Harvesting Using Piezoelectric Cantilevers With Cylindrical Extension [J]. Industrial Electronics IEEE Transactions on, 2013, 60(3): 1116-1118.

[11]　Weinstein L A, Cacan M R, So P M, et al. Vortex shedding induced energy harvesting from

piezoelectric materials in heating, ventilation and air conditioning flows[J]. Smart Materials & Structures, 2012,21(4):45003−45012.

[12]　Morris D L. Wind Generated Electricity Using Flexible Piezoelectric Materials[D]. Minneapolis, USA: University of Minnesota, 2010.

[13]　Pobering S, Ebermeyer S, Schwesinger N. Generation of electrical energy using short piezoelectric cantilevers in flowing media[C]//Active and Passive Smart Structures and Integrated Systems. International Society for Optics and Photonics,2009:728807−728807−8.

[14]　D A H, Elvin N, Andreopoulos Y. Wake of a cylinder: a paradigm for energy harvesting with piezoelectric materials[J]. Experiments in Fluids, 2010,49(1):291−304.

[15]　Demori M, Ferrari V, Farisè S, et al. Piezoelectric Energy Harvesting from von Karman Vortices[J]. Lecture Notes in Electrical Engineering, 2014,28(3−5):496−509.

[16]　Hartlen R T, Currie I G. Lift−oscillator model of vortex−induced vibration[J]. Journal of the Engineering Mechanics Division, 1970,96(5):577−591.

[17]　Simiu E, Scanlan R H. Winds Effects on Structures: Fundamentals and Applications to Design [M]. New Jersey:John Wiley & Sons, 1996.

[18]　Ehsan F, Scanlan R H. Vortex−induced vibrations of flexible bridges[J]. Journal of engineering mechanics, 1990,116(6):1392−1411.

[19]　王军雷. 基于流机电多物理场耦合下涡激振动能量收集模型及特性[D]. 重庆: 重庆大学, 2014.

[20]　Yang J, Preidikman S, Balaras E. A strongly coupled, embedded−boundary method for fluid − structure interactions of elastically mounted rigid bodies [J]. Journal of Fluids & Structures, 2008,24(2):167−182.

[21]　Mehmood A, Abdelkefi A, Hajj M R, et al. Piezoelectric energy harvesting from vortex−induced vibrations of circular cylinder[J]. Journal of Sound & Vibration, 2013,332(19): 4656−4667.

[22]　陈政清. 桥梁风工程[M]. 北京: 人民交通出版社, 2005.

[23]　郝浩. 桥梁结构的驰振现象及其控制[D]. 西安: 长安大学, 2010.

[24]　Kwon S. A T−shaped piezoelectric cantilever for fluid energy harvesting[J]. Applied Physics Letters, 2010,97(16):164102.

[25]　Tang L, Païdoussis M P, DeLaurier J D. Flutter−Mill: A New Energy−Harvesting Device. Accessed 8/15/2012, http://64. 34. 71. 154/Storage/26/1817 Flutter − Mill − a New Energy−Harvesting Device. pdf,2008.

[26]　Tang L, Païdoussis M P, Jiang J. Cantilevered flexible plates in axial flow: Energy transfer and the concept of flutter−mill[J]. Journal of Sound and Vibration, 2009,326(1):263−276.

[27]　Tang L, Païdoussis M P. On the instability and the post−critical behaviour of two−dimensional cantilevered flexible plates in axial flow[J]. Journal of Sound and Vibration, 2007,305(1): 97−115.

[28] 赵兴强, 温志渝. 柔性梁颤振机理在压电式微型风能收集器设计中的应用[J]. 重庆大学学报, 2013,36(8):145-150.

[29] Frayne S M. Generator utilizing fluid-induced oscillations: WO, WO20090309362[P]. 2009.

[30] Frayne S M. Fluid-induced energy converter with curved parts: US, US7772712[P]. 2010.

[31] Bryant M, Garcia E. Modeling and testing of a novel aeroelastic flutter energy harvester[J]. Journal of vibration and acoustics, 2011,133(1):11010.

[32] Bryant M, Wolff E, Garcia E. Aeroelastic flutter energy harvester design: the sensitivity of the driving instability to system parameters [J]. Smart Materials and Structures, 2011, 20 (12):125017.

[33] Erturk A, Vieira W, De Marqui C, et al. On the energy harvesting potential of piezoaeroelastic systems[J]. Applied Physics Letters, 2010,96(18):184103.

[34] Zhu Q, Haase M, Wu C H. Modeling the capacity of a novel flow-energy harvester[J]. Applied Mathematical Modelling, 2009,33(5):2207-2217.

[35] Tan Y K, Panda S K. A Novel Piezoelectric Based Wind Energy Harvester for Low-power Autonomous Wind Speed Sensor [C]// Industrial Electronics Society, 2007. IECON 2007. Conference of the IEEE. IEEE,2007:2175-2180.

[36] Marqui C D, Erturk A, Inman D J. Piezoaeroelastic Modeling and Analysis of a Generator Wing with Continuous and Segmented Electrodes[J]. Journal of Intelligent Material Systems & Structures, 2010,21(10):983-993.

[37] Tang D M, Yamamoto H, H Dowell E. Flutter and limit cycle oscillations of two-dimensional panels in three-dimensional axial flow[J]. Journal of Fluids and Structures, 2003,17(2): 225-242.

[38] 赵文胜. 轴向流中板结构流固耦合动力学研究[D]. 武汉: 武汉大学, 2011.

[39] Singh K, Michelin S, De Langre E. The effect of non-uniform damping on flutter in axial flow and energy-harvesting strategies [J]. Proceedings of the Royal Society A: Mathematical, Physical and Engineering Science, 2012,468(2147):3620-3635.

[40] Kornecki A, Dowell E H, O'Brien J. On the aeroelastic instability of two-dimensional panes in uniform incompressible flow[J]. Journal of Sound and Vibration, 1976,47(2):163-178.

[41] Argentina M, Mahadevan L. Fluid-flow-induced flutter of a flag[J]. Proceedings of the National academy of Sciences of the United States of America, 2005,102(6):1829-1834.

[42] Guo C Q, Paidoussis M P. Stability of rectangular plates with free side-edges in two-dimensional inviscid channel flow[J]. Journal of Applied Mechanics, 2000,67(1):171-176.

[43] Eloy C, Souilliez C, Schouveiler L. Flutter of a rectangular plate[J]. Journal of fluids and structures, 2007,23(6):904-919.

[44] Lighthill M J. Large-amplitude elongated-body theory of fish locomotion[J]. Proceedings of the Royal Society B: Biological Sciences, 1971,179(1055):125-138.

[45] Eloy C, Kofman N, Schouveiler L. The origin of hysteresis in the flag instability[J]. Journal

of Fluid Mechanics, 2011,691:583-593.

[46] Balint T S, Lucey A D. Instability of a cantilevered flexible plate in viscous channel flow[J]. Journal of Fluids and Structures, 2005,20(7):893-912.

[47] Candelier F, Boyer F, Leroyer A. Three-dimensional extension of Lighthill's larger-amplitude elongated-body theory of fish locomotion[J]. J. Fluid Mech. , 2011,674:196-226.

[48] Michelin S, Doaré O. Energy harvesting efficiency of piezoelectric flags in axial flows[J]. Journal of Fluid Mechanics, 2013,714:489-504.

[49] McKinney W, DeLaurier J. Wingmill: An Oscillating-Wing Windmill [J]. Journal of Energy, 1981,5(2):109-115.

[50] Sousa V C, Anicézio M D M, Jr C D M, et al. Enhanced aeroelastic energy harvesting by exploiting combined nonlinearities: theory and experiment[J]. Smart Materials & Structures, 2011,20(9):747-753.

[51] De Marqui C, Erturk A. Electroaeroelastic analysis of airfoilbased wind energy harvesting using piezoelectric transduction and electromagnetic induction[J]. Journal of Intelligent Material Systems and Structures, 2012,24(7):846-854.

[52] Abdelkefi A, Nayfeh A H, Hajj M R. Modeling and analysis of piezoaeroelastic energy harvesters[J]. Nonlinear Dynamics, 2012,67(2):925-939.

[53] Abdelkefi A, Hajj M R, Nayfeh A H. Sensitivity analysis of piezoaeroelastic energy harvesters [J]. Journal of Intelligent Material Systems & Structures, 2012,23:1523-1531.

[54] Abdelkefi A, Nuhait A O. Modeling and performance analysis of cambered wing-based piezoaeroelastic energy harvesters[J]. Smart Materials & Structures, 2013,22(9):1323-1327.

[55] Bryant M, Garcia E. Development of an aeroelastic vibration power harvester[C]//:The, International Symposium On: Smart Structures and Materials & Nondestructive Evaluation and Health Monitoring, 2009:728812-728812-10.

[56] Bryant M, Garcia E. Modeling and Testing of a Novel Aeroelastic Flutter Energy Harvester[J]. Journal of Vibration & Acoustics, 2011,133(1):253-256.

[57] Bryant M, Wolff E, Garcia E. Aeroelastic flutter energy harvester design: the sensitivity of the driving instability to system parameters[J]. Smart Materials & Structures, 2011,20(12): 125017-125028.

[58] W E J, H A, V B J. Unsteady aerodynamic modeling for arbitrary motions[J]. AIAA Journal, 1979,17(4):365-374.

[59] Strganac T. Identification And Control Of Limit Cycle Oscillations In Aeroelastic Systems[J]. Journal of Guidance Control & Dynamics, 2000,23(6):1127-1133.

[60] Pimentel D, Musilek P, Knight A, et al. Characterization of a wind flutter generator[C]//: International Conference on Environment and Electrical Engineering IEEE,2010:81-84.

[61] Guo H, He X, Zhong J, et al. A nanogenerator for harvesting airflow energy and light energy [J]. Journal of Materials Chemistry A, 2014,2(7):2079-2087.

[62] Li S, Yuan J, Lipson H. Ambient wind energy harvesting using cross-flow fluttering[J]. Journal of Applied Physics, 2011,109(2):26104.

[63] 赵兴强. 基于颤振机理的微型压电风致振动能量收集器基础理论与关键技术[D]. 重庆:重庆大学, 2014.

[64] 希缪 埃米尔. 风对结构的作用——风工程导论[M]. 刘培尚,等译. 上海:同济大学出版社, 1992.

[65] 陈政清. 桥梁风工程[M]. 北京:人民交通出版社, 2005.

[66] Yang Y, Zhao L, Tang L. Comparative study of tip cross-sections for efficient galloping energy harvesting[J]. Applied Physics Letters, 2013,102(6):64105.

[67] Zhao L, Yang Y. Enhanced aeroelastic energy harvesting with a beam stiffener[J]. Smart Materials & Structures, 2015,24(3):32001.

[68] Tang L, Zhao L, Yang Y, et al. Equivalent Circuit Representation and Analysis of Galloping-Based Wind Energy Harvesting[J]. Mechatronics IEEE/ASME Transactions on, 2015, 20(2):834-844.

[69] Abdelkefi A, Yan Z, Hajj M R. Performance analysis of galloping-based piezoaeroelastic energy harvesters with different cross-section geometries[J]. Journal of Intelligent Material Systems & Structures, 2014,25(2):246-256.

[70] Abdelkefi A, Yan Z, Hajj M R. Modeling and nonlinear analysis of piezoelectric energy harvesting from transverse galloping[J]. Smart Materials & Structures, 2013,22(2):100-104.

[71] Abdelkefi A, Ghommem M, Nuhait A O, et al. Nonlinear analysis and enhancement of wing-based piezoaeroelastic energy harvesters[J]. Journal of Sound Vibration, 2014,333(1):166-177.

[72] Dai H L, Abdelkefi A, Wang L, et al. Control of cross-flow-induced vibrations of square cylinders using linear and nonlinear delayed feedbacks[J]. Nonlinear Dynamics, 2014,78(2):907-919.

[73] Dai H, Abdelkefi A, Javed U, et al. Modeling and performance of electromagnetic energy harvesting from galloping oscillations[J]. Smart Materials & Structures, 2015,24(4):45012.

[74] Ewere F, Wang G, Cain B. Experimental investigation of galloping piezoelectric energy harvesters with square bluff bodies[J]. Smart Materials & Structures, 2014,23(10):104012-104023.

[75] Parkinson G V, Smith J D. The square prism as an aeroelastic non-linear oscillator[J]. Quarterly Journal of Mechanics & Applied Mathematics, 1964,17(2):225-239.

[76] Alonso G, Meseguer J, Eacute I P, et al. Galloping stability of triangular cross-sectional bodies: A systematic approach[J]. Journal of Wind Engineering & Industrial Aerodynamics, 2007,95(9):928-940.

[77] Luo S C, Chew Y T, Lee T S, et al. Stability to Translational Galloping Vibration of Cylinders at Different Mean Angles of Attack[J]. Journal of Sound & Vibration, 1998,215(5):1183-1194.

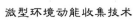

［78］ Novak M, Tanaka H. Effect of Turbulence on Galloping Instability［J］. Journal of the Engineering Mechanics Division, 1974,100(1):27-47.

［79］ Abdelkefi A, Hajj M R, Nayfeh A H. Power harvesting from transverse galloping of square cylinder［J］. Nonlinear Dynamics, 2012,70(2):1355-1363.

［80］ Abdelkefi A, Hajj M R, Nayfeh A H. Piezoelectric energy harvesting from transverse galloping of bluff bodies［J］. Smart Materials & Structures, 2013,22(1):205.

［81］ Sirohi J, Mahadik R. Piezoelectric wind energy harvester for low-power sensors［J］. Journal of Intelligent Material Systems & Structures, 2011,22(18):2215-2228.

［82］ Sirohi J, Mahadik R. Harvesting Wind Energy Using A Galloping Piezoelectric Beam［J］. Journal of Vibration & Acoustics, 2012,134(011009):1-8.

# 第5章 复合微型振动能量收集器技术

为了提高微型振动能量收集器的输出功率,研究人员在提高能量获取和提高能量转换方面开展了大量研究。在实现能量高效转换方面,重点开展了新材料、新机理、新结构和新工艺的探索研究。复合微型振动能量收集器正是一类典型的新原理和新结构微型能量收集器,目的是实现环境动能的高效获取与高效转换。本章重点介绍复合微型振动能量收集器的基本概念与相关理论,设计方法与加工技术、测试分析方法。

## 5.1 复合微型振动能量收集器概念与内涵

复合式微型能量收集器与多能量集成微型能量收集器系统的概念完全不同,复合式微型能量收集器是指基于微米/纳米技术,在同一激励条件下、基于同一能量获取结构,实现具有两种或两种以上机电转换机理的新型微型能量收集器。该能量收集器将有效地实现能量的高效转换,提高其输出功率。如图 5.1 所示的基于悬臂梁的压电-电磁复合微型振动能量收集器,同时存在压电和电磁转换机制。近年来,研究较多的复合式有压电与静电复合、压电与电磁复合、压电与摩擦电复合等。

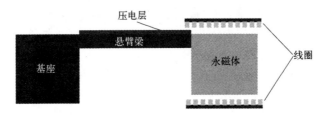

图 5.1 基于悬臂梁的压电-电磁复合微型振动能量收集器结构示图(见彩图)

而多能量集成微型能量收集器系统是指基于微米/纳米技术,集多种能量获取与转换、存储与释放功能于一体,且具有自主管理功能的微系统,如图 5.2 所示。

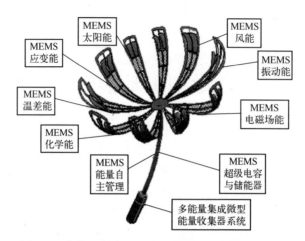

图 5.2　多能量集成微型能量收集器系统概念示意图

# 5.2　压电与电磁复合式振动能量收集器理论

## 5.2.1　工作原理

　　如第 1 章所述,微型振动能量收集器常用的机电转换机理有压电、电磁和静电等。因此,有基于压电-电磁[1-6],压电-静电[7]等转换机理的复合微型振动能量收集器。图 5.1 为基于压电-电磁复合微型振动能量收集器的结构与工作原理示意图,它由压电悬臂梁、置于悬臂梁末端的永磁体和置于永磁体上下方的线圈构成。当基座受到环境动能激励时,压电-电磁复合微型振动能量收集器通过拾振质量块(永磁体)实现能量的高效获取,此时,压电悬臂梁发生弯曲导致压电层发生形变,由于压电效应,在压电层上下电极产生电荷移动实现机械能-电能的转换;同时,置于压电悬臂梁末端的永磁体与上下线圈相对位置发生变化,导致上下线圈的磁通量发生改变,从而使上下线圈产生感应电流或电压,实现机械能-电能转换。该压电-电磁复合微型振动能量收集器在同一激励条件下、基于同一振动结构实现了环境动能的高效获取和两种机电转换机理(压电效应和电磁效应),同时进行动能的高效转换。本章以压电-电磁复合微型振动能量收集器为具体研究对象,进行其相关基础理论与关键共性技术讨论。

## 5.2.2　理论模型

　　在复合微型振动能量收集器的研究初期,研究人员将复合微型振动能量收集器直接等效为两种单一转换机理微型振动能量收集器输出的线性叠加,其输出性能为两种单一转换机理微型振动能量收集器输出性能之和[5]，忽略了两种机电转换机理之间的相互影响。本书将该模型称为非耦合复合微型振动能量收集器理论模型。实际工作中，两种及两种以上转换机理同时存在时，存在相互制约的影响（可称为"内耗"），本书结合重庆大学微系统研究中心的研究成果，介绍考虑存在两种转换机理的复合微型振动能量收集器的理论模型。

**1）非耦合复合微型振动能量收集器理论模型**

非耦合压电-电磁复合微型振动能量收集器输出性能直接表示为两种机电转换机制的输出功率之和：

$$P_{\mathrm{T}} = P_{\mathrm{p}} + P_{\mathrm{em}} \tag{5.1}$$

式中：$P_{\mathrm{T}}$ 为压电-电磁复合微型振动能量收集器总输出功率；$P_{\mathrm{p}}$ 为单一压电机理转换时的输出功率，可直接表示为第 2 章导出的压电振动能量收集器输出功率；$P_{\mathrm{em}}$ 为单一电磁机理转换时的输出功率，可直接表示为第 3 章导出的电磁振动能量收集器输出功率。即可将非耦合压电-电磁复合微型振动能量收集器的理论模型等效为同一激励条件下，同一拾振结构两种转换机理模型的叠加。

**2）耦合复合微型振动能量收集器理论模型**

实际上，复合微型振动能量收集器两种转换机理之间存在相互影响，涉及机械振动、电学、磁学之间的相互耦合，属于多物理场耦合范畴。本节根据 Hamilton 变分原理和欧拉-伯努利梁理论，研究各物理场之间的相互关系，建立压电-电磁复合微型振动能量收集器理论模型。$L$、$b$、$h_{\mathrm{m}}$、$L_{\mathrm{M}}$、$h_{\mathrm{p}}$ 和 $L_{\mathrm{e}}$ 分别表示悬臂梁的长、宽、高，质量块的长、高，PZT 压电层的厚度和电极长度。根据 Hamilton 原理，复合微型振动能量收集器作用量表达式为[8]

$$\mathrm{V.\,I.} = \int_{t_1}^{t_2} (\delta(T_{\mathrm{m}}^* + T_{\mathrm{M}}^* + W_{\mathrm{e}}^* + W_{\mathrm{m}}^* - V) + \delta W_{\mathrm{nc}})\,\mathrm{d}t = 0 \tag{5.2}$$

式中：$T_{\mathrm{m}}^*$ 为压电悬臂梁动能功能项；$T_{\mathrm{M}}^*$ 为质量块（永磁体）动能功能项；$W_{\mathrm{e}}^*$ 为压电悬臂梁由于压电效应产生的电能共能项；$W_{\mathrm{m}}^*$ 为线圈由于电磁效应产生的磁能功能项；$V$ 为压电悬臂梁弹性势能项；$W_{\mathrm{nc}}$ 为外界非守恒功耗，主要为阻尼耗散能和负载耗散（即为复合微型振动能量收集器输出功率）。

压电材料的线性本构方程为

$$\begin{bmatrix} T \\ D \end{bmatrix} = \begin{pmatrix} c^E & -e^t \\ e & \varepsilon^S \end{pmatrix} \begin{bmatrix} S \\ E \end{bmatrix} \tag{5.3}$$

仿照线性压电理论，感应线圈的本构方程为

$$\begin{bmatrix} \lambda \\ f \end{bmatrix} = \begin{pmatrix} L_{\mathrm{I}} & T_{\mathrm{em}} \\ -T_{\mathrm{em}} & K \end{pmatrix} \begin{bmatrix} i \\ w_{\mathrm{rel}} \end{bmatrix} \tag{5.4}$$

式中:$\lambda$ 为磁链;$f$ 为力;$L_{\mathrm{I}}$ 为线圈电感;$T_{\mathrm{em}}$ 为等效磁电耦合系数;$K$ 为等效刚度;$i$ 为线圈电流;$w_{\mathrm{rel}}$ 为磁铁与线圈的相对位移。

压电悬臂梁动能共能项为

$$T_{\mathrm{m}}^* = \frac{1}{2}\int\rho_s\dot{w}^t\dot{w}\mathrm{d}V_s + \frac{1}{2}\int\rho_p\dot{w}^t\dot{w}\mathrm{d}V_p \tag{5.5}$$

其中 $w(x,t) = w_{\mathrm{B}}(t) + w_{\mathrm{rel}}(x,t)$ 为绝对位移,$w_{\mathrm{rel}}(x,t)$ 为相对位移,$w_{\mathrm{B}}(t)$ 为基座位移;$\rho$ 为密度;下标 s、p 分别为梁的衬底和压电层。质量块的速度为 $z$ 方向速度和 $x$ 方向速度的矢量和:

$$\boldsymbol{v}_{\mathrm{M}_0} = \dot{w}(L,t) + \boldsymbol{r}\dot{w}'(L,t) = (\dot{w}(L,t) + x\dot{w}'(L,t)\boldsymbol{e}_z + z\dot{w}'(L,t)\boldsymbol{e}_x \tag{5.6}$$

式中:$\boldsymbol{r}$ 为质量块与压电悬臂梁连接处到质量块上各点的距离;$\dot{w}'(L,t)$ 为 $x=L$ 处的角速度,则质量块的共能为

$$T_{\mathrm{M}}^* = \frac{1}{2}M_0\dot{w}^2(L,t) + S_0\dot{w}'(L,t)\dot{w}(L,t) + \frac{1}{2}J_0\dot{w}_{\mathrm{rel}}'^2(L,t) \tag{5.7}$$

电能共能项和弹性势能为

$$W_{\mathrm{e}}^* - V = \frac{1}{2}\int(E^t\varepsilon E + 2S^t e E - S^t c_p S)\mathrm{d}V_p - \frac{1}{2}\int S^t c_s S\mathrm{d}V_s \tag{5.8}$$

$$M_0 = m_0 L_{\mathrm{M}} + m L_{\mathrm{M}},\ S_0 = M_0\frac{L_{\mathrm{M}}}{2},\ J_0 = \frac{m_0 L_{\mathrm{M}}}{3}(L_{\mathrm{M}}^2 + h_0^2) + \frac{m L_{\mathrm{M}}}{3}(L_{\mathrm{M}}^2 + h_{\mathrm{m}}^2) \tag{5.9}$$

磁能共能项:

$$W_{\mathrm{m}}^* = \int\lambda\,\mathrm{d}i - \int f\mathrm{d}x \tag{5.10}$$

把式(5.3)代入式(5.9)得

$$W_{\mathrm{m}}^* - V = \frac{1}{2}L_{\mathrm{I}}i^2 + T_{\mathrm{em}}iw_{\mathrm{rel}}(M) - \frac{1}{2}Kw_{\mathrm{Mrel}}^2(M) \tag{5.11}$$

磁铁中心位移为

$$w_{\mathrm{rel}}(M) = w_{\mathrm{rel}}(L_{\mathrm{b}},t) + w_{\mathrm{rel}}'(L_{\mathrm{b}},t)\frac{L_{\mathrm{m}}}{2} \tag{5.12}$$

根据瑞利-利兹方法,相对位移和标量电势可以表示为

$$w_{\mathrm{rel}}(x,t) = \sum_{i=1}^{nr}\psi_{ri}(x)\eta_i(t) = \psi_r(x)\eta(t) \tag{5.13}$$

$$\varphi(\boldsymbol{x},t) = \sum_{i=1}^{nr}\phi_{vi}(\boldsymbol{x})v_i(t) = \boldsymbol{\varphi}_v(\boldsymbol{x})v(t) \tag{5.14}$$

式中:$\psi_r(x)$ 表示振型矩阵$[\psi_{r1}(x),\psi_{r2}(x),\cdots]$。

$$\delta W_{\mathrm{nc}} = -\sum_i c_a\dot{\eta}\delta w - \sum_i q_i\delta\varphi - (R_{c0} + R_{cL})i\delta q_c \tag{5.15}$$

把以上方程代入到作用量表达式有

$$M\ddot{\eta} + C\dot{\eta} + K\eta - T_P v - T_{EM} i = - B_f \dot{w}_B - \sum_{i=1}^{n} c\psi^t \dot{w}_B \tag{5.16}$$

$$T_P \eta + C_p v + q_p = 0 \tag{5.17}$$

$$L_1 \ddot{q}_c + T_{EM} \dot{\eta} + Z_M \dot{q}_c = 0 \tag{5.18}$$

其中等效量,包括质量($M$)、阻尼系数($C$)、刚度($K$)、耦合量($T_P$, $T_{EM}$)、惯性力($B_f$)和电容($C_P$)如表 5.1 所列。

表 5.1　等效项及表达式

| 等效项 | 表　达　式 |
|---|---|
| $M$ | $\int m\psi_r^t \psi_r \mathrm{d}x + M_0 \psi_r^t(L)\psi(L) + 2\psi_r^t(L)S_0\psi_r'(L) + J_0\psi_r'^t(L)\psi_r'(L)$ |
| $K$ | $\int (-z_t\psi_r'')^t c_s(-z_t\psi_r'')\mathrm{d}V_s + \int (-z_t\psi_r'')^t c_p(-z_t\psi_r'')\mathrm{d}V_p$ |
| $T_P$ | $\int (-z_t\psi_r'')^t e^t(-\nabla\phi_v)\mathrm{d}V_p$ |
| $T_{EM}$ | $T_{em}\psi(M)$ |
| $B_f$ | $\int m\psi_r^t\mathrm{d}x + M_0\psi^t(L) + \psi_r'^t(L)S_0$ |
| $C_p$ | $\int (-\nabla\phi_v)^t \varepsilon^t(-\nabla\phi_v)\mathrm{d}V_p$ |

等效质量项表达式表明激励不仅来源于惯性力,而且还与阻尼力有关。然而,由于阻尼力小以至于该项激励可以忽略。根据欧拉-伯努利梁理论,可以得到振型 $\psi_{rN}$ 的表达式:

$$EI\psi_{rN}^{(4)} - m\omega_N^2\psi_{rN} = 0 \tag{5.19}$$

$$\psi_{rN} = A_1\cos\frac{\lambda_N}{L}x + A_2\cosh\frac{\lambda_N}{L}x + A_3\sin\frac{\lambda_N}{L}x + A_4\sinh\frac{\lambda_N}{L}x \tag{5.20}$$

式中:$A_1$、$A_2$、$A_3$ 和 $A_4$ 通过边界条件和归一化方程确定。固有频率为 $\omega_N = \lambda_N^2\sqrt{\dfrac{EI}{mL^4}}$,$EI$ 为等效刚度。梁自由振动的边界条件为

$$\psi_{rN}(0) = 0, \quad \psi_{rN}'(0) = 0 \tag{5.21}$$

$$EI\psi_{rN}''(L) = \omega_N^2 J_0\psi_{rN}'(L) + \omega_N^2 S_0\psi_{rN}(L) \tag{5.22}$$

$$EI\psi_{rN}'''(L) = -\omega_N^2 M_0\psi_{rN}(L) - \omega_N^2 S_0\psi_{rN}'(L) \tag{5.23}$$

归一化方程为

$$M_{ij} = \delta_{ij}, \quad K_{ij} = \delta_{ij}\omega_i^2 \tag{5.24}$$

对于复合微型振动能量收集器而言,以一阶振动为主。因此下面只研究系统的一

阶振动,式(5.16)~式(5.18)简化为

$$\ddot{\eta}+2\zeta_{\mathrm{m}}\omega_1\dot{\eta}+\omega_1^2\eta-T_{\mathrm{P}}v-T_{\mathrm{EM}}i=-B_f\ddot{w}_{\mathrm{B}} \tag{5.25}$$

$$T_{\mathrm{P}}\dot{\eta}+C_{\mathrm{p}}\frac{\mathrm{d}v}{\mathrm{d}t}+\frac{1}{R_{\mathrm{p}l}}v=0 \tag{5.26}$$

$$T_{\mathrm{EM}}\dot{\eta}+L_{\mathrm{I}}\frac{\mathrm{d}i}{\mathrm{d}t}+Z_{\mathrm{M}}i=0 \tag{5.27}$$

式中:$\zeta_{\mathrm{m}}=\dfrac{C_{\mathrm{a}}}{2\omega_1}$ 为机械阻尼比。对于 $d_{31}$ 压电模式,假定压电薄膜正向极化,即下电极电势为 0,上电极电势为+1,则有

$$\phi_{\mathrm{v}}=\frac{h_{\mathrm{pu}}-z_{\mathrm{t}}}{h_{\mathrm{p}}}, \quad h_{\mathrm{su}}\leqslant z_{\mathrm{t}}\leqslant h_{\mathrm{pu}} \tag{5.28}$$

式中:$h_{\mathrm{su}}$、$h_{\mathrm{pu}}$ 分别为下电极和上电极到梁中性面的距离;$h_{\mathrm{p}}$ 为压电层的厚度,因此:

$$T_{\mathrm{p}}=e_{31}\int(-z_{\mathrm{t}}\psi'')^t(-\nabla\phi_{\mathrm{v}})\mathrm{d}V_{\mathrm{p}}=-\frac{e_{31}b}{2t_{\mathrm{p}}}[h_{\mathrm{pu}}^2-h_{\mathrm{su}}^2]\psi'_{r1}(L_{\mathrm{e}}) \tag{5.29}$$

$$C_{\mathrm{p}}=\int(-\nabla\phi_{\mathrm{v}})^t\boldsymbol{\varepsilon}^t(-\nabla\phi_{\mathrm{v}})\mathrm{d}V_{\mathrm{p}}=\frac{\varepsilon_{33}bL_{\mathrm{e}}}{t_{\mathrm{p}}} \tag{5.30}$$

对于感应线圈,$L_{\mathrm{I}}$ 仅与线圈本身有关;$T_{\mathrm{em}}$ 的计算方法见第 3 章,当振幅小时,可以认为 $T_{\mathrm{em}}$ 与 $Z$ 坐标无关,即其在 $Z$ 方向为常数。

假设基座位移为

$$w_{\mathrm{B}}=Y_0\mathrm{e}^{\mathrm{j}\omega t} \tag{5.31}$$

且假定机械响应和电学响应与基座振动频率相同,分别为 $\eta(t)=H\mathrm{e}^{\mathrm{j}\omega t}$、$v(t)=V\mathrm{e}^{\mathrm{j}\omega t}$ 和 $i(t)=I\mathrm{e}^{\mathrm{j}\omega t}$,则有

$$(\omega_1^2-\omega^2+\mathrm{j}2\zeta_{\mathrm{m}}\omega\omega_1)H-T_{\mathrm{P}}V-T_{\mathrm{EM}}I=B_fY_0\omega^2 \tag{5.32}$$

$$\left(\mathrm{j}\omega C_{\mathrm{p}}+\frac{1}{R_{\mathrm{p}l}}\right)V+\mathrm{j}T_{\mathrm{P}}\omega H=0 \tag{5.33}$$

$$(\mathrm{j}\omega L_{\mathrm{I}}+Z_{\mathrm{M}})I+\mathrm{j}T_{\mathrm{EM}}\omega H=0 \tag{5.34}$$

方程的解析解为

$$H=\frac{B_fY_0\omega^2}{2\omega_1^2[(1/2-\Omega_{\mathrm{m}}^2/2+\mathrm{j}\Omega_{\mathrm{m}}\zeta_{\mathrm{m}})+\Omega_{\mathrm{p}}\zeta_{\mathrm{p}}+\Omega_{\mathrm{em}}\zeta_{\mathrm{em}}]} \tag{5.35}$$

压电悬臂梁的输出电压为

$$v(t)=-\Omega_{\mathrm{p}}\omega_1\sqrt{2\zeta_{\mathrm{p}}/C_{\mathrm{p}}}\,H\mathrm{e}^{\mathrm{j}\omega t} \tag{5.36}$$

线圈的感应电流为

$$i(t) = -\Omega_{em}\omega_1 \sqrt{2\zeta_{em}/L_I} He^{j\omega t} \qquad (5.37)$$

压电悬臂梁的相对位移为

$$w_{rel}(x,t) = \psi_1(x) He^{j\omega t} \qquad (5.38)$$

式中:

$$\Omega_m = \frac{\omega}{\omega_1}, \quad \Omega_p = \frac{1}{1/j\omega C_p R_{pl} + 1}, \quad \zeta_p = \frac{T_P^2}{2\omega_1^2 C_p} \qquad (5.39)$$

$$\Omega_{em} = \frac{1}{1 + Z_M/j\omega L_I}, \quad \zeta_{em} = \frac{T_{EM}^2}{2\omega_1^2 L_I} \qquad (5.40)$$

$\Omega_p$ 和 $\Omega_{em}$ 为无量纲数, $\zeta_p$ 和 $\zeta_{em}$ 与 $\zeta_m$ 具有相同的量纲,因此 $\zeta_p$ 和 $\zeta_{em}$ 称为等效压电阻尼和等效电磁阻尼。可以看出,当 $T_{EM}$ 为 0 时或当 $T_P$ 为 0 时,模型直接退化为相对应的压电振动能量收集器和电磁振动能量收集器理论模型。因此,验证了本章导出的压电-电磁复合振动能量收集器理论模型的正确性。

压电-电磁复合微型振动能量收集器输出功率为

$$P_T = P_p + P_{em} = |v|^2/R_{pl} + |i|^2 R_{cl}$$

$$= (B_f A)^2 \left[ \frac{R_{cl}\zeta_{em}|\Omega_{em}|^2}{2L_I\omega^2(\zeta_m^2 + |\zeta_{em}\Omega_{em} + \zeta_p\Omega_p|^2)} + \frac{\zeta_p|\Omega_p|^2}{2C_p R_{pl}\omega^2(\zeta_m^2 + |\zeta_{em}\Omega_{em} + \zeta_p\Omega_p|^2)} \right]$$

$$(5.41)$$

式(5.41)表明,当 $\zeta_p$ 或 $\zeta_{em}$ 为零时,即只有电磁或压电效应转换机理时,该模型即为相应转换机理的振动能量收集器理论模型。式(5.41)右边第一项为电磁效应转换机理输出功率,第二项为压电效应转换机理输出功率,当两种转换效应共同存在时,电磁或压电部分的输出功率都小于单一转换效应下相应的输出功率。因此,从该方程可以看出,两种转换机理同时存在时,其输出功率小于单一转换机理下压电和电磁转换机理的输出功率之和,从而说明在同一激励条件下、同一结构实现两种转换机理时,两种转换机理之间存在相互影响。理论分析表明,微型压电振动能量收集器机电转换效率不高于 50%[9]。因此,当压电转换机理转换效率达到 50% 时,增加电磁转换机理不会增大振动能量收集器输出功率,文献[10]也给出了相同的结论。因此,压电-电磁复合微型振动能量收集器输出功率大于任一单一转换机理输出功率,小于各单一机制输出功率之和,即

$$(P_p \text{ 或 } P_{em})_{\text{单一机制}} \leqslant P_T \leqslant (P_p + P_{em})_{\text{单一机制}} \qquad (5.42)$$

因此,复合微型振动能量收集器在一定范围内能够有效地提高微型振动能量收集器的输出性能,当超出该范围时,复合机电转换机理与单一转换机理效果相当,这是非耦合理论模型无法得出的结论。

# 5.3  系统设计与加工技术

## 5.3.1  系统优化设计

### 1）复合式微型振动能量收集器设计的总体思路

从压电-电磁复合微型振动能量收集器的理论分析可知,压电-电磁复合微型振动能量收集器涉及多物理场耦合。为了简化结构优化设计,在压电-电磁复合微型振动能量收集器结构优化设计时,分别进行单一转换机理的结构优化设计,使各单一转换机理的输出性能都处于最佳状态,则达到该条件下的压电-电磁复合微型振动能量收集器输出性能最佳。而从式(5.41)压电-电磁复合微型振动能量收集器输出功率可知,当 $\zeta_p$ 或 $\zeta_{em}$ 为零时,只有电磁或压电效应转换机理存在。本节以实验室研制压电-电磁复合微型振动能量收集器的设计为具体对象,介绍压电-电磁复合微型振动能量收集器的优化设计过程。

图5.3为重庆大学微系统研究中心提出的压电-电磁复合微型振动能量收集器系统新结构,该系统由带共永磁体质量块的压电悬臂梁阵列和上下感应线圈构成。根据总体设计思路,在设计过程中,忽略压电与电磁之间的相互影响,首先进行基于带共永磁体质量块压电悬臂梁阵列(即基于压电机理的振动能量收集器)的结构设计;然后在带共永磁体质量块压电悬臂梁阵列结构设计的基础上,进行基于电磁机理的振动能量收集器的永磁体和感应线圈的设计,以获得两者最优化性能下的结构参数,然后考虑压电和电磁转换机理之间的影响,最终优化系统各部分结构参数。

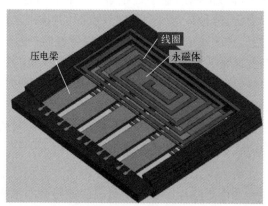

图5.3  压电-电磁复合微型振动能量收集器系统新结构示图

**2）带质量块压电悬臂梁阵列设计**

基于以上总体设计思路,参考本书第 2 章 2.2.1 节压电悬臂梁阵列优化设计方法,以单一压电悬臂梁振动能量收集器输出功率最大为目标,以环境振动源振动频率和加速度为设计条件,同时满足压电悬臂梁许用应力要求,兼顾考虑压电悬臂梁输出电压和最大位移的要求,进而对共质量块压电悬臂梁阵列优化设计。

根据系统总体尺寸要求,确定压电悬臂梁最大总体尺寸为 11mm×12.5mm×0.5mm。主要优化参数有硅悬臂梁尺寸、PZT 压电层尺寸、PZT 压电材料性能参数、机械阻尼比以及压电悬臂梁单元数等。

图 5.4~图 5.6 为 0.2$g$ 加速度、不同 PZT 压电悬臂梁厚度下,压电悬臂梁长度与频率、输出电压、输出功率、最大位移和最大应力关系曲线。从图中可以看出,悬臂梁长度为 2mm 时输出功率最高。而对于电磁部分而言,位移越大,输出功率越大,且压电悬臂梁梁长越大,最大应力越小,因此压电阵列梁梁长设计为 5mm。

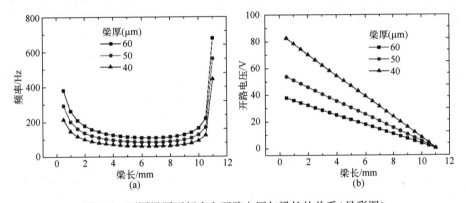

图 5.4　不同梁厚下频率和开路电压与梁长的关系（见彩图）

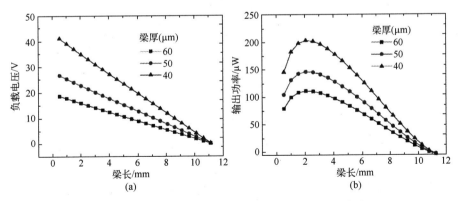

图 5.5　不同梁厚下负载电压和输出功率与梁长关系

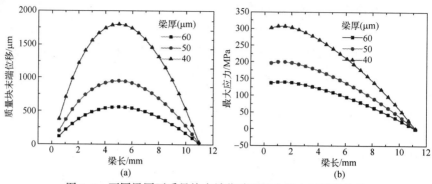

图 5.6　不同梁厚下质量块末端位移和最大应力与梁长关系

图 5.7~图 5.9 为 0.2$g$ 加速度、不同 PZT 压电悬臂梁长下，压电悬臂梁厚度度与频率、输出电压、输出功率、最大位移和最大应力关系曲线。从图中可以看出，悬臂梁厚度越小，输出性能越低，但最大应力和位移越小，因此，兼顾考虑工艺要求，梁厚设计为 50μm。

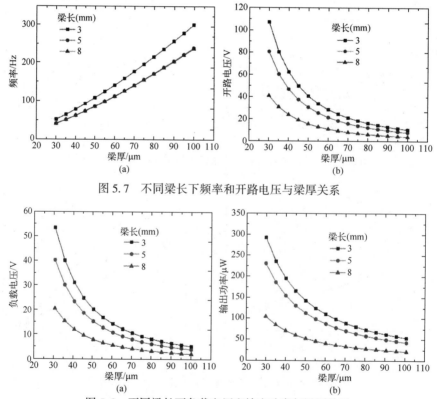

图 5.7　不同梁长下频率和开路电压与梁厚关系

图 5.8　不同梁长下负载电压和输出功率与梁厚关系

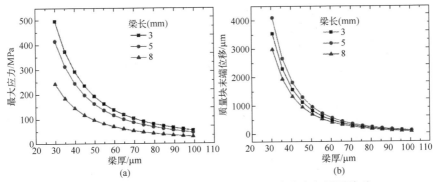

图 5.9 不同梁长下质量块末端位移和最大应力与梁厚关系

图 5.10~图 5.12 为 0.2$g$ 加速度,不同 PZT 压电层厚度下,压电层长度与频率、输出电压、输出功率、最大位移和最大应力关系曲线。从图中可以看出,压电层长度对频率影响小,主要影响输出电压和功率,且压电层厚度越大,输出功率先增大后趋于不变,由于在 PZT 薄膜制备过程中,高质量 PZT 薄膜制备困难,因此 PZT 压电层长度设计为铺满压电悬臂梁,即设计为 5mm。

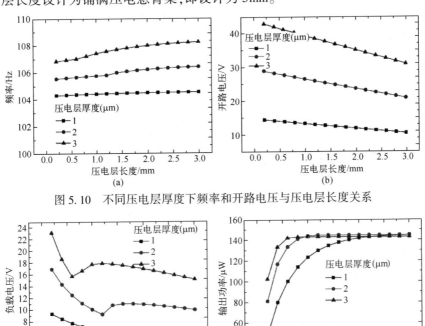

图 5.10 不同压电层厚度下频率和开路电压与压电层长度关系

图 5.11 不同压电层厚度下负载电压和输出功率与压电层长度关系

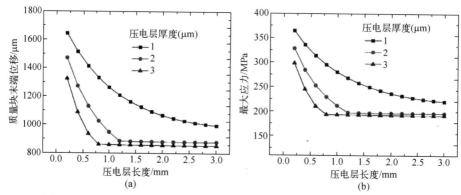

图 5.12　不同压电层厚度下质量块末端位移和最大应力与压电层长度关系

图 5.13~图 5.15 为 0.2$g$ 加速度,不同 PZT 压电层长度下,压电层厚度与频率、输出电压、输出功率、最大位移和最大应力关系曲线。从图中可以看出,压电层厚度对频率影响小,主要影响输出电压和功率,且压电层厚度越大,输出功率先增大后趋于不变,由于在 PZT 薄膜制备过程中,高质量 PZT 薄膜制备困难,因此 PZT 压电层厚度设计工艺最大制备厚度,即设计为 4μm。

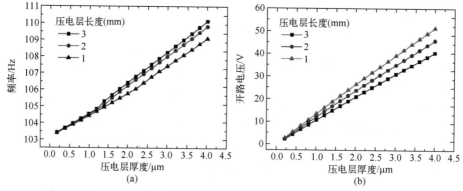

图 5.13　不同压电层长度下频率和开路电压与压电层厚度的关系(见彩图)

理论分析可知,输出电压与压电悬臂梁数成正比例关系,根据输出电压要求,将压电悬臂梁阵列数设计为 5。综述所述,压电悬臂梁的单梁尺寸 5mm×2.4mm×0.54mm,其中压电层厚度为 4μm。

**3) 永磁体和线圈设计**

在以上带共质量块悬臂梁阵列设计基础上,进行基于电磁机理的振动能量收集器的永磁体和感应线圈的优化设计(本部分的设计重点参考本书第 3 章)。永磁体和感应线圈的设计同样是以最大输出功率为目标,以上述压电悬臂梁设计为前提,因此,永磁体的尺寸设计主要为磁体厚度参数的设计。

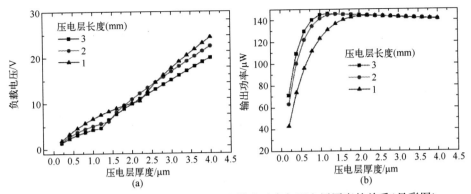

图 5.14　不同压电层长度下负载电压和输出功率与压电层厚度的关系(见彩图)

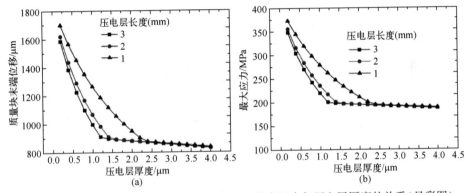

图 5.15　不同压电层长度下质量块末端位移和最大压力与压电层厚度的关系(见彩图)

图 5.16 为永磁体厚度与磁场在 Z 方向分布关系,可以看出,随着永磁体厚度增大,Z 方向磁场分布增大,且斜率增大,即磁场梯度增大,有利于复合微型能量收集器输出功率增大。图 5.17(a)、(b)表明,随着永磁体厚度增大,负载电压和功率都增大;考虑到悬臂梁尺寸以及设计要求,选取的永磁体尺寸为 12.7mm×6.5mm×1mm。

感应线圈参数优化主要包括线圈最外层尺寸、线圈最内层尺寸、线圈线宽和线间距、线圈导线厚度以及永磁体与线圈在静止时的相对距离。

图 5.18、图 5.19 分析了线圈尺寸参数对复合微型能量收集器输出性能的影响。图 5.18 表明线圈最外层线圈长度对输出性能的影响,反映了线圈外径与输出性能的关系,可以看出,随着线圈外径增大,输出电压增大,但输出功率先增大后减小,结合器件尺寸要求,线圈最外层尺寸定为 10mm×14mm。图 5.19 表明线圈最内层线圈长度对输出性能的影响,反映了线圈内径与输出性能的关系,可以看出,随着线圈内径增大,输出电压和输出功率都是先增大后减小,因此线圈最内层尺寸定为 4mm×5.6mm。

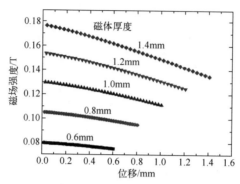

图 5.16　永磁体厚度与磁场在 Z 方向分布关系

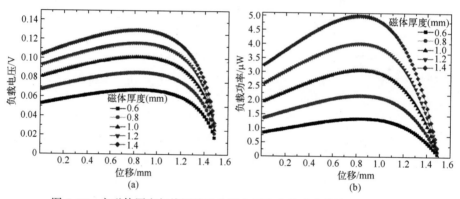

图 5.17　永磁体厚度与线圈输出负载电压和负载功率的关系(见彩图)

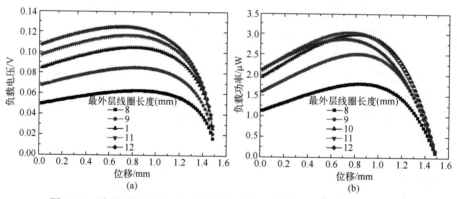

图 5.18　线圈最外层尺寸与输出负载电压和负载功率的关系(见彩图)

　　图 5.20(a)表明线圈线宽和线间距一定时,即线圈匝数一定时,线宽与线间距的变化对输出电压无影响,图 5.20(b)表明输出功率随着线宽增大而增大。线圈的内阻是影响输出功率的重要因素,图 5.21 表明随着线圈厚度增大,线圈内阻先

迅速减小然后缓慢减小。结合工艺要求,线圈的厚度设计为 2.5μm,线圈的线宽与线间距设计为 20μm 和 2μm。

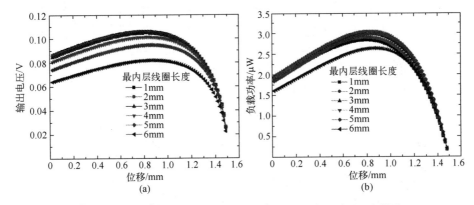

图 5.19　线圈最内层尺寸与输出电压和负载功率的关系(见彩图)

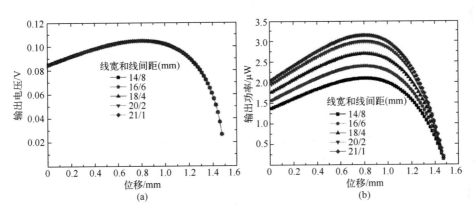

图 5.20　线圈线宽和线间距对输出电压与输出功率的影响(见彩图)

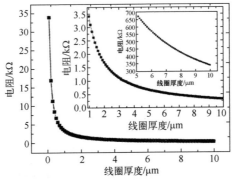

图 5.21　线圈厚度对线圈电阻的影响(见彩图)

从图 5.22 可以看出,随着线圈与永磁体的相对距离 $d$ 减小,线圈的输出电压和输出功率都增大,结合压电悬臂梁输出性能,$d$ 的大小定为压电悬臂梁在最大许用应力下永磁体的位移大小,初步定为 1.5mm,最终还需要通过实验测定。综上所述,复合微型振动能量收集器的尺寸参数如表 5.2 所列,相应的输出性能参数如表 5.3 所列。从表 5.3 可以看出,电磁部分输出远低于压电部分输出,其主要原因是采用 MEMS 工艺制备的线圈限制了线圈厚度和线圈层数,导致线圈内阻大,线圈匝数少,因此,制备了 PCB 线圈。

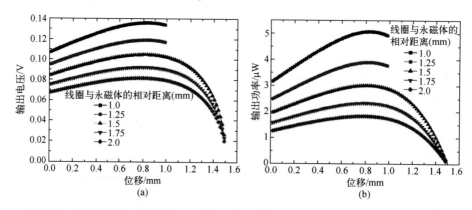

图 5.22　不同线圈与永磁体的相对距离下线圈输出电压和输出功率的关系(见彩图)

表 5.2　复合微型振动能量收集器优化尺寸参数

| 悬臂梁单元/mm | | | 压电层单元/mm | | | 压电悬臂梁间隙/μm |
|---|---|---|---|---|---|---|
| 长 | 宽 | 厚/μm | 长 | 宽 | 厚/μm | |
| 4.5 | 2.4 | 50 | 4.5 | 2.4 | 4 | 50 |
| 永磁体/mm | | | 线圈/mm² | | | 永磁体与线圈相对距离/mm |
| 长 | 宽 | 厚 | 最外层尺寸 | 最内层尺寸 | 厚/μm | |
| 6.5 | 12.7 | 1 | 12×14 | 4×5.6 | 2.5 | 1.5 |

表 5.3　复合微型振动能量收集器优化尺寸参数

| | 频率 | 开路电压 | 负载电压 | 输出功率 |
|---|---|---|---|---|
| 压电部分 | 85Hz | 11.3V | 5.17V | 102μW |
| 电磁部分(单层线圈) | | 90mV | 45mv | 0.69μW |

## 5.3.2　关键加工技术

在本书第 2 章和第 3 章中已分别详细介绍了压电悬臂梁阵列、感应线圈、永磁体的关键加工技术,故本章对于压电悬臂梁阵列、感应线圈、永磁体的加工技术不再重复介绍。在完成压电悬臂梁阵列、感应线圈、永磁体各组件加工之后,还需要将组件进行集成组装,其核心是各组件之间的精密装调。

根据压电-电磁复合微型振动能量收集器的结构参数设计要求,完成了图 5.23 所示的封装结构设计,考虑到磁体的磁性,选择 Al 合金材料,该结构由上腔(图 5.24)和下腔(图 5.25)组成。

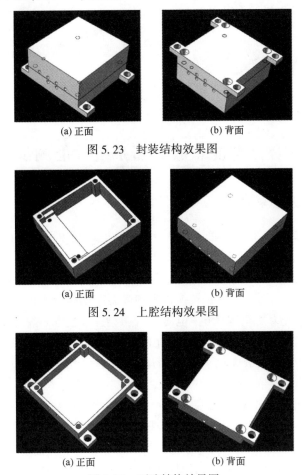

(a) 正面　　　　　　　　　　(b) 背面

图 5.23　封装结构效果图

(a) 正面　　　　　　　　　　(b) 背面

图 5.24　上腔结构效果图

(a) 正面　　　　　　　　　　(b) 背面

图 5.25　下腔结构效果图

将研制的压电悬臂梁阵列、感应线圈以及定制的永磁体安装在加工好的封装结构中,由于器件整体尺寸小,在安装过程中难以保证精度,同时永磁体由于具有磁性,容易与外界铁磁性材料发生吸附而导致安装失败,因此,组装压电-电磁复合微型能量收集器时,必须避免工作周围存在铁或磁性工具或材料。图 5.26 为研制的压电-电磁复合微型能量收集器原理样机实物图。

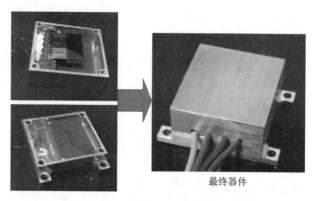

最终器件

图 5.26 压电-电磁复合微型能量收集器原理样机实物图

# 5.4 复合微型能量收集器系统性能测试与分析

## 5.4.1 测试方法研究

压电-电磁复合微型振动能量收集器输出性能由压电悬臂梁阵列输出和线圈输出两部分组成,主要测试内容有频率-开路电压曲线,以确定复合微型振动能量收集器共振频率点;负载-电压曲线,以表征压电-电磁复合微型振动能量收集器的输出功率和输出电压。与单一转换机理的微型振动能量收集器测试方法不同的是,在测试过程中,为了获取压电-电磁复合微型振动能量收集器输出性能,在测量压电悬臂梁输出性能时,需要将线圈外接最优化负载;在测量线圈输出性能时,需要将压电悬臂梁外接最优化负载,然后将两者输出性能相加即为压电-电磁复合振动能量收集器的输出性能。

测试过程中,为了正确测试单一转换机理输出性能,需要将其中一个转换机理的输出性能变为零。如测量压电转换机理输出性能时,需要将线圈开路,使线圈中不存在能量消耗;测量电磁转换机理输出性能时,需要将压电层上下电极短路,使压电层上下电极无能耗消耗。为了测量两种转换机制共存时的输出性能,在测量压电悬臂梁输出时,需要将线圈外接最优化负载;在测量线圈输出时,需要将压电悬臂梁外接最优化负载,复合微型振动能量收集器输出性能为两种转换机理输出性能之和。测试平台仍采用第 2 章中的测试系统。

## 5.4.2 性能测试与分析

基于以上测试平台和测试方法,对研制的压电-电磁复合微型能量收集器性能进行测试。

图 5.27~图 5.29 为压电悬臂梁测试曲线。图 5.27 为在相同加速度激励时，线圈处于开路和短路两种情况下压电梁开路电压随激励频率变化曲线。可以看出，线圈短路情况下输出电压小，其主要原因是线圈短路时，线圈本身要消耗能量，导致系统总阻尼增大(电学阻尼和机械阻尼之和)，压电梁输出减小，在线圈开路情况下，线圈无能量消耗，线圈对压电梁的输出无影响。图 5.28、图 5.29 分别为 0.3$g$ 加速度激励时，线圈处于不同电学条件下负载电压和输出功率随负载电阻变化的曲线。可以看出，线圈短路和线圈接最优化负载时的压电梁输出功率比线圈开路情况下压电输出功率小，且线圈短路情况下压电悬臂梁输出最小。从图 5.29 可以看出，压电梁最优化负载为 310kΩ，在线圈开路和线圈外接最优化负载时，压电梁最大输出功率分别为 37.84μW 和 33.97μW，此时负载电压分别为 3.425V 和 3.245V。

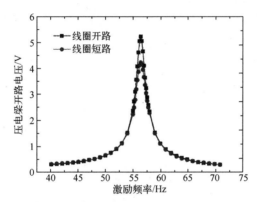

图 5.27　压电梁开路电压与激励频率的关系(见彩图)

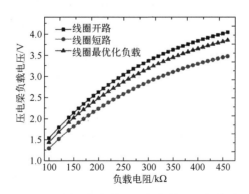

图 5.28　压电梁负载电压与负载电阻的关系

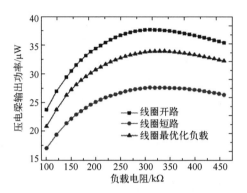

图 5.29　压电梁输出功率与负载电阻的关系

　　图 5.30～图 5.32 为上线圈测试曲线,图 5.30 为相同加速度激励时,压电梁开路和短路情况下,上线圈开路电压随频率变化的曲线。可以看出,压电悬臂梁开路和短路情况对线圈影响很小,在压电悬臂梁开路情况下线圈输出电压略小,主要原因是压电开路情况存在能量消耗。图 5.31、图 5.32 为 0.3g 加速度激励时,压电梁处于不同电学连接条件下,上线圈负载电阻与线圈输出关系。可以看出,在压电梁短路情况下,上线圈输出最大,压电梁外接最优化负载时,上线圈输出最小。图 5.32 表明,上线圈最优化负载为 300Ω,此时,在压电梁短路情况下,上线圈负载电压为 50.2mV,输出功率为 8.69μW,压电梁外接最优化负载下,上线圈负载电压为 47.5mV,输出功率为 7.52μW。

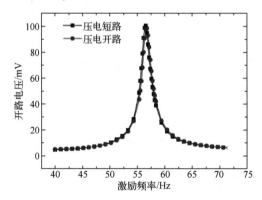

图 5.30　上线圈开路电压与激励频率的关系(见彩图)

　　图 5.33～图 5.35 为下线圈测试曲线,与上线圈输出性能类似。图 5.35 表明,下线圈最优化负载为 400Ω,此时,在压电梁短路的情况下,下线圈负载电压为 78.2mV,输出功率为 16.99μW;在压电梁外接最优化负载下,下线圈负载电压为 71.6mV,输出功率为 14.24μW。

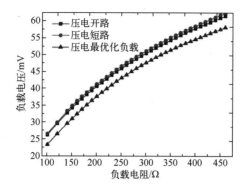

图 5.31　上线圈负载电压与负载电阻的关系(见彩图)

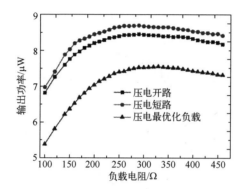

图 5.32　上线圈输出功率与负载电阻的关系

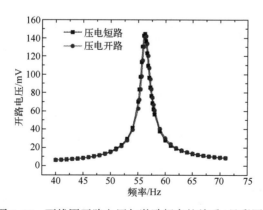

图 5.33　下线圈开路电压与激励频率的关系(见彩图)

图 5.36、图 5.37 为不同加速度激励下,线圈和压电梁都外接最优化负载时,各部分负载电压和输出功率,以及总输出功率与加速度的关系。可以看出,在 $0.3g$ 加速度,56.4Hz 激励下,压电悬臂梁负载电压为 3.42V,输出功率为

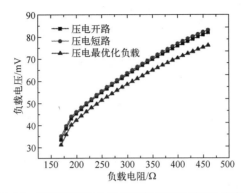

图 5.34　下线圈负载电压与负载电阻的关系(见彩图)

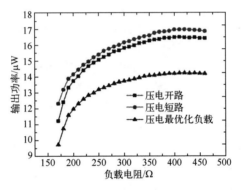

图 5.35　下线圈输出功率与负载电阻的关系

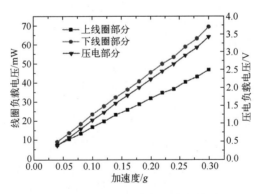

图 5.36　负载电压与加速度的关系

35.5μW,上线圈负载电压为 46.8mV,输出功率为 6.89μW,下线圈负载电压为 69.4mV,输出功率为 14.86μW,总输出功率为 57.24μW。表 5.4 列出了 0.3g 加速度激励下,单一转换机理能量收集器输出性能与复合机理能量收集器输出性能

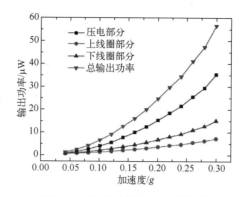

图 5.37　输出功率与加速度曲线

参数,其中压电梁单一转换机理为线圈开路情况,线圈单一转换机理为压电梁短路情况。从表中可以看出,压电-电磁复合机理总输出功率低于各单一机理输出功率之和,但高于任何单一转换机理的输出功率,这与理论分析是相吻合的。

表 5.4　单一转换机理能量收集器输出性能与复合机理能量收集器
输出性能参数

| | 单一机制 | | 复合机制 | |
|---|---|---|---|---|
| | 输出电压 | 输出功率 | 输出电压 | 输出功率 |
| 压电 | 3.425V | 37.84μW | 3.42V | 35.5μW |
| 上线圈 | 50.2mV | 8.69μW | 46.8mV | 6.89μW |
| 下线圈 | 78.2mV | 16.99μW | 69.4mV | 14.86μW |
| 合计 | | 63.52μW | | 57.24μW |

# 5.5　本章小结

为了提高微型振动能量收集器输出功率,本章从提高能量转换效率方面,介绍了复合微型能量收集器的概念,以及与多能量集成微电源系统的区别。介绍了两种压电-电磁复合微型振动能量收集器理论模型;以实验室研制的压电-电磁复合微型振动能量收集器为例,详细介绍了相应的优化设计方法、关键加工技术和测试与分析方法。

# 参 考 文 献

[1]　Yang B,Lee C,Kee W L,et al. Hybrid energy harvester based on piezoelectric and electromag-

netic mechanisms [J]. Journal of Micro/Nanolithography, MEMS, and MOEMS, 2010, 9 (2):23002.

[2] Xu Z L, Wang X X, Shan X B, et al. Modeling and Experimental Verification of a Hybrid Energy Harvester Using Piezoelectric and Electromagnetic Technologies[C]//. Advanced Materials Research, 2012. Trans Tech Publ.

[3] Sang Y, Huang X, Liu H, et al. A vibration-based hybrid energy harvester for wireless sensor systems[J]. Magnetics, IEEE Transactions on, 2012, 48(11):4495-4498.

[4] Wu X, Khaligh A, Xu Y. Modeling, design and optimization of hybrid electromagnetic and piezoelectric MEMS energy scavengers[C]//. Custom Integrated Circuits Conference, 2008. CICC 2008. IEEE.

[5] Challa V R, Prasad M G, Fisher F T. A coupled piezoelectric-electromagnetic energy harvesting technique for achieving increased power output through damping matching[J]. Smart materials and Structures, 2009, 18(9):95029.

[6] Wacharasindhu T, Kwon J W. A micromachined energy harvester from a keyboard using combined electromagnetic and piezoelectric conversion[J]. Journal of Micromechanics and Microengineering, 2008, 18(10):104016.

[7] Khbeis M, Mosteller M, Ghodssi R. Development of a surface mount hybrid ambient low frequency, low intensity vibration energy scavenger [J]. Cap. ee. imperial. ac. uk, 2011, 11 (24): 525-528.

[8] Preumont A. Mechatronics: dynamics of electromechanical and piezoelectric systems[M]. The Netherlands, Springer Science & Business Media, 2006.

[9] Deng L, Wen Q, Jiang S, et al. On the optimization of piezoelectric vibration energy harvester [J]. Journal of Intelligent Material Systems and Structures, 2015, 26(18):2489-2499.

[10] Li P, Gao S, Niu S, et al. An analysis of the coupling effect for a hybrid piezoelectric and electromagnetic energy harvester[J]. Smart Materials and Structures, 2014, 23(6):65016.

# 第6章 振动能量收集器频带拓展技术

通过前面章节对面向环境动能微型能量收集器技术的介绍发现,工作频率和工作频带是影响环境动能微型能量收集器输出性能的外界主要因素。当能量收集器工作在共振频率时,器件输出功率最大;当外界激励频率偏离能量收集器共振频率时,输出功率迅速下降,即能量收集器的工作频率宽度窄。在实际应用环境中,激励频率通常具有一定的频带宽度。因此,拓展能量收集器工作频带宽度是面向环境动能的能量收集器适应环境达到实用化需要解决的关键技术之一。目前,国际上针对微型振动能量收集器频带拓展技术开展了大量研究,形成的频带拓展方法主要分为三类[1]:线性振动频带拓展方法、非线性振动频带拓展方法和电学频带拓展方法,如图6.1所示。其中电学频带拓展方法需要消耗电能,不适用于面向环境动能的微型振动能量收集器频带拓展,本书不作讨论。

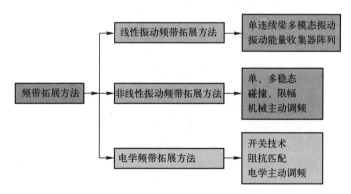

图6.1 振动能量收集器频带拓展方法

## 6.1 线性振动频带拓展方法

当激励频率与振动能量收集器某阶固有频率接近时,振动能量收集器在该阶振动模态下发生振动,实现振动能量的获取。振动能量收集器的结构,如悬臂梁结构,都是多自由度或分布参数系统,如果在振动能量收集器结构设计中,利用其多个振动模态进行环境振动能量的获取,即可实现振动能量收集器在较宽的激励频率范围内获取环境振动能并转换为电能,从而实现振动能量收集器频带拓展,该方法称为多模态振动频带拓展方法。由于该方法基于线性振动理论,因此又称为线性振动频带拓展方法。单连续梁多模态振动和振动能量收集器阵列(分立梁)是实现线性振动频带拓展的主要方法。

### 6.1.1 单连续梁多模态振动

单连续梁多模态振动频带拓展的机理是采用多自由度系统实现多个振动频率点的能量获取与转换。为了尽可能的实现工作频带范围连续,结构设计过程中尽可能使系统相邻阶固有频率之差小。多质量块多弹簧结构和单质量块多弹簧结构是单连续梁多模态振动频带拓展常用结构,其等效模型如图 6.2 和图 6.3 所示。

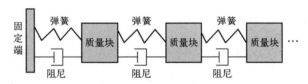

图 6.2　多质量块单梁结构等效模型

图 6.3　单质量块多梁结构等效模型

多质量块多弹簧结构的低阶振动大都在同一方向,因此多用来收集单一方向的振动能。2012 年,新加坡南洋理工大学 Tang 等人[2]基于单自由度理论,建立了两质量块—两弹簧结构的 2 自由度压电振动能量收集器理论模型,等效模型如图 6.4 所示。

系统振动微分方程为

$$\begin{cases} m_2\ddot{y} + \eta_2\dot{y} + k_2 y = -m_2\ddot{x} - m_2\ddot{u}_0 \\ (m_1+m_2)\ddot{x} + \eta_1\dot{x} + k_1 x + \theta V + m_2\ddot{y} + (m_1+m_2)\ddot{u}_0 = 0 \\ -\theta + C^s\dot{V} + V/R_1 = 0 \end{cases} \tag{6.1}$$

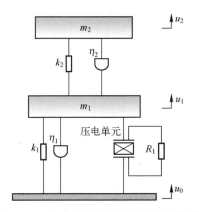

图 6.4 2 自由度压电振动能量收集模型

式中：$y = u_2 - u_1$，$x = u_1 - u_0$。令

$$\omega_1 = \sqrt{\frac{k_1}{m_1}}, \quad \omega_2 = \sqrt{\frac{k_2}{m_2}}, \quad \zeta_1 = \frac{\eta_1}{2\sqrt{k_1 m_1}}, \quad \zeta_2 = \frac{\eta_2}{2\sqrt{k_2 m_2}}, \quad \mu = \frac{m_2}{m_1} \qquad (6.2)$$

式中：$\omega_1$ 和 $\omega_2$ 为两弹簧质量块系统独立情况下的固有频率。将微分方程式(6.1)进行拉普拉斯变换有

$$\begin{cases} s^2 \hat{Y} + 2\zeta_2 \omega_2 s \hat{Y} + \omega_2^2 \hat{Y} = -s^2 \hat{X} - s2 \hat{U}_0 \\ (1+\mu) s^2 \hat{X} + 2\zeta_1 \omega_1 s \hat{X} + \omega_1^2 \hat{X} + (\theta/m_1) \hat{V} + \mu s^2 \hat{Y} + (1+\mu) s^2 \hat{U}_0 = 0 \\ -\theta s \hat{X} + C^s s \hat{V} + \hat{V}/R_1 = 0 \end{cases} \qquad (6.3)$$

求解方程式(6.3)得

$$\hat{V} = \frac{\left( \dfrac{\mu s^2}{s^2 + 2\zeta_2 \omega_2 s + \omega_2^2} - (1+\mu) \right) s^2 \hat{U}_0}{\left( (1+\mu) s^2 + 2\zeta_1 \omega_1 s + \omega_1^2 - \dfrac{\mu s^4}{s^2 + 2\zeta_2 \omega_2 s + \omega_2^2} \right) \dfrac{R_1 C^s s + 1}{R_1 \theta s} + \dfrac{\theta}{m_1}} \qquad (6.4)$$

令 $s = j\omega$，则负载电阻两端无量纲化电压为

$$|\tilde{V}| = \left| \frac{\hat{V}}{\dfrac{m_1 \omega^2 \hat{U}_0}{\theta}} \right| = \left| \frac{(1+\mu) + \dfrac{\mu \Omega^2}{\alpha^2 - \Omega^2 + j2\zeta_2 \alpha \Omega}}{\left( 1 - (1+\mu) \Omega^2 + j2\zeta_1 \Omega - \dfrac{\mu \Omega^4}{\alpha^2 - \Omega^2 + j2\zeta_2 \alpha \Omega} \right) \dfrac{jr\Omega + 1}{jrk_e^2 \Omega} + 1} \right| \qquad (6.5)$$

负载电阻无量纲化功率为

179

$$|\widetilde{P}| = \left| \frac{\hat{P}}{\dfrac{m_1(\omega^2 \hat{U}_0)^2}{\omega_1}} \right| = \frac{rk_e^2\Omega^2}{(r\Omega)^2+1} \left| \frac{(1+\mu)+\dfrac{\mu\Omega^2}{(\alpha^2-\Omega^2+j2\zeta_2\alpha\Omega)}}{(1-(1+\mu)\Omega^2+j2\zeta_1\Omega-\dfrac{\mu\Omega^4}{\alpha^2-\Omega^2+j2\zeta_2\alpha\Omega}+\dfrac{jrk_e^2\Omega}{jr\Omega+1}} \right|$$

$$(6.6)$$

式中：

$$\alpha = \frac{\omega_2}{\omega_1}, \quad \Omega = \frac{\omega}{\omega_1}, \quad r = \omega_1 C^s R_1, \quad k_e^2 = \frac{\theta^2}{C^s k_1} \tag{6.7}$$

可以看出，当 $\mu \to 0$ 时，负载电压表达式与单自由度结构一致。

在开路情况（即 $r \to \infty$）下，负载电压式（6.5）化简为

$$|\widetilde{V}_{OC}| = \left| \frac{k_e^2\left((1+\mu)+\dfrac{\mu\Omega^2}{\alpha^2-\Omega^2+j2\zeta_2\alpha\Omega}\right)}{(1-(1+\mu)\Omega^2+j2\zeta_1\Omega-\dfrac{\mu\Omega^4}{\alpha^2-\Omega^2+j2\zeta_2\alpha\Omega}+k_e^2} \right| \tag{6.8}$$

则共振频率可以通过对方程式（6.8）求导，有

$$(1-\Omega^2)(\alpha^2-\Omega^2)-\mu\alpha^2\Omega^2+k_e^2(\alpha^2-\Omega^2) = 0 \tag{6.9}$$

求解方程式（6.9）得到共振频率为

$$\Omega_{1,2} = \sqrt{\frac{(1+\mu)\alpha^2+(1+k_e^2)}{2} \pm \frac{\sqrt{((\mu+1)\alpha^2+1+k_e^2)^2-4\alpha^2(1+k_e^2)}}{2}} \tag{6.10}$$

可以看出，共振频率与 $\alpha$、$\mu$ 和 $k_e$ 有关，$k_e$ 取决于压电材料性能参数。因此，调节 $\alpha$、$\mu$ 和 $k_e$ 可以减小两共振频率之差 $\Delta\Omega_{1,2}$，实现能量收集器工作频带的连续拓展。

Roundy 等人[3]首次提出了采用多质量块多弹簧结构的方法拓展振动能量收集器频带宽度，如图6.5所示。Tadesse[4]等人提出了一种基于单连续梁的压电—电磁复合振动能量收集器结构，该结构由压电梁和置于梁上的3个永磁体以及固定线圈组成，如图6.6所示。当复合振动能量收集器工作在第一阶振动模态时，其线圈具有高输出性能；当复合振动能量收集器工作在第二阶振动模态时，其压电层具有高输出性能。然而，一阶频率和二阶频率相差较大（20Hz，300Hz），适用于振动源具有较宽频率范围的振动环境。

埃及开罗大学 El-Hebear 等人[5]基于平面结构设计制作了收集两个或多个振动模态的电磁振动能量收集器，如图6.7所示。该结构由 $\delta$-型平面结构和置于平面结构上的永磁体及固定线圈组成，通过改变各边夹角和边长，使电磁振动能量收集器前三阶固有频率接近。测试结果表明，前三阶固有频率分别为8Hz、11.8Hz 和 19.2Hz。

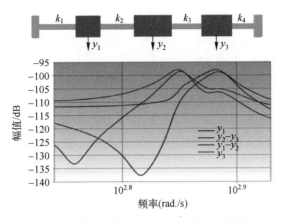

图 6.5　多质量块振动能量收集器（见彩图）

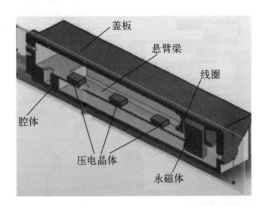

图 6.6　多模态复合式振动能量收集器结构图

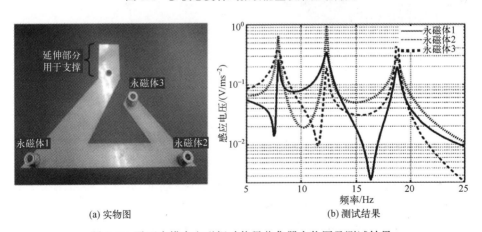

(a) 实物图　　　　　　　　(b) 测试结果

图 6.7　平面多模态电磁振动能量收集器实物图及测试结果

新西兰坎特伯雷大学 Ou 等人[6,7]提出了采用双质量块拓展压电悬臂梁振动能量收集器工作频带宽度的结构,如图 6.8 所示。理论分析与实验结果均表明,双质量块压电振动能量收集器一阶频率和二阶频率相差较大,实验测试结果分别为 50Hz 和 375Hz。为此,Tang 等人[8]提出了一种新型的 2 自由度压电振动能量收集器结构,如图 6.9 所示。该结构由传统的 2 自由度结构(图 6.8)发展而来,将第二段梁结构截断并入到第一段梁空隙之间,与传统的 2 自由度结构相比,该结构能够实现较小的相邻阶固有频率之差。

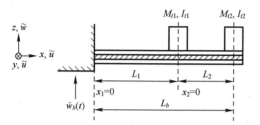

图 6.8　坎特伯雷大学双质量块频带拓展结构

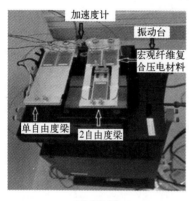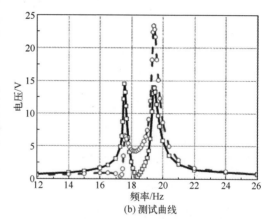

(a) 实物图　　　　　　　　　　(b) 测试曲线

图 6.9　新型 2 自由度振动能量收集器实物图及测试曲线(见彩图)

同济大学 Xiao 等人[9]设计制作了基于压电圆盘的宽频带振动能量收集器,如图 6.10 所示。由压电圆盘和 4 个质量块组成,研制的压电振动能量收集器在 120~250Hz 之间存在 4 个输出峰值,在 1g 加速度激励下,外接负载电阻为 15kΩ 时,4 个峰值输出功率分别为 5.14mW,6.65mW,9.7mW 和 10mW。

多弹簧单质量块结构的低阶振动大多不在同一方向,因此多用来收集多维振动能。苏州大学 Liu 等人[10]基于 MEMS 技术设计制作了多频电磁振动能量收集

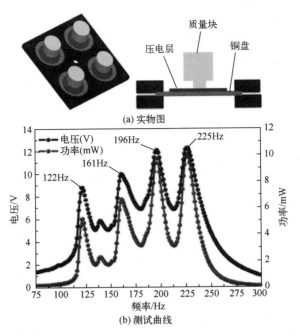

图 6.10　同济大学的振动能量收集器实物图及测试曲线(见彩图)

器,如图 6.11 所示。该器件由圆柱形永磁体和圆形悬挂弹簧结构组成,线圈置于悬挂结构上。该器件能够收集激励频率为 840Hz、1070Hz 和 1490Hz 的振动能,分别对应器件的垂直振动,扭转振动和横向振动模态。在 1g 加速度激励下,3 个模态对应的最大输出功率密度为 0.157μW/cm³、0.014μW/cm³ 和 0.117μW/cm³。

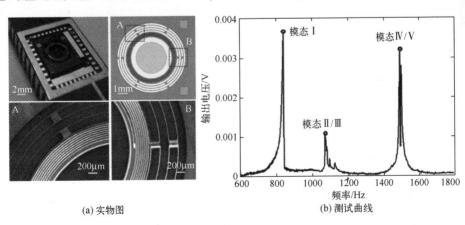

图 6.11　苏州大学多模态电磁振动能量收集器实物图及测试结果(见彩图)

普渡大学 Berdy 等人[11]基于 zig-zag 结构能够降低相邻阶固有频率之差的机理提出了双端固定的折叠梁多模态振动能量收集器结构,如图 6.12 所示。该结构不但能够有效地降低压电振动能量收集器固有频率,而且能够有效地降低相邻阶固有频率之差,实现宽频带能量收集。在 $0.2g$,$35Hz$ 激励下,最大输出功率为 $198\mu W$,当输出功率为 $99\mu W$ 时,工作频率范围为 $34.4 \sim 42Hz$。

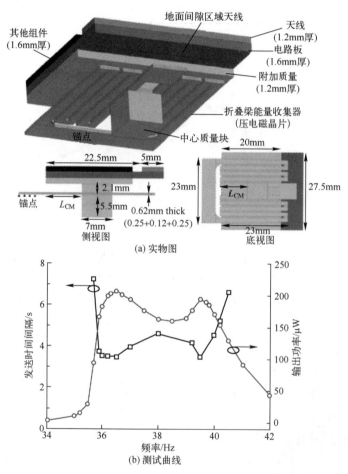

图 6.12 普渡大学折叠梁压电振动能量收集器实物图及测试曲线(见彩图)

## 6.1.2 振动能量收集器阵列

振动能量收集器阵列频带拓展是指将多个一阶固有频率相近的振动能量收集器单元集成在同一结构上形成振动能量收集器阵列,实现振动能量收集器频带拓展,如图 6.13 所示。与单连续梁多模态振动频带拓展方法相比,振动能量收集器阵列频带拓展方法更容易实现频率连续变化的工作频带。由于各振动能量收集器相对独立,因此其运动方程为单悬臂梁质量块振动能量收集器结构运动方程的线性叠加。

华中科技大学 Xue 等人[12]研究了集成不同厚度悬臂梁单元的压电悬臂梁阵列振动能量收集器,如图 6.13 所示。理论分析表明,增加或减少悬臂梁单元数可以将压电振动能量收集器工作频率范围调整到与环境振动频率相匹配。

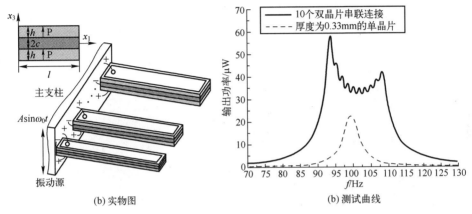

图 6.13　华中科技大学悬臂梁阵列振动能量收集器实物图及测试曲线

上海交通大学 Liu 等人[13]设计制作了基于悬臂梁阵列的多频压电振动能量收集器,通过悬臂梁长度和质量块质量不同获取固有频率不同的压电悬臂梁。基于 MEMS 工艺研制的能量收集器如图 6.14 所示,测试表明,各悬臂梁固有频率分别为 226Hz,229Hz,234Hz,最大输出功率分别为 1.87μW,2.55μW,2.1μW。该研究组 Chen 等人[14]也提出了一种多频三明治结构的电磁振动能量收集器,如图 6.15 所示,该结构由 3 个固有频率不同的共振结构组成,分别为带永磁体的平面弹簧和 2 个带有双层线圈的悬臂梁结构。当器件在激励频率为 235Hz,330Hz 和 430Hz 激励下工作时,输出电压分别为 172mV,104mV 和 112mV。

土耳其中东科技大学 Sari 等人[15]设计制作了不同长度的悬臂梁阵列电磁振动能量收集器,如图 6.16 所示,由固定永磁体和 40 个带线圈的长度不同的悬臂梁阵列组成。器件工作频率范围达 800Hz,在 50g 加速度,4.2~5kHz 激励下,输出功率为 0.4μW。

北京大学 Han 等人[16]设计制作了一种悬臂梁阵列的宽频带复合振动能量收集器,如图 6.17 所示,该结构由长度不同的压电悬臂梁阵列单元和摩擦发电单元组成,在 1~60Hz 环境振动激励下存在 3 个输出峰值点,分别为 15Hz,32.5Hz 和

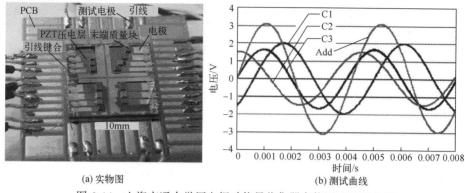

(a) 实物图    (b) 测试曲线

图 6.14　上海交通大学压电振动能量收集器实物图及测试曲线

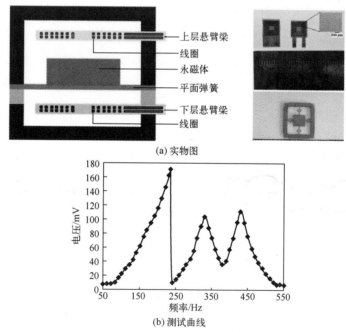

(a) 实物图

(b) 测试曲线

图 6.15　上海交通大学电磁振动能量收集器实物图及测试曲线(见彩图)

47.5Hz,对应的压电输出电压分别为 320mV,288mV 和 264mV,在 15Hz 激励下,摩擦发电部分的输出电压为 20V。测试结果表明,该振动能量收集器能够点亮一盏商用 LED 灯。

　　德国帕德博恩大学 Ashtari 等人[17]提出了一种新型的压电悬臂梁阵列振动能量收集器结构,如图 6.18 所示,该结构由悬臂梁单元阵列和永磁体对组成。与传统结构相比,该结构能够有效地提高压电振动能量收集器输出功率和工作频带宽度,加入永磁体使压电振动能量收集器工作频带范围可以方便地调节。测试结果表明,与传

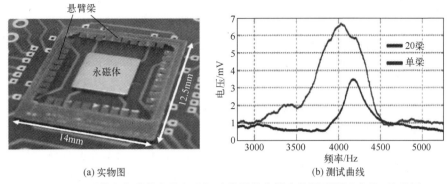

(a) 实物图       (b) 测试曲线

图 6.16 土耳其中东科技大学电磁振动能量收集器实物图及测试曲线(见彩图)

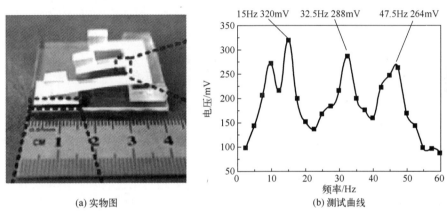

(a) 实物图       (b) 测试曲线

图 6.17 土耳其中东科技大学多频电磁振动能量收集器实物图及测试曲线

统单悬臂梁结构相比,该结构输出功率提高了 340%,工作频带宽度提高了 500%。

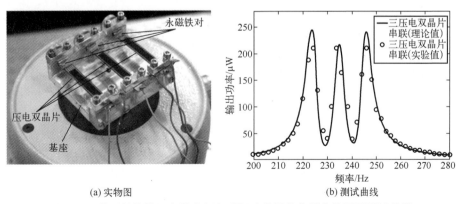

(a) 实物图       (b) 测试曲线

图 6.18 德国帕德博恩大学多频电磁振动能量收集器实物图及测试曲线

### 6.1.3 线性频带拓展方法的优势与存在的问题

线性频带拓展方法可以通过单梁多模态振动和振动能量收集器阵列实现,且线性理论较成熟,容易进行结构优化设计。但线性振动频带拓展方法存在以下不足。

在频带宽度方面,单梁多模态振动频带拓展通常得到的是离散的工作频率点,且各阶频率值相差较大,难以应用于实际环境(环境振动源频率通常在某频带范围内随机变化)。一些新型的结构如 L 型梁、截断梁和折叠梁等能够降低相邻阶固有频率值之差,但通常情况下,只有前两阶模态能够实现多模态振动能量收集。振动能量收集器阵列结构能够实现工作频率连续变化,但需要较大数量的阵列数。

在输出功率密度方面,线性振动频带拓展方法在增大频带宽度的同时,器件的体积或重量也会增加,因此器件的输出功率密度可能会下降。如对于振动能量收集器阵列结构,其体积和重量比单振动能量收集器结构大,但在某一激励频率下,只有其中一振动能量收集器单元处于最佳工作状态,具有较大的输出,其他振动能量收集器单元输出小,此时,器件输出功率密度下降。因此,在设计过程中,应综合考虑频带宽度和输出功率密度。

此外,振动能量收集器输出的电能通常需要经过电源管理电路后才能为负载供电。与模态有关的输出电压(单梁多模态振动)或与相位有关的输出电压(振动能量收集器阵列)都可能存在电压抵消问题,需要通过电源管理电路避免这种电压抵消,这在单模态振动能量收集器中是不存在的。同时,各模态(单梁多模态)或各振动能量收集器单元(振动能量收集器阵列)的阻抗匹配也将增大电源管理电路设计的难度。

## 6.2 非线性振动频带拓展方法

非线性振动也能够实现振动能量收集器工作频带的拓展,图 6.19 为线性与非线性回复力-振动位移曲线和频率-位移曲线。可以看出,线性振动频带范围窄,硬弹簧非线性振动在频率上升过程中工作频带范围大,软弹簧非线性振动在频率下降过程中工作频带范围大。因此,通过非线性振动能够拓展振动能量收集器工作频带宽度。非线性结构刚度和非线性机电耦合(如非线性压电耦合)是产生非线性振动的两种方法,非线性结构刚度比非线性机电耦合更容易实现,本节主要从非线性结构刚度分析非线性振动能量收集器。

在环境振动激励下,单自由度弹簧-质量-阻尼振动系统的振动方程为

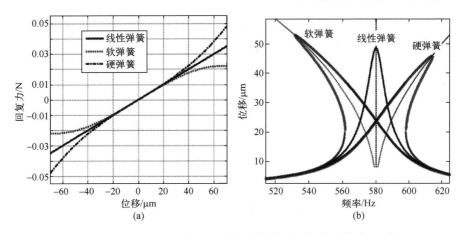

图 6.19　线性与非线性回复力-振动位移曲线和频率-位移曲线(见彩图)

$$m\ddot{X} + c\dot{X} + \frac{\mathrm{d}U(X)}{\mathrm{d}X} = -m\ddot{Z} \qquad (6.11)$$

式中:$c$ 为黏滞阻尼系数;$\ddot{Z}$ 为环境振动激励加速度;$X$ 为质量块相对位移;上标"··"表示对时间 $t$ 微分。

　　振子的势能函数为

$$U(X) = \frac{1}{2}k_1(1-r)X^2 + \frac{1}{4}k_3X^4 \qquad (6.12)$$

式中:$k_1$ 为线性弹性系数;$k_3$ 为非线性弹性系数;$r$ 为可调参数。令 $\delta = k_3/k_1$,当 $\delta = 0, r<1$ 时,为线性振动;当 $\delta \neq 0, r \leqslant 1$ 时,为单稳态非线性振动,且 $\delta<0$ 为软弹簧响应,且 $\delta>0$ 为硬弹簧响应;当 $\delta>0, r>1$ 时,系统存在 3 个平衡位置,$X=0$ 是不稳定平衡位置,稳定平衡位置为 $X = \pm\sqrt{(r-1)/\delta}$,此时为双稳态非线性振动,如图 6.20 所示。

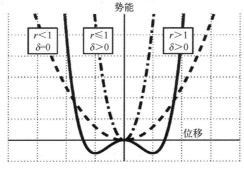

图 6.20　位移-势能函数

将方程式(6.11)无量纲化为

$$x''+2\zeta x'+(1-r)x+\delta x^3 = -z'' \tag{6.13}$$

式中:$\zeta=c/2m\omega$,$\omega=\sqrt{k_1/m}$,$\tau=\omega t$,上标"'"表示 $x$ 对 $\tau$ 求微分。方程式(6.13)为标准的杜芬方程。虽然该方程只描述了纯机械振动行为,但是该方程是研究非线性振动能量收集器的基础。当考虑机电耦合时,方程式(6.11)变为(本节只研究压电和电磁机电耦合方式):

$$m\ddot{X}+c\dot{X}+\frac{dU(X)}{dX}+\theta V+\gamma I = -m\ddot{Z} \tag{6.14}$$

$$C_p\dot{V}+\frac{1}{R_1}V-\theta\dot{X}=0 \tag{6.15}$$

$$L\dot{I}+R_2 I-\gamma\dot{X}=0 \tag{6.16}$$

式中:$\theta$ 为线性压电耦合系数;$V$ 为压电振动能量收集器负载电阻 $R_1$ 两端电压;$C_p$ 为压电材料电容;$\gamma$ 为电磁耦合系数;$I$ 为电磁振动能量收集器负载电阻 $R_2$ 的电流;$L$ 为线圈电感系数。

引入新的坐标,令

$$x=X,z=Z,$$
$$v=C_p V/\theta,i=LI/\gamma \tag{6.17}$$

定义 $\tau=\omega t$,$\omega=\sqrt{k_1/m}$,则上述机电耦合方程变为

$$x''+2\zeta x'+(1-r)x+\delta x^3+\kappa^2 v+\mu^2 i = -z'' \tag{6.18}$$
$$v'+\alpha v-x'=0 \tag{6.19}$$
$$i'+\beta i-x'=0 \tag{6.20}$$

式中:

$$\zeta=\frac{c}{2m\omega},\quad \delta=\frac{k_3}{k_1},\quad \kappa^2=\frac{\theta^2}{k_1 C_p},$$
$$\mu^2=\frac{\gamma^2}{k_1 L},\quad \alpha=\frac{1}{R_1 C_p\omega},\quad \beta=\frac{R_2}{\omega L} \tag{6.21}$$

式中:$\kappa$ 和 $\mu$ 分别为线性压电和电磁耦合系数。该微分方程组可以采用数值方法和近似解析法(如谐波平衡法、多尺度法、平均值法等)进行求解。

### 6.2.1 单稳态非线性结构

中国台湾的国立台湾大学 Huang 等人[18]采用 parylene-C 材料设计制作了基于双端固定梁的非线性宽频带压电振动能量收集器,如图 6.21 所示,该器件由硅质量块、4 根 parylene-C 梁和 PVDF 压电层组成,采用 MEMS 工艺进行了器件的加

工制作。振动过程中,纵向振动导致梁的横向应力增大,从而使梁的刚度增大,振动呈现硬弹簧的性质。测试结果表明,设计制作的压电振动能量收集器频带宽度为 200~600Hz,在 0.5g 加速度激励下,开路电压最大为 368mV,输出功率为 0.288μW,频率电压曲线向右倾斜,呈现硬弹簧响应特性。

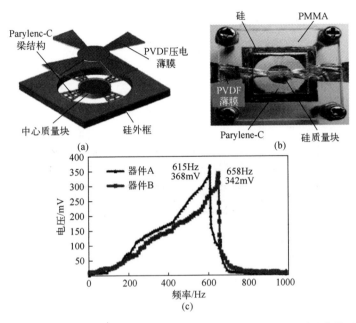

图 6.21  中国台湾的国立台湾大学宽频带振动能量收集器结构及测试曲线(见彩图)

杜克大学 Stanton 等人[19]基于永磁体间非线性相互作用力提出了单稳态非线性压电振动能量收集器,如图 6.22 所示,该压电振动能量收集器由带永磁体的压电悬臂梁和固定永磁体构成。通过调节固定永磁体与压电悬臂梁末端永磁体之间的相对位置,压电悬臂梁振动能够实现硬弹簧响应和软弹簧响应特性。图 6.23 是固定永磁体置于不同位置下的测试结果,可以看出,两种非线性响应下,频带宽度增大,而且与线性响应相比,非线性响应情况下振动能量收集器最大输出性能有提高。

以上文献表明,单稳态非线性结构能够增大振动能量收集器频带宽度。但需要工作在高能运动轨道,且对于软弹簧响应和硬弹簧响应,分别需要在频率下降过程和频率上升过程,才能有效地实现频带拓展。当振动能量收集器跳跃到低能运动轨道时,输出性能迅速下降,目前还没有相关文献报道如何将工作在低能轨道的振动能量收集器激发到高能轨道工作。Daqaq[20]研究表明,在高斯噪声激励下,与线性振动响应相比,硬弹簧非线性响应最大输出性能也不能得到提升,甚至会有

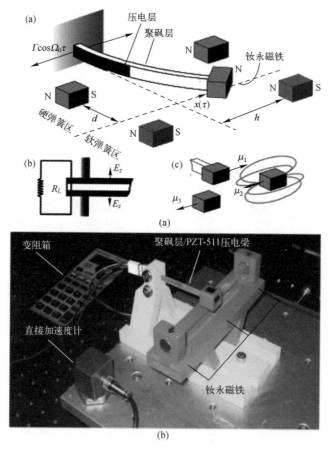

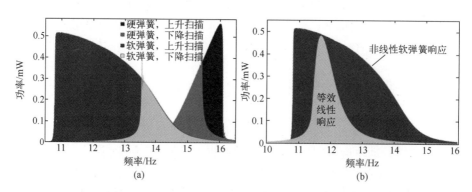

图 6.22　杜克大学宽频带振动能量收集器结构与实物图

图 6.23　杜克大学宽频带振动能量收集器测试曲线

所降低。因此,单稳态结构只适用于扫频激励,大大限制了其应用范围。

### 6.2.2 双稳态非线性结构

双稳态非线性结构是拓展振动能量收集器频带宽度最有前景的方法之一,受到广泛的研究。部分研究人员采用永磁体之间存在的吸引力和排斥力实现双稳态响应。

弗吉尼亚理工学院 Erturk 等人[21,22]采用永磁体之间的吸引力,设计制作了图 6.24 所示的双稳态压电振动能量收集器。该器件由压磁弹性梁、压电陶瓷层和两固定永磁体组成。在压磁弹性梁振动过程中,永磁体之间吸引力使压磁弹性梁产生双稳态响应。测试结果表明,双稳态响应不仅增大了压电振动能量收集器工作频率宽度,其输出功率也比线性结构高一个数量级。

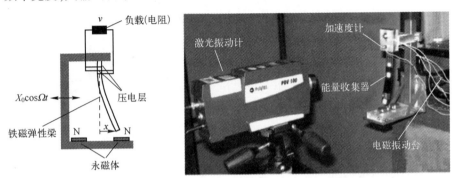

图 6.24　弗吉尼亚理工学院双稳态压电振动能量收集器结构和实物图

考克大学 Podder 等人[23,24]采用永磁体之间的排斥力,设计制作了基于 FR4 的双稳态电磁振动能量收集器,如图 6.25 所示。采用弹性模量小的 FR4 材料,并设计为折叠梁结构,降低了电磁振动能量收集器的工作频率,折叠梁末端与固定端之间的永磁体的排斥力,使振动能量收集器实现双稳态响应。测试结果表明,在 $0.5g,35\mathrm{Hz}$ 加速度激励下输出功率为 $22\mu\mathrm{W}$,工作频率范围为 5Hz。

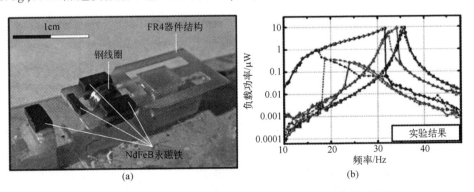

图 6.25　麦克大学双稳态电磁振动能量收集器及测试曲线(见彩图)

永磁体的加入,增大了结构的复杂性和器件的体积,在应用过程中也需要考虑环境电磁干扰。因此,研究人员考虑通过纯机械结构的合理设计来实现双稳态响应。卡塔尼亚大学 Andò 等人[25] 提出了带角度的梁结构实现双稳态响应,并基于 MEMS 技术研制出双稳态静电振动能量收集器,如图 6.26 所示。仿真结果如图 6.27 所示,当激励加速度超过双稳态振动阈值激励时,双稳态结构比单稳态结构工作频率宽,输出性能好。

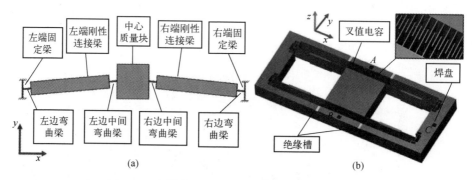

图 6.26　卡塔尼亚大学双稳态静电振动能量收集器

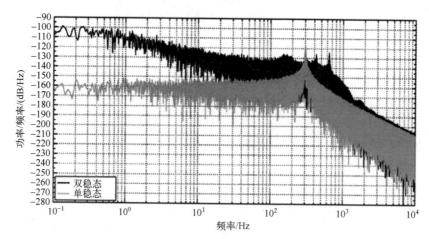

图 6.27　双稳态静电振动能量收集器仿真结果

以上文献表明,当外界激励较大时,双稳态能量收集器能够在高能轨道工作,其输出性能和工作频带宽度比线性结构都要优越。然而,基于永磁体之间相互作用力的双稳态结构增加了器件设计与加工难度,同时增大了器件的体积。目前,采用纯机械结构难以实现双稳态响应,研究也较少。

### 6.2.3 机械限幅非线性结构

机械限幅是实现非线性振动的一种方法,A. Narimani 等人[26]研究了振子运动过程中存在机械限幅结构的情况,将系统等效为图 6.28 所示的模型,其中,弹性力和阻尼力等效为分段线性弹性力和阻尼力。

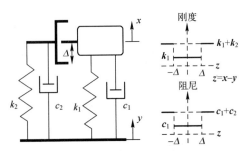

图 6.28 机械限幅结构模型

振动运动微分方程表示为

$$m\ddot{x} + g(x,\dot{x}) = f(y,\dot{y}) \tag{6.22}$$

其中

$$g(x,\dot{x}) = \begin{cases} (c_1+c_2)\dot{x}+(k_1+k_2)x-k_2\Delta, & x-y>\Delta \\ c_1\dot{x}+k_1x, & |x-y|>\Delta \\ (c_1+c_2)\dot{x}+(k_1+k_2)x+k_2\Delta, & x-y<-\Delta \end{cases} \tag{6.23}$$

$$f(y,\dot{y}) = \begin{cases} (c_1+c_2)\dot{y}+(k_1+k_2)y, & x-y>\Delta \\ c_1\dot{y}+k_1y, & |x-y|<\Delta \\ (c_1+c_2)\dot{y}+(k_1+k_2)y, & x-y<-\Delta \end{cases} \tag{6.24}$$

通过谐波平衡法等非线性求解方法对该方程进行求解。图 6.29 为基于该理论的数值计算结果,可以看出,当振子振幅小于限幅高度时,振子表现为线性振动,频带宽度窄;当振子振幅达到限幅高度,振子呈现非线性振动,频带宽度增大,且激励越大,频带宽度越大。基于以上理论,研究人员研究了基于限幅结构的宽频带振动能量收集器。

新加坡国立大学 Huicong Liu 等人[27]通过引入限幅结构,并基于 MEMS 技术设计制作了如图 6.30 所示的宽频带压电振动能量收集器。该结构由压电悬臂梁和限幅挡板组成。测试结果表明,在 0.6g 加速度激励下,研制的压电振动能量收集器工作频率范围为 30~48Hz,在该频率范围内,输出功率为 34~100nW。

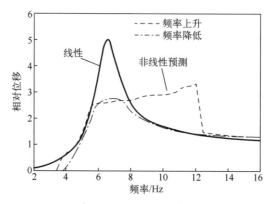

图 6.29　频率-振幅曲线

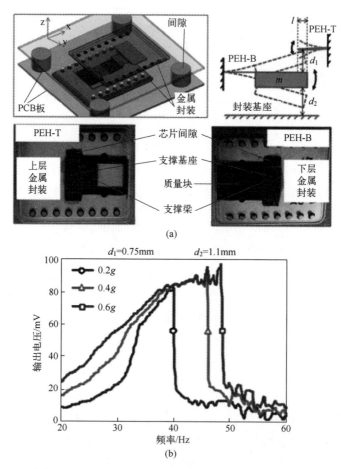

图 6.30　新加坡国立大学宽频带压电振动能量收集器和测试曲线(见彩图)

韩国云光大学 Halim 等人[28,29]针对环境振动频率低,振动频率范围宽的应用需求,提出了一种基于机械碰撞的升频宽频带振动能量收集器结构,如图 6.31 所示。该结构由两高频压电梁和低频驱动梁组成,当高频梁与低频梁发生碰撞后,驱动梁有效刚度发生改变,从而实现升频和频带拓展的功能。在 0.6g,14.5Hz 加速度激励下,两压电梁的最大输出功率都为 $377\mu W$,工作频率范围为 7~14.5Hz。

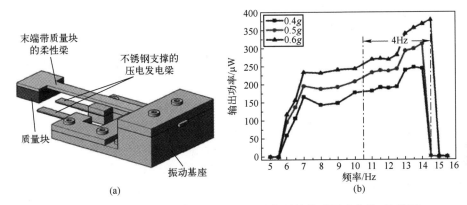

图 6.31 韩国云光大学碰撞结构振动能量收集器结构及测试曲线(见彩图)

当外界激励较小时,限幅结构不能实现频带拓展,且在很多振动能量收集器结构中,限幅结构的加入使系统阻尼比增大,降低了能量收集器输出性能;当外界激励较大时,振动能量收集器振子与限幅结构发生碰撞,产生非线性效应,器件工作频带宽度增大。然而,限幅结构会增大振动能量收集器机械疲劳,降低器件的寿命。

## 6.3 复合式频带拓展方法

复合式频带拓展方法是指同时采用前述频带拓展方法中的两种及两种以上方法实现振动能量收集器频带拓展的方法。新加坡南洋理工大学 Wu 等人[30]提出了同时采用多模态和非线性振动频带拓展方法实现振动能量收集器频带拓展的结构,如图 6.32 所示。该结构由 2 自由度悬臂梁和形成非线性力的永磁体组成。测试结果表明,复合式频带拓展宽度比单一多模态方法和单一非线性振动方法都大,为 15.8~20Hz。苏州大学 Liu 等人[31]也采用多模态和非线性振动方法设计制作了基于 MEMS 技术的宽频带振动能量收集器,如图 6.33 所示。前三阶振动模态的频率分别为 70.7Hz、85.8Hz 和 147.9Hz。测试结果表明,随着激励加速度增大,其频带宽度增大,实现了超宽频带工作,1g 加速度激励下,工作频率范围为 62.9

~383.7Hz。

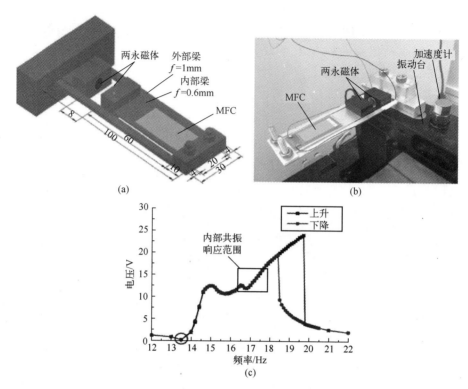

图 6.32　南洋理工大学宽频带振动能量收集器结构、实物图和测试曲线(见彩图)

意大利布雷西亚大学 Alghisi 等人[32]提出了基于悬臂梁阵列和非线性振动的新型宽频带压电阵列振动能量收集器结构,如图 6.34 所示,采用阵列梁实现多频振动,采用永磁体相互作用实现非线性拓频,器件输出性能较线性结构有所提高。

Basset 等人[33]基于非线性静电力和机械限幅结构设计制作了如图 6.35 所示的 MEMS 静电振动能量收集器。通过外界偏置强电场使静电力呈现强非线性;机械限幅结构的加入,在大位移振动下,系统具有更大的工作频带宽度。测试结果表明,研制的 MEMS 静电振动能量收集器工作频率范围为 140~160Hz,输出功率大于 2μW。

近年来,重庆大学微系统研究中心在振动能量收集器频带拓展方面也开展了相关的研究。2010 年提出了多悬臂梁–单质量块结构的微型压电振动能量收集器[34],如图 6.36 所示,建立了多悬臂梁–单质量块结构微型压电振动能量收集器仿真模型,分析了微型振动能量收集器的谐振频率与结构参数的关系、输出电压与结构频率的关系等性能参数,制作了多悬臂梁–单质量块结构振动能量

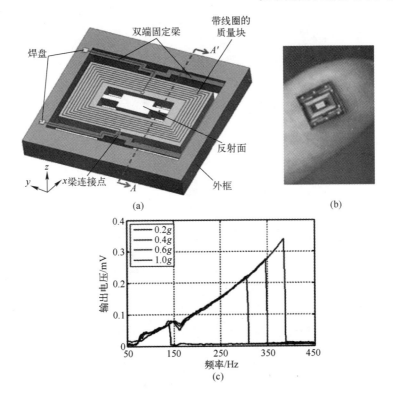

图 6.33　苏州大学宽频带振动能量收集器结构、实物图和测试曲线（见彩图）

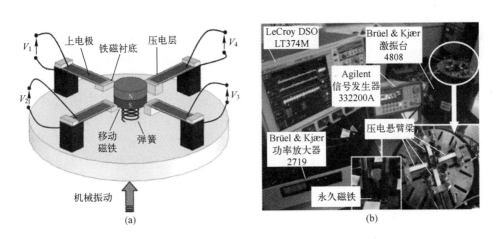

图 6.34　意大利布雷西亚大学宽频带振动能量收集器结构和实物图

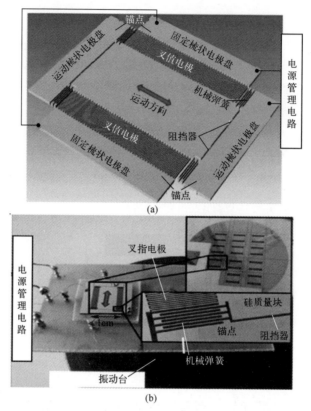

图 6.35　宽频带静电振动能量收集器结构和实物图

收集器。测试结果表明,研制的多悬臂梁–单质量块结构微型压电振动能量收集器在振动频率为 113~155Hz 的环境中能够有效地将振动能转换为电能,在该频带范围内最小输出功率 37.56μW,最大输出功率 155.71μW。2014 年基于多模态和非线性振动频带拓展原理,提出了基于多模态和非线性复合的宽频带电磁振动能量收集器,如图 6.37 所示。该结构由三层平面结构堆叠而成,上下两层都由平面弹簧和置于平面弹簧上的线圈组成,中间层为平面弹簧和置于平面弹簧上的永磁体组成。三个平面弹簧具有不同的刚度,使能量收集器能够获取不同环境频率的振动能;设计过程中,使平面弹簧在大振幅激励下具有强非线性,拓展各阶振动的频带宽度。测试结果如图 6.38 所示,可以看出,振动能量收集器在三个不同的频率点都具有较大的输出,且在各频率点附近一定频率范围内,仍具有较大的输出,拓展了电磁振动能量收集器的频带宽度。

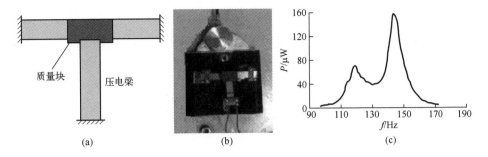

质量块　　压电梁

(a)　　　　　　　　(b)　　　　　　　(c)

图 6.36　多悬臂梁单质量块振动能量收集器结构、实物图和测试结果

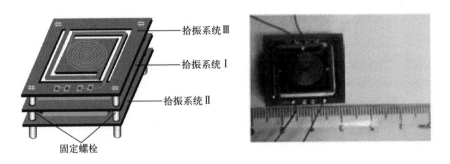

拾振系统Ⅲ

拾振系统Ⅰ

拾振系统Ⅱ

固定螺栓

图 6.37　多模态非线性电磁振动能量收集器结构与实物图

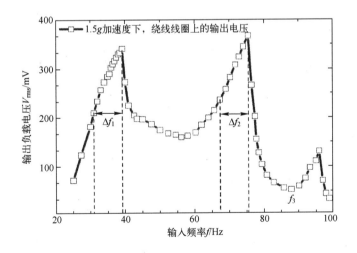

图 6.38　多模态非线性电磁振动能量收集器测试结果

# 6.4 本章小结

振动能量收集器工作频带窄与应用环境工作频率随机变化的矛盾,严重制约了振动能量收集器的实用化。为了拓展振动能量收集器工作频带宽度,本章总结了研究人员在振动能量收集器频带拓展方面的研究工作,分析了各种频带拓展方法的优势与存在的不足,介绍了重庆大学近年来在振动能量收集器频带拓展方面的研究工作。

# 参 考 文 献

[1] Twiefel J, Westermann H. Survey on broadband techniques for vibration energy harvesting[J]. Journal of Intelligent Material Systems and Structures, 2013, 24(11): 1291-1302.

[2] Tang L, Yang Y. A multiple-degree-of-freedom piezoelectric energy harvesting model[J]. Journal of Intelligent Material Systems and Structures, 2012, 23(14): 1631-1647.

[3] Roundy S, Leland E S, Baker J, et al. Improving power output for vibration-based energy scavengers[J]. Pervasive Computing, IEEE, 2005, 4(1): 28-36.

[4] Tadesse Y, Zhang S, Priya S. Multimodal energy harvesting system: piezoelectric and electromagnetic[J]. Journal of Intelligent Material Systems and Structures, 2009, 20(5): 625-632.

[5] El-Hebeary M M, Arafa M H, Megahed S M. Modeling and experimental verification of multimodal vibration energy harvesting from plate structures[J]. Sensors and Actuators A: Physical, 2013, 193: 35-47.

[6] Ou Q, Chen X, Gutschmidt S, et al. A two-mass cantilever beam model for vibration energy harvesting applications[C]. IEEE, 2010.

[7] Ou Q, Chen X, Gutschmidt S, et al. An experimentally validated double-mass piezoelectric cantilever model for broadband vibration-based energy harvesting[J]. Journal of Intelligent Material Systems and Structures, 2012, 23(2): 117-126.

[8] Wu H, Tang L, Yang Y, et al. A novel two-degrees-of-freedom piezoelectric energy harvester[J]. Journal of Intelligent Material Systems and Structures, 2012: 1045389X-12457254X.

[9] Xiao Z, Qing Yang T, Dong Y, et al. Energy harvester array using piezoelectric circular diaphragm for broadband vibration[J]. Applied Physics Letters, 2014, 104(22): 223904.

[10] Liu H, Qian Y, Lee C. A multi-frequency vibration-based MEMS electromagnetic energy harvesting device[J]. Sensors and Actuators A: Physical, 2013, 204: 37-43.

[11] Berdy D F, Jung B, Rhoads J F, et al. Wide-bandwidth, meandering vibration energy harvester with distributed circuit board inertial mass[J]. Sensors and Actuators A: Physical, 2012, 188: 148-157.

[12] Xue H,Hu Y,Wang Q. Broadband piezoelectric energy harvesting devices using multiple bimorphs with different operating frequencies[J]. Ultrasonics,Ferroelectrics and Frequency Control,IEEE Transactions on,2008,55(9):2104-2108.

[13] Liu J,Fang H,Xu Z,et al. A MEMS-based piezoelectric power generator array for vibration energy harvesting[J]. Microelectronics Journal,2008,39(5):802-806.

[14] Chen J,Chen D,Yuan T,et al. A multi-frequency sandwich type electromagnetic vibration energy harvester[J]. Applied Physics Letters,2012,100(21):213509.

[15] Sari I,Balkan T,Kulah H. An electromagnetic micro power generator for wideband environmental vibrations[J]. Sensors and Actuators A:Physical,2008,145:405-413.

[16] Han M,Zhang X,Liu W,et al. Low-frequency wide-band hybrid energy harvester based on piezoelectric and triboelectric mechanism[J]. Science China Technological Sciences,2013,56(8):1835-1841.

[17] Al-Ashtari W,Hunstig M,Hemsel T,et al. Enhanced energy harvesting using multiple piezoelectric elements:theory and experiments[J]. Sensors and Actuators A:Physical,2013,200:138-146.

[18] Huang P,Tsai T,Yang Y. Wide-bandwidth piezoelectric energy harvester integrated with parylene-C beam structures[J]. Microelectronic Engineering,2013,111:214-219.

[19] Stanton S C,Mcgehee C C,Mann B P. Reversible hysteresis for broadband magnetopiezoelastic energy harvesting[J]. Applied Physics Letters,2009,95(17):174103.

[20] Daqaq M F. Response of uni-modal duffing-type harvesters to random forced excitations[J]. Journal of Sound and Vibration,2010,329(18):3621-3631.

[21] Erturk A,Hoffmann J,Inman D J. A piezomagnetoelastic structure for broadband vibration energy harvesting[J]. Applied Physics Letters,2009,94(25):254102.

[22] Erturk A,Inman D J. Broadband piezoelectric power generation on high-energy orbits of the bistable Duffing oscillator with electromechanical coupling [J]. Journal of Sound and Vibration,2011,330(10):2339-2353.

[23] Podder P,Amann A,Roy S. FR4 Based Bistable Electromagnetic Vibration Energy Harvester [J]. Procedia Engineering,2014,87:767-770.

[24] Podder P,Amann A,Roy S. A bistable electromagnetic micro-power generator using FR4-based folded arm cantilever[J]. Sensors and Actuators A:Physical,2015,227:39-47.

[25] Ando B,Baglio S,L'Episcopo G,et al. Investigation on mechanically bistable MEMS devices for energy harvesting from vibrations[J]. Microelectromechanical Systems,Journal of,2012,21(4):779-790.

[26] Narimani A,Golnaraghi M E,Jazar G N. Frequency response of a piecewise linear vibration isolator[J]. Journal of Vibration and control,2004,10(12):1775-1794.

[27] Liu H,Lee C,Kobayashi T,et al. Investigation of a MEMS piezoelectric energy harvester system with a frequency-widened-bandwidth mechanism introduced by mechanical stoppers

［J］. Smart Materials and Structures,2012,21(3):35005.

［28］ Halim M A,Khym S,Park J Y. Frequency up-converted wide bandwidth piezoelectric energy harvester using mechanical impact［J］. Journal of Applied Physics,2013,114(4):44902.

［29］ Halim M A,Park J Y. Theoretical modeling and analysis of mechanical impact driven and frequency up-converted piezoelectric energy harvester for low-frequency and wide-bandwidth operation［J］. Sensors and Actuators A:Physical,2014,208:56-65.

［30］ Wu H,Tang L,Yang Y,et al. Development of a broadband nonlinear two-degree-of-freedom piezoelectric energy harvester［J］. Journal of Intelligent Material Systems and Structures,2014,25(14):1875-1889.

［31］ Liu H,Koh K H,Lee C. Ultra-wide frequency broadening mechanism for micro-scale electromagnetic energy harvester［J］. Applied Physics Letters,2014,104(5):53901.

［32］ Ferrari M,Alghisi D,Baù M,et al. Nonlinear Multi-Frequency Converter Array for Vibration Energy Harvesting in Autonomous Sensors［J］. Procedia Engineering,2012,47:410-413.

［33］ Basset P,Galayko D,Cottone F,et al. Electrostatic vibration energy harvester with combined effect of electrical nonlinearities and mechanical impact［J］. Journal of Micromechanics and Microengineering,2014,24(3):35001.

［34］ 于慧慧,温志渝,温中泉,等. 宽频带微型压电式振动发电机的设计［J］. 传感技术学报,2010,23(5):643-646.

# 第7章　环境动能能量收集器电源管理与应用技术

环境动能能量收集器电源管理电路技术是环境动能能量收集器获得应用的核心关键技术,是微电源技术的重点研究内容之一;环境动能能量收集器的应用技术探索是环境动能能量收集器技术工程化应用的基础。

本章从环境动能能量收集器电源管理策略要求出发,重点介绍微型环境动能能量收集器电源管理电路的原理及设计方法,同时介绍微型环境动能能量收集器的典型应用实例。

## 7.1　环境动能能量收集器电源管理策略

解决环境动能能量收集器与负载不匹配的问题是环境动能能量收集器技术研究中不可或缺的一环,环境动能能量收集器电源管理电路实现对能量收集器的整流、阻抗匹配、最大功率点跟踪及调压,并根据负载和外界环境的变化对能量收集器输出的电能进行储存与释放。

电源管理的核心在于降低自身功耗、实现负载匹配,最终提高微电源系统的性能。其主要功能是:

(1)为负载提供一个恒定电源。

(2)实现环境动能能量收集器输出最大功率点跟踪。

(3)能量收集器输出能量的高效存储与释放管理,以满足负载系统的供电需求。

微型环境动能能量收集器单体输出功率较小,当外接负载大于能量收集器的平均功耗时,一般都采用图 7.1 所示的标准能量采集电路(Standard Energy Harvesting,SEH)。该电路是最常见的转换电路,它由标准的整流电路、滤波电容和存储器构成。此方案中,能量收集器

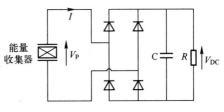

图 7.1　标准能量采集电路

产生的交流电流,经过整流滤波电路和储能器后,为负载 $R$ 提供工作电源,一般选择的滤波电容 $C$ 要足够大以保证整流电压 $V_{DC}$ 是一个保持不变的直流电压,即时间常数 $RC$ 远大于振荡周期。

图中 C 为滤波电容,R 为等效负载,电路的输出功率等于负载的输入功率。当输出电压 $|V_p|<V_{DC}$ 时,整流电路断开;当 $|V_p|$ 达到 $V_{DC}$ 时,整流桥导通,输出电压此时就在 $|V_p|=V_{DC}$ 处停止上升;$|V_p|$ 开始下降时,整流桥又开始断开,电路处于断开状态。电容两端电压和电量的关系为

$$q = CV_{DC} \tag{7.1}$$

式中:$q$ 为电容两端电荷;$C$ 为电容值;$V_{DC}$ 为电容两端电压。当电容两端电压为固定值时,电容上储存的电能为

$$W = V_{DC}q \tag{7.2}$$

由式(7.1)和式(7.2)可以得出标准能量采集电路的能量采集功率为

$$P_{SEH} = Wt = V_{DC}qT/2 = 4f_0C_pV_{DC}(V_{org}-V_{DC}-2V_D) \tag{7.3}$$

式中:$f_0=\omega/2\pi$ 是能量收集器振动频率;$C_p$ 为能量收集器等效电容;$V_{DC}$ 为整流后直流电压;$V_{org}$ 为原始开路电压幅值;$V_D$ 为二极管压降。

由于标准能量采集电路一直处于通路状态,电路本身损耗比较大,加之电路本身的结构缺陷,导致能量采集效率低。如果整流滤波电路输入的电流较大时,储能器两端的电压自然会迅速上升,电路可以正常工作。但如果在输入电流比较小时,储能器两端电压上升会变得十分缓慢,容易造成电路器件工作不稳定,引起电路功能失调。

通过分析可以得知,传统的标准能量采集电路对储能器件的充电速度较慢、系统控制稳定性不高,针对不同的负载要求,需要研究充电速度快、稳定性高的能量收集器电源管理电路。

## 7.2 低功耗电源管理电路技术

传统的整流—储能—稳压输出的标准能量收集器电源管理电路远不能满足环境动能收集器对电源管理的需求。近年来,针对环境动能收集器的输出特性,研究人员在电路拓扑优化(包括各种新型的电荷泵、同步开关能量采集电路、基于最大功率点追踪技术等)和电路的集成化、芯片化等方面展开了研究。

### 7.2.1 能量收集器快速充电电源管理电路

微型能量收集器标准能量采集电路不能满足负载对电源管理系统的充电速度和寄生功耗低的要求,微型能量收集器快速充电电源管理电路由多组微型能量收

集器、多个超级电容器和低功耗电子开关构成的寄生功耗极低的快速充电电源管理电路[1]组成,如图 7.2 所示。

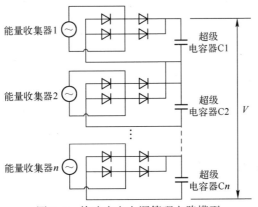

图 7.2 快速充电电源管理电路模型

能量收集器标准能量采集电路可以同时接入多个不同类型的微型振动能量收集器,每个单体振动能量收集器对一个超级电容器充电。假设经过一段时间充电之后,超级电容器的电压分别为 $V_1, V_2, \cdots, V_n$,此时供给负载的电压为 $V = V_1 + V_2 + \cdots + V_n$,使得电源管理电路供给电压迅速达到负载的要求。在电路设计时,尽量使单个超级电容器的电压 $V_m (1 \leqslant m \leqslant n)$ 在 0~1V 之间,保证在电容器充电最快的时间段。

利用实验室环境模拟外界实际振动条件进行实验验证。实验条件:三组相同结构的悬臂梁式振动能量收集器;三个超级电容器的电容值均为 0.012F;振动能量收集器谐振频率在 60~65Hz,振动加速度为 0.5m/s²。启动振动台提供激励源,振动能量收集器工作,充电电路对超级电容器充电,实验结果如图 7.3 所示。

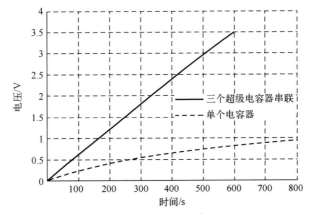

图 7.3 快速充电电源管理电路实验结果

207

实验结果表明三个 0.012F 电容器串联的电压在短短的 500s 就达到了 3V,而采用一般传统的充电储能电路对单个 0.012F 超级电容器充电时,电压达到 1V 就需要 700s,如果要充到 3V 则需要更长时间。当超级电容器的电容值增加,充电时间增加,但储能器的电量增加,瞬时输出功率增大。实际应用中,可根据不同负载工作要求设计电容值和电阻值。

### **7.2.2** 低功耗能量收集器电源自主管理电路

传统功率调节电路充电速度较慢、稳定性差、充电效率低、控制结构简单,不具备自主控制功能,电源自主管理控制系统可克服上述缺点。电源管理系统中采用低功耗微处理器作为核心控制器,它对电容器两端电压进行实时监测,针对不同的电压值控制电子开关阵列,以达到电源管理控制功能,其电路原理如图 7.4 所示,整个电路系统包含滤波整流模块、电源管理控制模块、电子开关阵列以及电压检测模块。

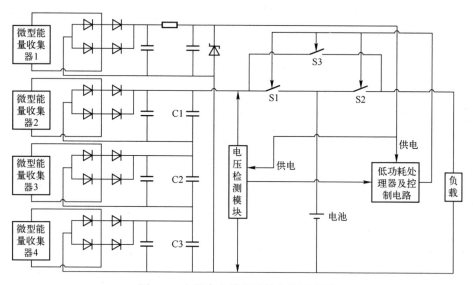

图 7.4 电源自主管理系统电路原理图

微型能量收集器 1 开始工作产生交变电压接入滤波整流电路后变为直流,经过稳压后为低功耗单片机、电子开关阵列和电压检测模块供电。同时微型能量收集器 2~4 产生的交变电流经过整流电路后分别为超级电容器 C1、C2、C3 充电,通过将超级电容器串联使用可以大幅度提高电源输出电压。核心控制器通过定时对超级电容器两端电压监测,按照电压值的不同发出相应的控制指令,从而达到电源输出自主管理控制功能。按功能可以分为以下几个模块:

（1）滤波整流模块。将能量收集器产生的交流电流转换成较为稳定的直流电源，实现对外供电功能。由于微型能量收集器的输出功率微弱，为了最大效率地将能量收集器所产生的能量转换到负载电路中，整流电桥的二极管可选用导通电压较低的锗工艺二极管。同时，滤波电路使用 π 型滤波，使得输出电压更为稳定。

（2）电源管理控制模块。电源自主管理控制模块主要由低功耗单片机和模拟电子开关构成。控制系统由单一微型能量收集器经过整流滤波稳压电路后输出电压供电。通过软件程序的设定，单片机将定时打开电压跟随器采集超级电容器两端的电压值，根据电容器两端电压值发出不同的指令控制电子开关阵列的不同的通断组合以实现电源输出自主管理控制，达到合理对锂电池充电和为负载供电的要求，之后进入休眠模式，通过看门狗电路定时唤醒。

（3）电压检测模块。用模拟—数字信号转换（Analog-to-Digital Converter，ADC）检测超级电容器两端电压，将其输入微处理器进行判断控制。如果直接将ADC 输入端接到超级电容器上采样，ADC 端产生的电流泄漏将会影响超级电容器的能量存储，甚至会导致超级电容器电压升高到一定数值后不再上升。因此，需要使用一个电压跟随器才能与 ADC 输入端相连接。由于电压跟随器在工作时消耗的功率较大，可采用间歇式工作的电压检测模块。

在满足控制要求的前提条件下，电源管理系统自身功耗的大小将是影响该系统实用性的一个主要因素，因此如何将系统功耗降至最低成为一个十分关键的问题。系统的能量消耗器件主要是整流滤波稳压电路、电子开关、集成运放和单片机，其中单片机的功耗最大。因此，在选择滤波电容、整流二极管、稳压二极管、电子开关和单片机时，应考虑它们的功耗问题。

在降低单片机功耗方面采用的措施有：将单片机片内模拟比较器、电压检测电路关闭；仅在 ADC 采样时才将内部参考电压源和 ADC 开启；在系统空闲时单片机进入休眠模式，通过定时器唤醒的方式唤醒单片机，同时在休眠时将所有的 I/O 引脚设为最小功耗方式，进而使得单片机功耗降至最低。

## 7.2.3 同步开关能量采集电路

最早的能量采集电路由二极管桥式整流和电容滤波构成的交流—直流（Alternating Current-Direct Current，AC-DC）标准能量采集电路，该电路能量传递效率偏低，尤其是对机电耦合系数较低的能量采集装置而言。为了解决这个问题，研究人员提出了基于电感的同步开关能量采集电路（Synchronized Switch Harvesting on Inductor，SSHI），可大幅提升能量传递效率，已成为当前能量采集电路设计的主流方法[2-6]。

同步开关能量采集电路分为并联同步开关电路（Parallel-Synchronized Switch

Harvesting on Inductor, P-SSHI) 和串联同步开关电路 (Serial-Switch Harvesting on Inductor, S-SSHI), 分别如图 7.5、图 7.6 所示。这两种电路均包括一个电子控制开关 S, 当能量收集器振动结构的位移达到最大值或最小值时开关就被触发, 电子开关电路大部分时间是断开的, 这样能量采集电路本身的损耗就比较小。研究表明, SSHI 电路的能量采集效率远高于 SEH 电路。

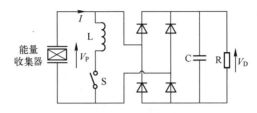

图 7.5　并联 SSHI 电路

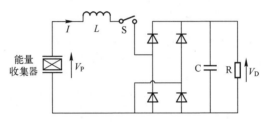

图 7.6　串联 SSHI 电路

开关只有在位移达到最大值或最小值时才闭合, 此时组成一个 LC 振荡回路, 电路振荡周期远小于机械振荡周期, 每次开关闭合后, 能量收集器上的能量便通过整流桥和电感 $L$ 转移到电容 $C$。所以从机械部分到电学部分的输入能量保持是正的, SEH 电路和 S-SSHI 电路的最大输出功率分别为

$$P_{\text{SEH,max}} = \frac{\alpha^2 \omega}{2\pi C_0} U_{\text{M}}^2 \tag{7.4}$$

$$P_{\text{S-SSHI,max}} = \frac{\alpha^2 \omega U_{\text{M}}^2}{2\pi C_0} \frac{1 + e^{-\pi/2Qi}}{1 - e^{-\pi/2Qi}} \tag{7.5}$$

式中: $\alpha$ 为力因子; $\omega$ 为振动角频率; $C_0$ 为振动能量收集器等效电容; $U_{\text{M}}$ 为最大位移; $Qi$ 为电路品质因数。

从式 (7.5) 可以看出 S-SSHI 电路的最大输出功率是 SEH 电路的 $(1 + e^{-\pi/2Qi}) / (1 - e^{-\pi/2Qi})$ 倍, 显然通过选择合适的电路品质因数 $Qi$ 可以显著地提高 SSHI 电路的输出功率。

然而, 传统的 SSHI 电路仍然有一个致命的缺点: 它不是一个自感知电路, 即开关 S 的通断需要位移传感器和数字控制器, 这些都需要额外的电源供给, 有悖于能量采集研究的初衷。自感知的同步开关能量采集（Self Sensing‑Synchronized Switch Harvesting on Inductor,SS‑SSHI）方法,仅依靠模拟电路就可以自动地跟踪振动元件输出电压的变化。

在自感知同步开关电路设计中,使用互补的晶体管拓扑结构来实现对能量收集器两端电压 $V_p$ 的直接包络检测[7],其中一部分用于最大值检测,剩下的对称部分用于最小值检测。对 SSHI 电路的改进电路 SS‑SSHI 如图 7.7 所示,图中 $V_p$ 为能量收集器两端电压,$Vc_1$ 和 $Vc_2$ 分别为电容 C1 和 C2 两端电压。

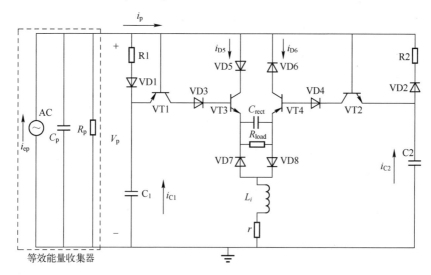

图 7.7　自感知的同步开关能量采集电路

由于电路采用的是互补拓扑结构,因此电路中的最大值检测和最小值检测是对称的,下面只讨论最大值检测原理(最小值检测原理与此类似)。对于最大值检测,开关 R1、VD1 和 C1 组成包络检测器,VT1 作为比较器,VT3 作为电子开关,电路的工作过程分为四个阶段。

（1）自然充电阶段。电路刚开始工作时能量收集器的电压从零开始增加,所以有一个自然充电阶段。在这个阶段只有两个包络检测器电路是导通的,而所有的三极管是断开的。正向的等效电流 $i_{ep}$ 给 $C_p$、C1 和 C2 充电,这样 $V_p$、$V_{c_1}$ 和 $V_{c_2}$ 也同时增长。自然充电时的电流走向如图 7.8 所示。

（2）第一次电压翻转阶段。当 $V_p$ 达到它的最大值 $V_{max}$ 时,电容 C1 两端的电压为 $V_{max}-V_D$,这里 $V_D$ 为二极管上的压降。接着,$V_p$ 开始下降,当下降值达到 $V_D+V_{BE}$,也就是 $V_p = V_1$ ($t_1$ 时刻)时,三极管 VT1 导通。电容 C1 通过 VT1(ec)、VD3、VT3(be)、$C_{rect}$、VD8、$L_i$ 和 $r$ 开始放电,结果使得 VT3 导通。由开关 VT3 导通产生

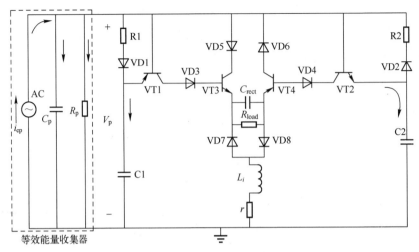

图 7.8　自然充电阶段

的感应回路 VD5、VT3(ce)、$C_{rect}$、VD8、$L_i$ 和 $r$ 使得 $C_p$ 两端迅速短路，$C_p$ 开始从电压 V1 通过感应回路迅速放电，直到 $V_p$ 达到其局部最小值($t_2$ 时刻)。第一次电压翻转的电流走向如图 7.9 所示。

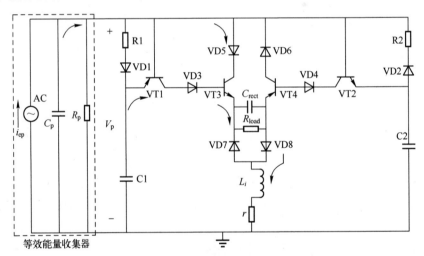

图 7.9　第一次电压翻转的电流走向

（3）第二次电压翻转阶段。通过 $L_i$ 的电流开始翻转其方向，VT3(ce)这条回路由于 VD5 的电流翻转而立即阻塞，但是由 VD7、$C_{rect}$、VT4(ce)和 VD6 组成的回路仍能可以导通。因为即使 VT4 是断开的，在它的发射极和集电极总存在一个小的寄生电容，翻转电流通过这条回路直到 VT4 的发射极–集电极电容 $C_{ce}$ 充满电，

此时 $V_p$ 变为 V3($t_3$ 时刻)。$V_p$ 的局部最小值也就是 $V_2$ 可能导致最小值开关的误判，因此 R2 是必须的，以确保用最小值检测的 C2 的放电比 $C_p$ 慢，这样可以跳过局部最小值。第二次电压翻转的电流走向如图 7.10 所示。

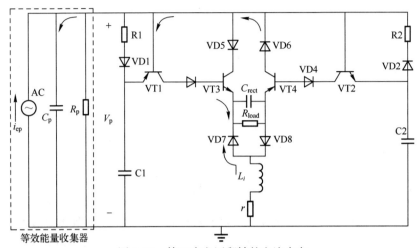

图 7.10　第二次电压翻转的电流走向

（4）电荷中和阶段。在 $t_3$ 时刻后，VT3 和 VT4 都断开，但 C2 仍旧没有结束放电，C2 上剩余的电荷将流入 $C_p$ 和 C1 直到它们达到相同的电压。这个电荷中和又导致 $V_p$ 在进入下半个周期即最小值检测之前增大了一点至 $V_4$。C2 实际放电是从 $t_1$ 时刻开始的，但是为了便于分析，假设电荷中和阶段和其他三个阶段一样也是独立的，电荷中和阶段的电流走向如图 7.11 所示。

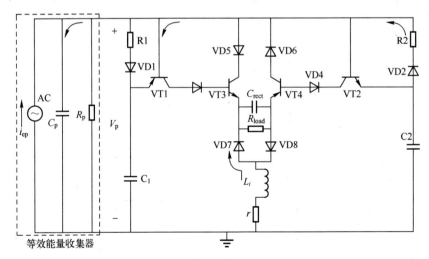

图 7.11　电荷中和阶段的电流走向

四个阶段的电压 $V_p$ 变化如图 7.12 所示。

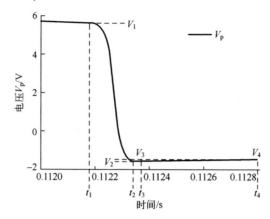

图 7.12 电压 $V_p$ 变化曲线

最小值开关检测时可由电路中剩余的对称部分完成,其原理和最大值检测方法类似,只是对于最小值检测,中间电压就分别变为$-V_1$、$-V_2$、$-V_3$和$-V_4$。

### 7.2.4 基于电荷泵技术的电源管理电路

电荷泵电路是由电子开关控制的电容串并联网络,可以实现低功耗电压倍乘的作用。图 7.13 所示为采用金属-氧化物-半导体(Metal-Oxide-Semiconductor,MOS)场效应管构成的电荷泵电路[8],M1 与 M2 的栅极电压是周期为 $2\Delta t$ 的脉冲信号,用 A 表示。M3 与 M4 的栅极电压是与 A 信号非重叠的周期为 $2\Delta t$ 的脉冲信号,用 B 表示。这里假定施加在 M1 与 M2、M3 与 M4 上的电压大小分别相同且忽略了衬底漏电流的影响。

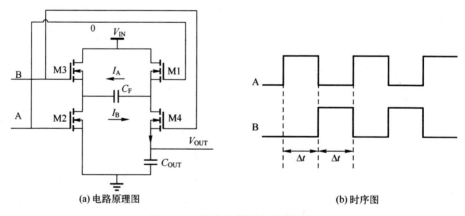

(a) 电路原理图　　　　　　　　　　(b) 时序图

图 7.13 倍乘电荷泵电路原理图

时钟信号 A 为高电平期间内(充电周期),M1、M2 导通,M3、M4 截止,$C_F$ 被 $V_{IN}$ 充电,M1 与 M2 上的导通电阻使 $C_F$ 上的被充电的平均电压小于 $V_{IN}$,即

$$V_{CF} = V_{IN} - I_A(R_{M1} + R_{M2}) \tag{7.6}$$

时钟信号 B 为高电平期间内(放电周期),M3、M4 导通,M1、M2 截止,$C_{OUT}$ 被 $V_{IN}$ 和 $C_F$ 串接充电,所以,$C_{OUT}$ 上的平均电压为

$$V_{OUT} = V_{IN} + V_{CF} - I_B(R_{M3} + R_{M4}) \tag{7.7}$$

由于 MOS 管的导通电阻的存在,它们与 $C_F$ 形成了 $RC$ 延迟网络,一般经验上认为延迟网络的时间足够大的条件为

$$C_F(R_{M1} + R_{M2}) \geqslant 10\Delta t \tag{7.8}$$

$$C_F(R_{M3} + R_{M4}) \geqslant 10\Delta t \tag{7.9}$$

式中:$R_{M1} \sim R_{M4}$ 分别为 MOS 管 M1~M4 的导通电阻。

如果满足上述条件,那么可以认为电荷泵输出的电流等于

$$|I_P| = |I_A| = |I_B| \tag{7.10}$$

又由于时钟信号 A 与时钟信号 B 有着相同的占空比 50%,因此负载消耗的能量与电荷泵平均传递的能量相等,即

$$|\Delta Q_{CF}| \cdot (phaseA) = |\Delta Q_{CF}| \cdot (phaseB) \tag{7.11}$$

式中:phaseA 为时钟信号 A 的高电平持续时间;phaseB 为时钟信号 B 的高电平持续时间。

不难看出,此电荷泵的工作原理主要是在 phaseB 内传递给 $C_{OUT}$ 能量,在 phaseA 内由 $C_{OUT}$ 向外传送电流。假定时钟 A 和 B 的高电平持续时间为 $\Delta t$,电荷泵在闭环系统下,$V_{OUT}$ 是稳定的,电荷泵传递的平均能量必须等于负载能量的损耗。所以

$$I_p = 2I_{LOAD} \tag{7.12}$$

那么,可得

$$V_{OUT} = 2V_{IN} - 2I_{LOAD} \times \sum_{i=1}^{4} R_{Mi} \tag{7.13}$$

式中:$V_{OUT}$ 为被控制量,可看作常量。$V_{IN}$、$I_{LOAD}$ 为变量,被认为是干扰项。$R_{Mi}$ 为 MOS 管 M1~M4 的导通电阻,通过 $R_{Mi}$ 调节 $V_{OUT}$。

由于 $C_{OUT}$ 被周期性的充放电,输出端的电压必然要产生纹波,在时钟信号 B 周期内的电流传递为

$$I_{COUT}(B) = I_{LOAD} \tag{7.14}$$

$$I_{COUT}(A) = -I_{LOAD} \tag{7.15}$$

联合式(7.14)与式(7.15)可得,输出电压的纹波 $V_{OPP}$ 可以用如下表达式表示:

$$V_{\text{OPP}} = I_{\text{LOAD}}\left(2\text{ESR} + \frac{\Delta t}{C_{\text{OUT}}}\right) \tag{7.16}$$

如果电容 $C_{\text{OUT}}$ 的等效串接电阻(Equivalent Series Resistance, ESR)的值远远小于 $\Delta t / C_{\text{OUT}}$ , 那么 ESR 可以被忽略。如果采用陶瓷电容, 则串接电阻在小于 $20\text{m}\Omega$ 的范围以内, 输出可以写为

$$V_{\text{OPP}} = I_{\text{LOAD}}\left(\frac{\Delta t}{C_{\text{OUT}}}\right) \tag{7.17}$$

静态消耗的总电流为电源 $V_{\text{IN}}$ 提供的总电流, 一般来说, 由两部分组成:

$$I_Q = I_{\text{QB}} + I_{\text{QS}} \tag{7.18}$$

可以表示为

$$I_Q = I_{\text{QB}} + \left(\frac{V_{\text{IN}}}{2\Delta t}\right) \cdot \sum_{i=1}^{4} C_{Mi} \tag{7.19}$$

式中: $I_{\text{QB}}$ 为模块提供的电流(如带隙、放大器等); $I_{\text{QS}}$ 为指供给电荷泵栅极的电容的平均充电电流; $C_{Mi}$ 为电荷泵的 MOS 管 M1~M4 的栅极电容。

### 7.2.5 基于 DC/DC 的电源管理电路

直流—直流(Direct Current-Direct Current, DC-DC)开关变换器电路是一种专用于环境动能能量收集器的接口电路, 基于开关电感的脉宽调制原理实现直流电压提高。DC-DC 开关变换器最常见的三种电路拓扑形式为降压(Buck)、升压(Boost)和降压—升压(Buck-Boost)[9], 如图 7.14 所示。其中 Buck-Boost 变换器因其输出电压极性与输入电压相反, 而幅度既可比输入电压高, 也可比输入电压低, 且电路结构简单而流行。

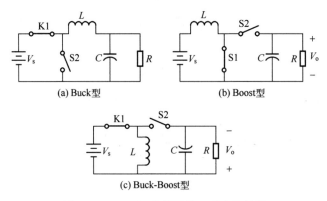

图 7.14 DC-DC 变换器的三种电路结构

根据传输信号的种类, DC-DC 变换器模型可以分为稳态模型、小信号模型和

大信号模型[10]等,其中稳态模型主要用于求解变换器在稳态工作时的工作点;小信号模型用于分析低频交流小信号分量在变换器电路中的传递过程,是分析与设计变换器的数学工具,具有重要意义;大信号模型则主要用于对变换器进行数值仿真计算,有时也用于研究不满足小信号条件时的系统特性。

DC-DC 变换器的建模方法有很多种,包括基本建模法、状态空间平均法[11]、开关元件与开关网络平均模型法[12]等。虽然每种方法有其不同的着眼点和建模过程,但它们的基本思路相同。因为在实际变换器电路中,用于构成开关的有源开关元件和二极管都是在其特性曲线的大范围内工作,从而使变换器成为一个强非线性电路。

针对 DC-DC 变换器的这一特殊性,各种建模方法均采取基本建模法,其基本步骤如下:

首先,对变换器中的各变量在一个开关周期内求平均,以消除高频开关纹波的影响;其次,分解各平均变量,将它们表达为对应的直流分量与交流小信号分量之和,方程两边直流分量、交流分量对应相等,从而达到分离小信号的目的;最后,对只含小信号分量的表达式作线性化处理,将非线性系统在直流工作点附近近似为线性系统,从而线性系统的各种分析与设计方法均可应用于 DC-DC 变换器。

Buck-Boost 电路的输出电压幅度可低于或高于输入电压。如果将电源电压的负端作为参考节点,则输出电压的极性与源电压相反。Buck-Boost 电路原理如图 7.15 所示,其中 S1、S2 均为理想开关。

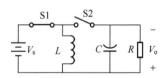

图 7.15  Buck-Boost 电路原理图

Buck-Boost 电路可以工作在连续导通模式(Continuous Conduction Mode,CCM)和非连续导通模式(Discontinuous Conduction Mode,DCM)[13]。CCM 在稳态工作时,整个开关周期内都有电流连续通过电感;而 DCM 下的电感电流是不连续的,即在开关周期内的一部分时间电感电流为零,且它在整个周期内从零开始,达到一个峰值后再回到零。

### 7.2.5.1  CCM 分析

在 CCM 下,Buck-Boost 电路在每个开关周期内有两种工作状态[14],当 S1 闭合、S2 断开时为开态,如图 7.16(a)所示;当 S1 断开、S2 闭合时,为关态,如图 7.16(b)所示。

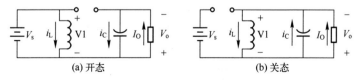

(a) 开态                    (b) 关态

图 7.16  Buck-Boost 电路等效原理图

在开态时:由于 S1 断开,电感电流减小,电感两端电压极性翻转,且其电流同时提供输出电容电流和输出负载电流。根据电流流向可知输出电压为负,即与输入电压极性相反。因为输出电压为负,因此电感电流减小,而且由于加载电压必须是常数,因此电感电流线性减小。"开态"的时间设为 $t_{on} = DT$,$D$ 为控制回路设定的占空比,代表了开关在"开态"的时间占整个开关周期 $T$ 的比值,如图 7.17 所示。

在关态时:输入电压直接加载在电感两端,且由于加载的电压通常必须为定值,因此电感电流线性增加,而所有的输出负载电流由输出电容 $C$ 提供。"关态"的时间设为 $t_{off} = D'T$,且因为对于连续导通模式,电路在整个开关周期中只有两种状态,因此 $D' = 1-D$,如图 7.17 所示。

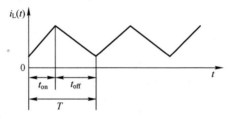

图 7.17　CCM 下 Buck-Boost 电路电感电流波形图

开关周期中电感两端的电压为

$$V_L = L \frac{\mathrm{d}i}{\mathrm{d}t} \tag{7.20}$$

则电感电流的增加量或减少量为

$$\Delta I_L = \frac{V_L}{L} \Delta T \tag{7.21}$$

参考图 7.16 可知开态、关态时电感两端的电压分别为 $V_{L1} = V_s$、$V_{L2} = V$,其中 $V_s$、$V$ 分别表示输入电压和输出电压。

因此,可得

$$\begin{cases} \Delta I_L(+) = \dfrac{V_S}{L} t_{on} & ,0 \leqslant t \leqslant t_{on} \\[2mm] \Delta I_L(-) = \dfrac{V_S}{L}(T-t_{on}) & ,t_{on} \leqslant t \leqslant T \end{cases} \tag{7.22}$$

在稳态条件下,根据"伏秒积平衡"原则[15],开态下的电流增加量 $\Delta I_L(+)$ 与关态下的电流减小量 $\Delta I_L(-)$ 必须相等,即

$$\Delta I_L(+) = \Delta I_L(-) \tag{7.23}$$

$$V_s t_{on} = V(T-t_{on}) \tag{7.24}$$

解得输出电压为

$$\frac{V}{V_s} = \frac{D}{1-D} \tag{7.25}$$

因此,式(7.25)为 Buck-Boost 电路在稳态连续导通模式下的电压转换关系式。且根据式(7.25)可知,占空比 $D$ 越大,其输出电压越大;反之,占空比 $D$ 越小,其输出电压越小。

电感电流为

$$i_L(t) = \frac{1}{L} \int_{t_o}^{t} V_L(\tau) \mathrm{d}\tau + I_{min} \tag{7.26}$$

式中:$V_L(\tau)$ 为电感两端的电压;$I_{min}$ 为 $t=t_0$ 时刻的电感电流。

将 $V_{L1}=V_S$、$V_{L2}=V$ 代入式(7.26)可得

$$\begin{cases} i_{L1}(t) = \dfrac{V_S}{L}t + I_{min} & ,0 \leqslant t \leqslant t_{on} \\ i_{L2}(t) = \dfrac{V}{L}(t-t_{on}) + I_{max} & ,t_{on} \leqslant t \leqslant T \end{cases} \tag{7.27}$$

如果输出电容滤除掉 $i_L(t)$ 中所有的谐波,则负载电流等于电感平均电流。但在 Buck-Boost 电路中,参考图 7.16 可知,电感只有在"关态"时才与负载连接,因此仅仅电感平均电流的一部分流过负载电流

$$I_o = (1-D) \times I_L(\mathrm{avg}) \tag{7.28}$$

根据式(7.28)可知,电感平均电流与输出负载电流成正比例关系,因为电感纹波电流与输出负载电流无关,而电感电流的最大值、最小值精确地跟随电感平均电流变化。例如,当电感平均电流由于负载电流降低而减小 1A 时,电感电流的最大值和最小值也会随着减小 1A(假定一直工作在 CCM 模式下)。

同时由上述分析可知,当 $t=t_{on}=D/f$ 时,电感电流达到最大:

$$I_{max} = \frac{DV_s}{Lf} + I_{min} \tag{7.29}$$

如图 7.17 中电感电流波形所示,计算矩形区和三角区的面积总和为

$$A = \frac{1}{2}T\left(\frac{DV_s}{Lf}\right) + TI_{min} \tag{7.30}$$

电感平均电流即为式(7.30)所表示的面积与开关周期的比值:

$$I_L(\mathrm{avg}) = \frac{DV_s}{2Lf} + I_{min} \tag{7.31}$$

联合式(7.28)、式(7.31)可得最小、最大电感电流计算公式为

$$\begin{cases} I_{\min} = \dfrac{I_o}{1-D} - \dfrac{DV_s}{2Lf} \\[3mm] I_{\max} = \dfrac{I_o}{1-D} + \dfrac{DV_s}{2Lf} \end{cases} \qquad (7.32)$$

根据上述电路分析可知,当电感与负载连接时,电容电流等于电感电流减负载电流;当电感与负载没有连接时,负载电流由电容提供。因此,根据式(7.28)可得最小、最大电容电流计算公式为

$$\begin{cases} i_{C1}(t) = I_o & ,0 \leqslant t \leqslant t_{on} \\[3mm] i_{C2}(t) = \dfrac{V}{L}(t-t_{on}) + I_{\max} - I_o, & t_{on} \leqslant t \leqslant T \end{cases} \qquad (7.33)$$

根据电荷平衡原则,电容电流在整个开关周期内的积分为零,因为积分代表面积即电荷。因此,在图7.18所示的波形中,时间轴上下的面积必须相等。

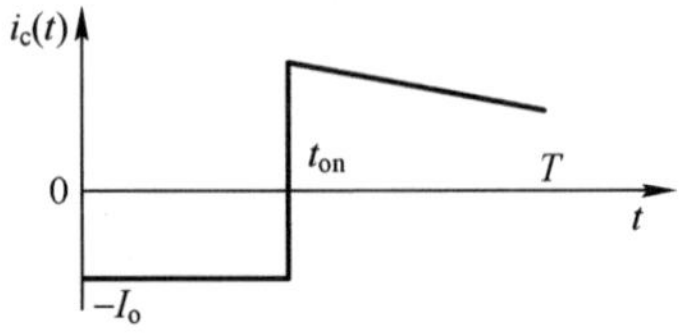

因此,电荷为

$$Q = C\Delta V = I_o t_{on} = \frac{V}{R} \frac{D}{f} \qquad (7.34)$$

输出纹波电压为

$$\Delta V = \frac{VD}{RfC} \qquad (7.35)$$

纹波为

$$r = \frac{\Delta V}{V} = \frac{D}{RCf} \qquad (7.36)$$

图 7.18　CCM 下 Buck-Boost 电路电容电流波形图

CCM 的仿真过程简单,直接利用 Matlab 本身提供的求解非刚性微分方程的库函数 ode23 求解即可。

### 7.2.5.2　DCM 分析

根据式(7.28)知道在 CCM 下,电感平均电流跟随输出电流变化,如果输出电流减小,则电感平均电流也会减小。此外,电感电流的最大值和最小值也会准确地随着电感平均电流变化。如果输出负载电流减小到临界电流水平以下,在开关周期的一部分时间内电感电流就会变为 0。在 Buck-Boost 电路中,如果电感电流试图降低到 0 以下时,它就会停在 0(实际电路中 K2 只允许单向电流通过),并保持为 0 直到下一个开关周期的开始。这个工作模式称为 DCM。

相比 CCM,DCM 在每个开关周期内有三种工作状态:当 K1 闭合、K2 断开时,为开态(ON);当 K1 断开、K2 闭合时,为关态(OFF);当 K1、K2 均断开时,为空闲态

220

（IDLE）。前两种状态与 CCM 模式是一样的，因此图 7.16 显示的电路也是适用的，但 $t_{off} \neq (1-D)T$，开关周期的剩余时间即为空闲态（IDLE）。如图 7.19 所示，为便于分析将各状态的持续时间分别表示为：开态（ON）时间为 $t_{on} = DT$，其中 $D$ 为占空比，由控制电路来设定，表征开关开态内的时间与开关周期总时间 $T$ 的比值；关态（OFF）时间为 $t_{off} = D_2T$；而空闲态（IDLE）时间即为开关周期的剩余时间 $T - t_{on} - t_{off} = D_3T$。

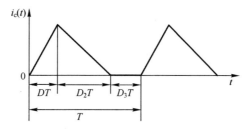

图 7.19  DCM 下 Buck-Boost 电路电感电流波形

与 CCM 同样的分析方法，可以得出电感两端的电压为

$$V_L = L \frac{di}{dt} \tag{7.37}$$

电感电流的增加量或减少量为

$$\Delta I_L = \frac{V_L}{L} \Delta T \tag{7.38}$$

因此，可以得出

$$\begin{cases} \Delta L_L(+) = \dfrac{V_s}{L} \times t_{on} = \dfrac{V_s}{L} DT & ,0 \leqslant t \leqslant DT \\ \Delta I_L(-) = \dfrac{V}{L} \times t_{off} = \dfrac{V}{L} D_2T & ,DT \leqslant t \leqslant (D+D_2)T \end{cases} \tag{7.39}$$

$\Delta I_L(+)$ 纹波电流幅度也是峰值电感电流，因为在 DCM 下，每个周期内电流都是从 0 开始的。同理，与 CCM 一样，开态（ON）下的电流增加量 $\Delta I_L(+)$ 与关态（OFF）下的电流减小量 $\Delta I_L(-)$ 必须相等。

令 $V_s DT = VD_2T$，即"伏秒积平衡" $\Delta I_L(+) = \Delta I_L(-)$，解得

$$\frac{V}{V_s} = \frac{D}{D_2} \tag{7.40}$$

同理，因为电感只有在"关态"时才与负载连接，利用输出负载电流与电感平均电流 $I_L(avg)$ 的关系可得

$$I_o = \frac{V}{R} = \frac{1}{T} \times \left[ \frac{I_{pk}}{2} \times D_2T \right] = D_2 \frac{I_{pk}}{2} = D_2 \frac{1}{2} \frac{V_s}{L} DT \tag{7.41}$$

即

$$\frac{V}{R} = D_2 \frac{1}{2} \frac{V_s}{L} DT \tag{7.42}$$

设 $k = 2L/RT$，联合式（7.41）、式（7.42）解得

$$\frac{V}{V_s} = \frac{D}{\sqrt{k}} \tag{7.43}$$

因此，式（7.43）即为 Buck-Boost 电路在稳态非连续导通模式下的电压转换关系式。且根据式（7.43）可知，输出电压与占空比也成正比例关系，占空比越大，其输出电压越大；反之，占空比越小，其输出电压越小。

同时，由上述分析可知，最小、最大电感电流计算公式为

$$\begin{cases} I_{\min} = 0 \\ I_{\max} = V\sqrt{\dfrac{2}{LfR}} \end{cases} \tag{7.44}$$

由上述分析可知，电感电流为

$$\begin{cases} i_{L1}(t) = \dfrac{V_s}{L}t + I_{\min} & ,0 \leqslant t \leqslant DT \\ i_{L2}(t) = \dfrac{V}{L}(t - t_{on}) + I_{\max} & ,DT \leqslant t \leqslant (D + D_2)T \\ i_{L3}(t) = 0 & ,(D + D_2)T \leqslant t \leqslant T \end{cases} \tag{7.45}$$

因此，电容电流为

$$\begin{cases} i_{C1}(t) = I_o & ,0 \leqslant t \leqslant DT \\ i_{C2}(t) = \dfrac{V}{L}(t - t_{on}) + I_{\max} - I_o & ,DT \leqslant t \leqslant (D + D_2)T \\ i_{C3}(t) = I_o & ,(D + D_2)T \leqslant t \leqslant T \end{cases} \tag{7.46}$$

同理，根据电荷平衡原则，在图 7.20 所示的图形中，时间轴上下的面积必须相等。

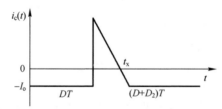

图 7.20　DCM 下 Buck-Boost 电路电容电流波形

根据式（7.46）及图 7.20 可得，电荷为

$$Q = C\Delta V = \frac{1}{2}(t_x - t_{on})(I_{\max} - I_{\min}) = \frac{1}{2}\frac{L}{V}(I_{\max} - I_{\min})^2 \tag{7.47}$$

输出纹波电压为

$$\Delta V = \frac{1}{2}\frac{L}{VC}(I_{\max} - I_{\min})^2 \qquad (7.48)$$

纹波为

$$r = \frac{\Delta V}{V} = \frac{1}{2}\frac{L}{V^2 C}(I_{\max} - I_{\min})^2 \qquad (7.49)$$

DCM 的仿真过程相对来说复杂,因为当电路工作在 DCM 下时,电感电流在每个开关周期的开始必须为 0。而 ode23 函数为提高数值精度,其本身会调整算法的步长,即其步长不是常量,这则会导致关闭时间的电感电流不一致。因此采用四阶 Runge-Kutta 算法,即用一个小的步长,但其为常量来替代可变步长,以维持精度和排除由可变步长所造成的问题。

## 7.2.6 基于最大功率点追踪技术的电源管理电路

最大功率点跟踪(Maximum Power Point Tracking, MPPT)技术是一种通过调节能量收集器的工作状态使能量收集器能够输出更多电能的能量收集技术。图 7.21 为能量收集器阵列的输出功率特性示意图。由图可知,当能量收集器工作电压小于最大功率点电压 $U_{\max}$ 时,输出功率随能量收集器端电压上升而增加;工作电压大于最大功率点电压 $U_{\max}$ 时,输出功率随工作电压上升而减少。

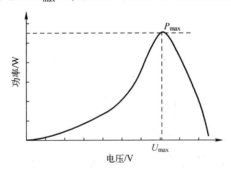

图 7.21 能量收集器输出功率特性曲线示意图

实现最大功率点跟踪实质上是一个自寻优过程,即通过能量收集器端电压,使能量收集器能在各种不同的环境下智能化地输出最大功率,不断获得最大功率输出[16]。最大功率点的搜索方法很多,包括扰动观察法、电导增量法、开路电压比例系数法等[17]。

### 7.2.6.1 扰动观察法

扰动观察法的基本原理是:在某时刻能量收集器的工作电压上增加扰动电压 $U$ 之前,先测量计算该时刻能量收集器的输出功率。如果改变电压后的功率增大了,就在此前的电压上增加分量 $U$;反之,若是功率减小了,则给原来的电压减小分

量 $U$,然后继续观察改变后的功率。

扰动观察法的优势在于跟踪方法简单,需要检测计算的参量少,容易用硬件实现控制。缺点是初始电压和扰动 $U$ 的选取没有一个明确的计算公式,当扰动电压比较大时,跟踪速度迅速,但是最终处于最大功率点(Maximum Power Point,MPP)时的精度差。当扰动电压比较小时,精度比较高,但是达到稳态时用时比较长,这需要根据能量收集器当前的工作点选择合适的步长。

同时,如果能量收集器输出变化比较快,能量收集器工作在不同的伏安特性曲线上,使用该方法可能会判断得到错误的扰动方向,因此扰动观察法一般应用于大功率能量收集器在外界环境变化缓慢的情况。

### 7.2.6.2 电导增量法

电导增量法也是常用的 MPPT 算法之一,适用于环境条件变化较快的场合,其基本原理是:根据能量收集器的 P-V 特性曲线可知,在最大功率 $P_{max}$ 处的斜率为0,所以根据能量收集器输出功率为

$$P = VI \tag{7.50}$$

对式(7.50)求导,同时令等式为 0,可得

$$\frac{dP}{dV} = \frac{d(IV)}{dV} = I + V\frac{dI}{dV} = 0 \tag{7.51}$$

由式(7.51)可得

$$\begin{cases} \dfrac{dI}{dV} > -\dfrac{I}{V} & , V < V_{max} \\ \dfrac{dI}{dV} = -\dfrac{I}{V} & , V = V_{max} \\ \dfrac{dI}{dV} < -\dfrac{I}{V} & , V > V_{max} \end{cases} \tag{7.52}$$

根据式(7.52)分成下面几种情况:

若 $dV = 0$ 且 $dI = 0$ 时,此时可以确定能量收集器处于最大功率点,保持该时刻的电压不变;

若 $dV = 0$ 且 $dI \neq 0$ 时,通过 $dI$ 的正负值来确定能量收集器工作电压的增减;

若 $dV \neq 0$,由式(7.52)中的关系来改变能量收集器的工作电压,从而实现最大功率点跟踪。这种算法中也存在着增量步长的确定问题。

电导增量法也需要实时采样能量收集器的电压和电流,但是电导增量法避免了扰动观察法的盲目性。其优点是控制比较精确,即便能量源发生急剧变化时,能量收集器两端的电压都能平滑地跟随改变,且稳态振荡小,响应速度快。缺点是相比扰动观察法,对硬件的要求比较高,要求系统的响应速度比较快,因此整个系统的成本就比较高。

### 7.2.6.3　开路电压比例系数法

根据大量研究表明,能量收集器的开路电压 $V_{OC}$ 和最大功率点时的电压 $V_{MPP}$ 都存在近似的线性关系:

$$V_{MPP} = kV_{oc} \tag{7.53}$$

式中:$k$ 为与能量收集器特性相关的常数,称为"电压因子",通常介于 0.7~0.8 之间。

开路电压比例系数法的工作原理是首先采样能量收集器在该时刻的开路电压 $V_{OC}$,通过式(7.53)计算出此时的最大功率点电压 $V_{MPP}$,然后控制电路使能量收集器的输出电压逼近计算的 $V_{MPP}$。在下一个时间段重复采样、计算和控制,实现 MPPT 跟踪。开路电压比例系数法的优点是不需要数字信号处理(Digital Signal Processing,DSP)或者微处理器控制,控制电路简单,耗能比较少,适合用于环境条件变化缓慢的情况。

目前,采用开路电压比例系数法的设计思路一般是:针对主供能的能量收集器,再增加一个副能量收集器来采样开路电压,这样可以保证在采样开路电压时,主供能的能量收集器不会断开,从而提高效率。

### 7.2.6.4　其他 MPPT 算法

除了上述几种常用的方法外,在实验室环境甚至工程应用中,还有许多其他 MPP 控制方法,如短路电流比例系数法、模糊控制法、最优梯度法、间歇扫描法以及神经网络法等。

短路电流比例系数法在原理上与开路电压比例系数法类似,除了开路电压与最大功率点电压存在比例关系外,短路电流与最大功率点电流也存在一个近似的线性关系:

$$I_{MPP} = \lambda I_{sc} \tag{7.54}$$

式中:$\lambda$ 为跟能量收集器特性相关的比例常数,根据不同的材料制备的能量收集器其取值不同。

检测短路电流 $I_{sc}$ 比较困难,通常需要一个额外的开关每隔一段时间将能量收集器短路,并用一个电流传感器来检测短路电流的大小。大多数文献采用短路电流比例系数法时,通常用 DSP 来实现 MPPT。

模糊控制法、最优梯度法、神经网络控制法等一般适用于大功率条件下的能量收集器系统,控制比较复杂,跟踪比较精确。

# 7.3　应　用　技　术

随着无线传感器网络、嵌入式智能结构和可穿戴式健康监测等功耗低、独立工作系统的迅速发展,对于长寿命的独立电源供应技术的需求越来越强烈。目前,电池仍然是这类系统的首选电源。但是电池的容量毕竟有限,需要定期更换,给上述系统的应用带来很大的不便。同时,大量使用电池还会对环境造成危害。近年来兴起的能量收集技术是解决以上问题的有效方案。

目前,环境动能能量收集技术主要基于压电振动、电磁振动和流体诱导振动及复合微型振动能量收集,主要应用于汽车、军事和航空航天、医疗和消费电子、工业,以及建筑、家庭自动化、环境等领域。

### 7.3.1 在汽车胎压监测中的应用

汽车在行进过程中,轮胎在不断的旋转运动,并且轮胎周期性与地面接触、形变,存在着可观的机械能量。通过环境动能能量收集器将机械能转换为电能,为胎压监测系统(Tire Pressure Monitoring System,TPMS)提供稳定可靠的电源,可解决TPMS 的供电问题。

TPMS 是一个预防型安全装置系统,即将压力传感器放置于轮胎内部进行胎压实时监测,当汽车轮胎出现胎压较低或较高时,系统通过安装在每个轮胎上的测量传感器直接测量每个轮胎的气压和温度数据,然后测量数据用电信号的方式经过无线发射器的调制以高频率波的形式传输至无线信号接收器,经过接收器的解调后转化为电信号,经过数据处理后显示在显示器上供驾驶员查看。如果出现胎压不符合标准的情况时,发出警报提醒驾驶员[18]。

重庆大学微系统中心根据汽车胎压监测系统需求,测试分析了 TPMS 监控模块性能,设计了电源管理电路,进行了转台模拟实验,实现了微型压电振动式能量收集器在汽车胎压监测中的应用。

#### 7.3.1.1 TPMS 监控模块的电学性能

采用如图 7.22 所示测试系统对南京泰晟公司生产的 TPMS 监控模块的电学性能进行了测试,得到 TPMS 监控模块的工作特性如下:发射模块启动时的瞬时电流约为 500~900μA,持续时间 5~6s。静态工作电流仅 1μA,功耗为 3.5μW。每隔 5~6s 发射一次,每次发射电流约为 1mA,发射持续时间约为 70ms,功耗为 2~3mW,因此发射模块的平均功率消耗约 27~45 μW,等效阻抗约为 350~430Ω。

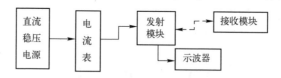

图 7.22　TPMS 监控模块性能测试示意图

#### 7.3.1.2 微型压电振动能量收集器电源管理电路

根据 TPMS 监控模块的电学性能,设计了微型压电振动能量收集器电源管理电路,原理图如图 7.23 所示。

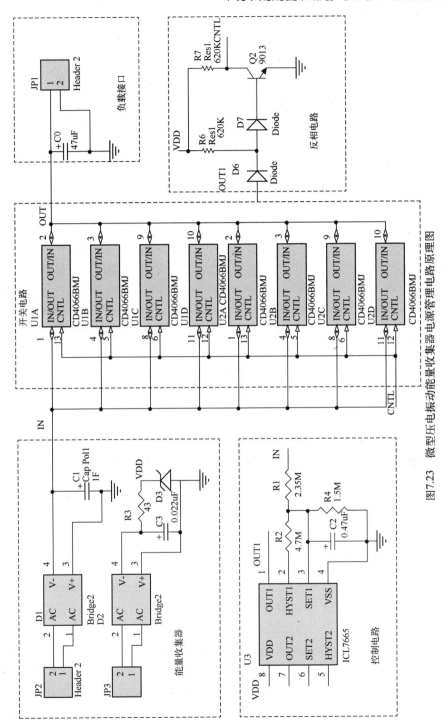

图7.23 微型压电振动能量收集器电源管理电路原理图

该电路由振动能量收集器电路、控制电路、反相电路和 MOS 开关电路构成,各部分功能如下:

(1)微型压电振动能量收集器电路。采用两路微型压电振动能量收集器,主能量收集器为储能器件提供充电能量,直接通过 MOS 开关与负载相连;辅助能量收集器主要为控制电路、反相电路和 MOS 开关电路提供工作电压。这样不仅可大大提高其抗干扰能力,而且还可以提高电能的利用率。由于 TPMS 功耗不大,因而主能量收集器频率可根据环境要求自行设计,辅助能量收集器频率与主能量收集器的频率相同或相差不超过 2Hz。

(2)控制电路。采用微封装的芯片 ICL7665,该芯片是一款微功耗电源管理专用芯片,其静态工作电流仅仅为 3μA,工作电压范围是 1.6~16V。在主回路超级电容电压较低的情况下,控制器输出一个高电平,MOS 开关关闭,负载不能够正常工作。随着超级电容两端电压的升高,当达到 ICL7665 的阈值电压时,控制芯片输出一个低电平,经过 9013 三极管反相器隔离后直接控制 MOS 开关管开启,超级电容与负载接通,此时就是充电和耗电两个进程同时进行。随着负载的耗电,超级电容两端的电压相应地降低,直至负载工作电压的最低点处,控制芯片输出高电平,开关关闭,此时负载断开,整个电路又处于充电状态。整个电路的静态电流仅10~15μA。

(3)反相电路。为提高电路的抗干扰性能,控制芯片采用负逻辑,采用贴片封装的 NPN 型三极管进行有效地电气隔离和反相,隔离后的控制信号直接与 MOS 开关相连。

(4)MOS 开关电路。根据负载的特点和振动能量收集器的功率,该部分对静态导通电阻有很高的要求。为减少 MOS 开关输入阻抗,采用八级 MOS 开关并联的方法,其开关等效输入阻抗仅 13~15Ω,其静态工作电流在 10μA 以下。根据电路工作的总体要求,采用集成 CMOS 开关芯片 CD4066,其内部集成四个低功耗MOS 开关,八级开关并联后实际测得的阻值约为 14Ω。

采用微型压电振动能量收集器组为 TPMS 的发射模块供电,搭建实验测试系统,将低频扫描信号发生器的频率设为 50Hz,振动加速度为 0.3g 条件下,由两只固有频率约为 50Hz 的微型压电振动能量收集器提供电源,如图 7.24 所示。

实验结果显示:辅助电路可以稳定在 5.5V,当主电路电压上升到 3.8V 左右时开关导通,主电路开始为无线发射模块供电,之后储能器电压逐步下降,并最终稳定在 3.64V 左右。在开关初始导通的瞬间,由电流表可以观察到此时辅助能量收集器给主能量收集器电路提供的电流大约有 0.1mA,说明补充回路起到了提高瞬时发射功率的作用。在开关导通后输出电压大小基本恒定,从图 7.25 可以看出,发射模块每发射信号一次,由于瞬时大电流的影响,储能器电压会瞬时降低大约

图 7.24　为 TPMS 的发射模块供电的模拟实验系统

0.6V,但又会快速回弹,在发射模块休眠期间(6s 内),微型压电振动能量收集器再次将储能器充电至 3.64V 左右,达到动态平衡状态。

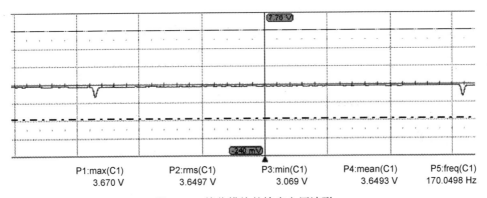

| P1:max(C1) | P2:rms(C1) | P3:min(C1) | P4:mean(C1) | P5:freq(C1) |
| --- | --- | --- | --- | --- |
| 3.670 V | 3.6497 V | 3.069 V | 3.6493 V | 170.0498 Hz |

图 7.25　接收模块的输出电压波形

为了模拟验证汽车开动时胎压监测系统工作状态,课题组搭建了一个由电磁式电动机、旋转架、光学计数器、示波器等组成的轮胎转动充电模拟实验系统,如图 7.26 所示。通过控制电动机上的转速对安装能量收集器的转盘控制,能量收集器与转动轴心的距离跟轿车轮胎内侧与轮胎轴心的距离基本一致。转速可由光学计数器得到。

将能量收集器的输出电流经过整流电路后给一个电容为 2200μF 的电容器充电。当改变电动机的转速时,取充电时间为 10min,测得电容的电压如图 7.27(a)所示,对应的输出功率曲线如图 7.27(b)所示。由图可见,在转动的情况下,能量

229

图 7.26　轮胎转动充电模拟实验

收集器的谐振频率约为 14.25Hz,当采用一个能量收集器为 2200μF 的电容器充电时,其输出功率可达到 35μW 左右。

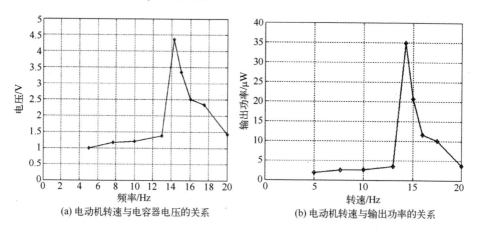

(a)电动机转速与电容器电压的关系 　　　 (b)电动机转速与输出功率的关系

图 7.27　电动机转速与能量收集器输出的关系

### 7.3.2　在舰船发动机故障监测系统中的应用

　　舰船发动机是一个十分复杂的机械系统,其内部运动部件数量多,振动激励源也较多,在正常运行时产生各种振动的激励源,包括直接激励源、间接激励源和其他激励源三类。发动机各种振动激励源所产生的振动信号会经过不同路径传输到发动机表面引起缸盖和缸体或横向、或纵向、或扭转、或是几种模态相叠加的复合振动模态[19],并且不同位置的振动信号反映发动机内部不同零部件的运行状态。

发动机机体表面的振动及其特征信息直接或者间接地反映了发动机工作状态信息及其变化规律,是发动机故障信息的重要载体。常常在整个发动机的不同汽缸上以及同一汽缸的不同位置处分别放置多个无线加速度传感节点来获取振动信息。发动机的振动激励源不仅可以作为故障信息的信号源,又因其伴随发动机工作运行过程的始终,也可作为一种振动能量源,利用振动能量收集技术将其转换成可使用的电能为加速度传感节点自给供电。

重庆大学微研究中心对重庆长航集团的某大型发动机振动特性进行了测试分析,搭建了如图 7.28 所示的现场测试分析系统,该系统由加速度计、电荷放大器和信号显示系统组成。测试结果如图 7.29 和图 7.30 所示,该发动机正常工作时的振动频率范围是 $600\sim700Hz$,加速度幅值为 $2\sim4g$,最大加速度为 $10g$。

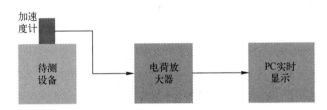

图 7.28　振动信号测试系统

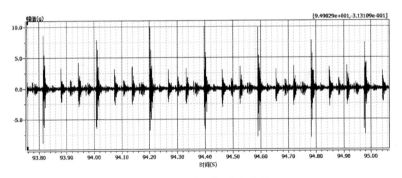

图 7.29　时间-加速度曲线

为了实现对舰船发动机多个故障点的监测,如发动机缸盖、缸壁等位置,更全面地分析装备故障情况,搭建了如图 7.31 所示的振动故障监测无线传感网络。该系统由故障监测节点、中继节点和 PC 端用户界面组成。故障监测节点主要实现振动信号的采集与发射,工作过程中由微型压电振动能量收集器系统供电,中继节点主要对故障监测节点发射的信号进行放大,实现远距离传输,由外部电源供电;PC 端界面用于显示监测点的故障状况。

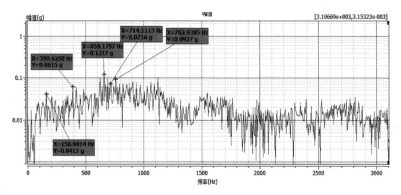

图 7.30　频率–加速度曲线

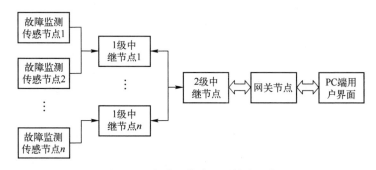

图 7.31　发动机故障监测传感网络

　　故障监测节点原理如图 7.32 所示。故障监测节点由微型压电振动能量收集器、电源管理电路、固态薄膜电池、加速度传感器、CC430 微控制器以及天线组成。在该节点中,微型压电振动能量收集器输出通过电源管理电路调理后对加速度传感器和 CC430 微控制器进行供电,同时将多余能量存储于薄膜电池中。加速度传感器一旦获得电源即开始监测振动信号,并通过 CC430 微控制器进行处理后发送给中继节点。CC430 集成了无线发射芯片 CC1101 和 MSP430 微控制器内核,能够

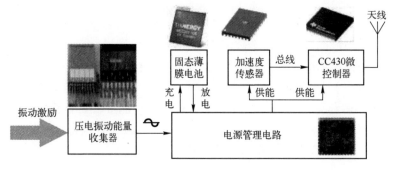

图 7.32　故障监测节点原理图

有效地降低整个节点的功耗。

在设计自供电的故障检测节点时,低功耗是首要考虑的因素。系统核心部件选取 TI 公司的 MSP430O 系列单片机作为微处理器,满足系统超低功耗的要求。无线模块将 CC430F6137 微控制器作为振动监测节点的主控芯片。它集成了低功耗无线收发芯片 CC1101 内核,具有灵敏度高、可靠性好、多点通信控制的功能。最重要的是具有低功率电磁波激活(无线唤醒)功能,可以使芯片处于睡眠模式,根据需要把其唤醒进入接收或者发送的模式,实现低

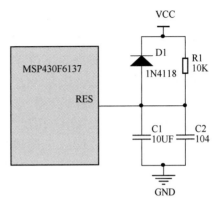

图 7.33　复位电路

功耗的目的。为了提高系统的稳定可靠性,在电源稳定之后需要经过特定的延时,复位信号才能被撤消。图 7.33 是本系统设计的复位电路,图中的 R1、C1 实现延时功能,C2 是滤波电容用来避免高频谐波对电路的干扰。复位电路中的二极管 D1 在电路中的作用是:当电源断开以后,能迅速将电容上的电能放掉;对于在瞬时断电再上电的情况下使用尤其重要。

加速度计电路设计以 ADXL312 为核心,ADXL312 是一款超低功耗小巧纤薄的 3 轴加速计,数字输出数据为 16 位二进制补码的形式,可通过 SPI 或者 $I^2C$ 数字接口访问。它既可在倾斜感测应用中测量静态重力加速度,也可以运动或者振动中监测动态加速度,可满足对发动机进行一系列特殊的振动状态监测功能。节点的电路设计如图 7.34 所示。

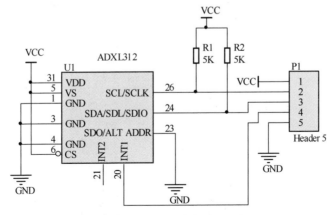

图 7.34　加速度计与微控制器接口

本系统的无线发送/接收数据的任务由 CC430F5137 内部集成的无线模块来完成,此无线模块的工作频率范围在 433MHz/868MHz/915MHz 的 ISM 波段,在本系统中设定其工作频率在 433MHz。从系统的体积大小等方面考虑,设计中采用单极性小天线。为了解决芯片 CC430F6137 的双端阻抗与天线单端的转化问题,节点中采用天线的阻抗设计为 50Ω。

为了使信号高效完整地传输,负载阻抗和信源内阻抗或传输线波阻抗之间必须进行阻抗匹配。本设计中采用接入阻抗变换器的方法实现输出端和天线之间的阻抗匹配,由 L1、C3、L2、C4 构成的巴伦平衡器和 C6、C8、L5 组成。芯片 CC43OF6137 存在线性度差、易造成非线性失真的不足,容易形成较高的谐波电平。为了抑制谐波,在巴伦平衡器后面设计了滤波电路,由 L3、L4 和 C5 构成,C7、C9 用于隔离滤波,如图 7.35 所示。

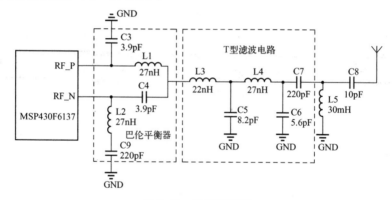

图 7.35　天线原理图

基于以上设计,搭建了基于集成微能源系统的舰船发动机故障监测应用原理演示系统,如图 7.36 所示。研制的舰船发动机故障监测系统对振动信号监测的输出曲线如图 7.37 所示。

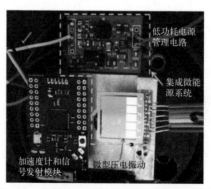

图 7.36　舰船发动机故障监测原理演示系统

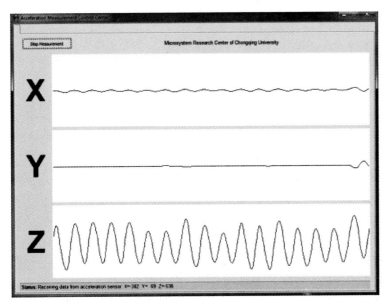

图 7.37　故障监测原理演示系统监测振动信号的输出曲线

## 7.3.3　飞机无线传感器振动能量收集自供电系统

飞机上的振源很多,如发动机和气动扰流、螺旋桨及发动机旋转部件、直升机旋翼、炮弹发射时产生的振动。而飞机上几乎所有的设备都要承受各振源的振动激励,而且飞机上的振动大多属于确定性的,这为遍布飞机各个角落的无线传感器节点提供了充足的能量。

对于某型军用飞行舱位振动环境测试结果研究表明,飞机飞行速度在 500km/h 左右时,前设备舱的振动频率集中在 500～2000Hz,功率密度集中在 $100\mu W/cm^2$ ～ $5mW/cm^2$ 之间。而当飞行速度达到 500～1200km/h 时,振动频率还是集中在 500～2000Hz 区间,而功率密度则明显增加到 10～$100mW/cm^2$,所产生的能量非常可观。此舱位振动响应主要由飞机表面紊流引起,只要飞机飞行就会产生,如果考虑飞机排气部位和发动机振动,振动能量更加可观。

在飞行器上进行结构的健康监测和实时管理对提高飞机的系统安全有重要作用。用于飞行器结构健康监测的分布式传感器节点构成一个无线传感网络。无线传感器节点的体积较小,为了减少复杂的信号线和电源线对飞机电路系统带来不必要的影响,越来越多的传感器自带无线数据发射模块。这种无须电缆连接的自供电传感器很大程度上简化了系统搭建的复杂程度,降低了监测系统的维护成本,采用环境动能能量收集器将飞机的振动能转换为电能为传感器供电,不用担心设

235

备电能的耗尽以及无线传感器的寿命的终结,进而很好地保障了整个结构的安全性能。

南京航空航天大学杨沛等人提出了一种可同时收集热能与振动能的复合能量收集传感器[20]。其中,针对振动能收集采用了高精确开关控制的同步电荷提取技术(SECE)对压电能量收集模块进行了高效电荷提取,如图 7.38 所示。

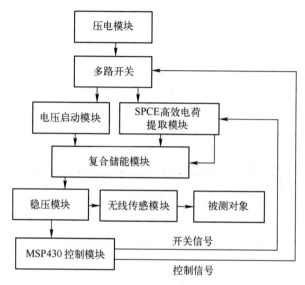

图 7.38　能量收集无线传感器控制系统图

能量自收集传感器系统的工作原理如下:系统在刚启动时,由于储能电容中没有电荷积累,MSP430FE425 控制器处于掉电模式,无法运行内部程序以进行压电能量收集的同步电荷提取,无线传感节点也处于不工作状态,此时多路开关处在默认直接给复合储能模块的储能电容进行供电状态;当环境中有振动产生时,储能电容进行电荷积累,当电容电压达到一定量时,MSP430 单片机上电运行并进行高效能量收集,给无线传感节点提供稳定的运行功率,同时通过控制信号切换多路开关,电压启动模块关闭运行,系统处于正常工作状态。此时,MSP430 单片机和无线传感模块处于间歇工作模式,以达到低功耗的效果。当外界的振动能量持续较低,储能电容中电荷消耗殆尽无法给 MSP430 单片机和无线传感节点供电时,MSP430 单片机会掉电,多路开关在没有控制信号的情况下自动切换到默认与电压启动模块连接状态。整个系统工作原理示意图如图 7.39所示。

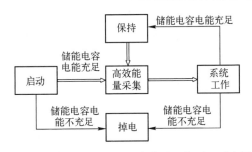

图 7.39    能量自收集无线传感器工作原理示意图

### 7.3.4    一种人体行走动能能量收集应用系统

人体具有充沛的能量,通常人们使用肌肉将这些储藏的化学能量转换成机械能,还可以利用设备把机械能转换成电能,如手摇发电机、发条式手电筒等,并且可以有较高的转换效率。

人们可以从行走中获得较为充沛的电能,例如:利用人在行走时挤压鞋底产生电能;弹力负载背包在人行走过程中,利用背包垂直振荡产生的能量等。

东南大学姚梦等人设计了一种人体能量收集系统模型[21],用于测试再生制动概念,它可以在人行走过程中产生电能,该机构被安装在人腿的膝盖部位,选择性地在腿部摆动结束阶段连续地按压压电能量收集器参与发电,它还能帮助关节完成减速动作,非常适合给假肢或者其他便携式医学设备充电,如图 7.40 所示。

图 7.40    压电能量收集器
安装示意图

该能量收集器模型由一个整形外科用膝形拉条构成,膝部运动通过一个卡在两个固定距离的滚轮之间的凸轮动作按压压电陶瓷,压电振子在外界冲击力作用下产生形变从而输出电荷,通过能量转换系统在控制电路两端输出稳定的电压值,其中长杆件上端铰链于大腿的支撑架上,圆盘圆心铰链于小腿的支撑架上,滚轮所在杆件与小腿的支撑架处于平行位置,如图 7.41 所示。

凸轮与滚轮的运动机构如图 7.42 所示。首先是膝关节的运动带动杆件运动,杆件将运动角度的变化传递给圆盘,再通过圆盘上一个固定的圆柱将其相对于小腿垂直方向上的位移传递给杆件,杆件下端固定有滚轮,滚轮再带动凸轮旋转。

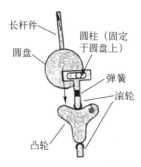

图 7.41　凸轮与滚轮的运动机构　　　图 7.42　凸轮与滚轮的运动机构

对于压电陶瓷来说,挤压的速度越快,产生的电压越大。由于要使凸轮受力最小,因此选择当凸轮顺时针旋转了 30°时按压压电陶瓷,而此时对应的滚轮的上升高度为 7mm,那么圆盘上圆柱上升距离为 10mm。由于圆盘上圆柱只将垂直方向上的速度传递给了滚轮,那么就使圆柱上升 10mm 的时候,其所在的圆盘半径恰好与滚轮所在的杆件垂直。由于圆盘半径为 20mm,因此圆柱的初始位置所在的圆盘半径与小腿支撑架的夹角为 $90°-\arcsin(10/20)=60°$。选择性地在腿部摆动结束阶段参与发电,使用者不需更多的额外体力支出,还能帮助关节完成减速动作。

### 7.3.5　煤机装备诊断无线传感器网络自供电电源系统

目前,在矿井中煤机装备的工作环境中存在大量的振动能量源,经调研振动频率范围一般在为 0~500Hz,其中电牵引式滚筒采煤机的工作状态振动频率一般低于 300Hz。

无线传感器网络在矿井下针对包括煤矿环境监测、井下人员定位、采煤设备安全监测等方面应用有着迫切需求。而受限于无线节点持续供电关键问题,基于无线传感器网络对采煤机进行在线实时监控的技术还不是很成熟。采用环境动能能量收集器将煤机装备的振动能量转换为电能,为无线传感网络节点提供持续电源,将可以很好地解决目前无线传感网络在矿井中应用难的问题。

中北大学燕乐等人提出了一种面向采煤机械的无线传感器网络的自供电电源系统,该系统利用外部单悬臂梁压电单元稳定供电,通过搭建振动台测试系统模拟采煤机的工作环境对整个系统的可行性和可靠性进行了测试[22]。

其硬件部分主要由微能源管理模块、数据采集处理模块、无线通信模块、其他模块以及各模块外围电路构成,可以通过振动式能量收集器将环境中的振动机械能转换为电能,为煤机装备诊断自供电无线传感器网络系统自供电,传感器网络通过数据采集模块进行多参量传感器数据采集,通过 Zig Bee 无线通信模块传输数据到上位机,实现采煤机的在线监控功能,如图 7.43 所示。

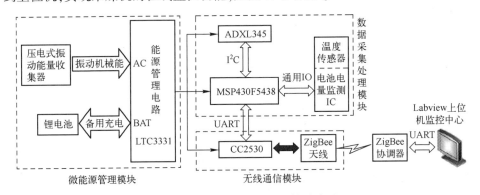

图 7.43　终端传感器节点硬件设计图

微能源管理模块选用振动式压电能量收集器作为自供电能源管理模块的微能源来源,能量收集器如图 7.44 所示。压电式振动能量收集器使用由 PZT 薄膜构成的单晶片结构,通过上下谐振摆动进行能源收集。悬臂梁固定在振动主体与器件的连接点上,悬臂梁上下表面都经过前期工艺附着一层通过压电效应产生电荷的 PZT 薄膜,当悬臂梁结构随着振动主体的振动而上下振动时,悬臂梁表面 PZT 压电膜结构发生形变,薄膜内部出现电极化现象,在其上下电极表面会产生等量异号束缚电荷,从而产生电势差。压电层因应变产生的交变电压通过 PZT 表面镀的电极输出。

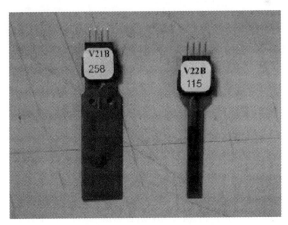

图 7.44　压电式振动能量收集器

本系统选择能量收集器电源管理芯片 LTC3331 构成微能源管理电路,如图 7.45 所示。LTC3331 芯片的内部集成了降压转换器与降压-升压转换器,具有微毫级能量采集器与并联电池充电器两种功能。也就是说,芯片根据外部环境能量和电池的可用性,内部降压转换器与降压-升压转换器共同作用决定其供电方式:环境能量供电、电池供电二者共同供电。作为能量采集器,能量采集端供电模式由芯片内部集成的全波桥式整流器、欠压锁定 UVLO(Under-Voltage Lockout, UVLO)电路和高电压降压 DC-DC 共同发挥作用,要求被采集的环境能量能够持续有效并且可以驱动内部降压 DC-DC 转换器。

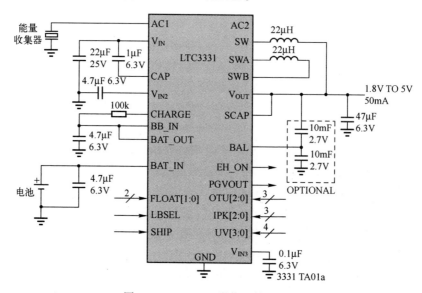

图 7.45  LTC3331 微能源管理电路

当采煤机工作产生振动时,振动式压电能量收集器采集环境振动能量转换为电荷,电荷在输入电容上进行积累,当 $V_{IN}$ 电压高于 UVLO 上升阈值时,降压转换器激活,LTC3331 采用环境能量输入模式为 $V_{OUT}$ 端供电,同时内部并联电池充电器为锂电池充电。

当 $V_{IN}$ 逐渐耗尽至 UVLO 下降阈值以下或采煤机振动停止时,能量输入模式切换为电池模式供电。这种供电方式在满足功率匹配原则的同时也极大地提升了环境振动能量利用率和供电持续性,为节点可靠工作打下了坚实的基础。

为了模拟采煤机的工作模式,将待测终端节点水平固定在振动台中央,设置振动台测试系统软件参数使其持续为终端传感器节点加载幅值为 $1.5g$ 垂直振动加速度,频率在 $0\sim2h$ 内扫频上升到 100Hz,$2\sim6h$ 进行 100Hz 下的固定频率测试,$6\sim8h$ 扫频递减至停止运行,如图 7.46 所示。

在上述模拟环境的设置下,待测终端传感器节点的电池容量利用基于

(a) 测试系统

(b) 示波器

(c) 振动台

图 7.46　系统功能测试现场图

MAX17043(电池电量读取芯片)的电池电量监测电路进行读取,测量方法为将 MSP430F5438 连接 MAX17043 的数据端 SDA、时钟端 SCL,通过 I$^2$C 模式读取并测算电池相对容量估算值。待测节点电池电量测试结果如图 7.47 所示。

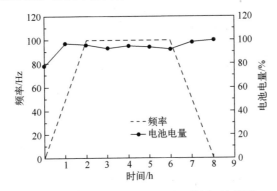

图 7.47　待测节点电池电量测试结果(见彩图)

观察上述测试结果进行分析可以得到:

(1) 在 0~1h 内振动频率由 0 上升至 50Hz,电量由初始值 78% 上升为 97%,在这个频段内振动式压电能量采集器可输出较大功率,通过能源管理电路的作用,压电单元既为待测终端传感器节点供电也对蓄电池充电。

(2) 在 1~6h 内振动频率由 50Hz 上升至 100Hz,之后便固定在 100Hz,此过程中振动台的振动频率逐渐高于振动式压电能量采集器的高输出功率频段范围。当输入电容上累计的电量低于 LTC3331 芯片的 UVLO 下降阈值后,能源管理电路转换为电池供电模式,电池的电量随即逐渐下降,但持续振动使电池容量基本维持在 90% 以上。

(3) 在 6~8h 内振动频率由 100Hz 下降为停止状态,随着压电单元逐渐靠近其谐振频率,振动能量的输入功率不断增大,累计电量逐渐上升至 UVLO 上升阈值,节点电能输入逐渐转换为环境采集能量,同时也将继续对电池充电。

241

# 7.4 环境动能能量收集器单片集成设计探索

基于微型环境动能能量收集器的单片集成技术包括以下方面：

（1）基于目前微电源器件的工艺技术研究成果，结合溅射、蒸发、化学气相沉积、溶胶-凝胶等薄膜制备工艺特点以及干法刻蚀、湿法腐蚀、lift-off等薄膜图形化工艺特点，研究多种功能膜的集成加工方法。

（2）开展单项工艺实验，研究干法、湿法刻蚀、键合等典型MEMS工艺的温度、电磁场等因素对各种功能膜性能的影响。

（3）综合分析表面加工工艺、体加工工艺、微电铸工艺等微结构制作工艺特点，研究多种复杂微结构的加工工艺及工艺兼容性。

（4）针对多种微电源器件的结构特点和材料特点，研究其典型加工工艺之间的热和材料兼容性，探索基于MEMS微型振动能量收集器的微能源系统单片集成工艺流程。

世界主流的芯片供应商已经开始推出商业化的微能源电源管理芯片。该类芯片能够服务于指定的环境能量获取场合。美国凌特公司推出的用于微型振动能量收集器的LTC3588芯片，为包括压电换能器在内的低能量电源而优化。LTC3588是一款可提供完整的能量收集解决方案[23]，压电器件通过器件的挤压或挠曲产生能量。视尺寸和构造的不同而不同，LTC3588可将2.5~20V交流输入降低至为1.8V、2.5V、3.3V或3.6V直流输出；典型休眠损耗电流为450nA，工作损耗电流约10μA，如图7.48所示。

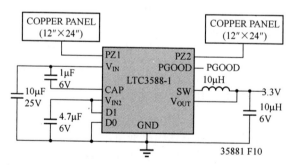

图 7.48　凌特公司 LTC3588 电源管理电路

美国得州仪器 TI 推出一款面向能量收集与低功耗应用的高效率超低功耗降压转换器全新 TPS62120，其电路框图如图 7.49 所示[24]。不但可实现高达 96% 的效率，而且还可通过 2~15V 输入电压生成 75mA 的输出电流。该款高性能器件支持能量收集与电池供电应用以及 9V 与 12 V 线路供电系统,TPS62120 同步转换器支持节电模式可在整个电流负载范围内实现高效率,在负载低至 100 A 时效率也可达到 75%。该器件在轻负载工作条件下工作模式为脉冲频率调制 PFM 模式。静态电流仅为 11A。此外,TPS62120 还可在较高电流条件下保持平稳高效的工作状态,可自动从节电模式转为固定频率脉宽调制(Pulse-Width Modulation,PWM)模式。

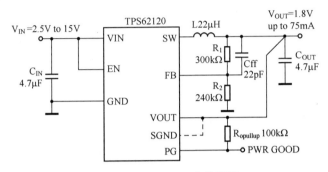

图 7.49 TPS62120 电路框图

重庆大学杨世博等人针对压电能量收集器的输出特性,设计出压电能量收集电源管理电路[25]。电源管理电路主要由 AC-DC 转换、误差放大器、带隙基准电压源、PWM 比较器、驱动电路、保护电路等模块组成。电路原理框图如图 7.50所示。

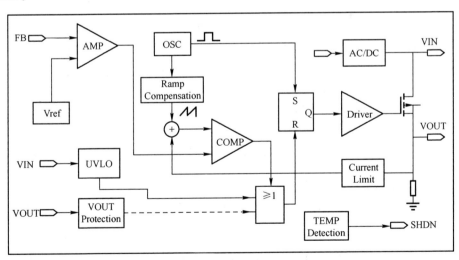

图 7.50 压电能量收集器电源管理电路原理框图

其工作原理为:AC-DC 转换模块接压电能量收集器的输出,其中的桥式整流电路将收集到的交流电压转换为直流电压,该直流电压作为输入为后续 DC-DC 模块提供电源。

　　误差放大器用来放大输出采样电压与带隙基准的差值。带隙基准电压源产生一个与电源电压和工艺无关的电压值,作为与输出采样电压比较的电压基准,同时为其他模块提供基准电流。

　　PWM 比较器将经斜坡补偿的电流负反馈与误差放大器输出进行比较,产生一个 PWM 信号,将电压和电流的负反馈信号经放大和整形后输出给逻辑控制电路。由于开关管和整流管的宽长比都很大,可达几千比一,因此需要驱动电路来驱动这两个功率管的开关,驱动电路可以在很短的时间内为功率管的栅极电容充电以使功率管能快速开启和关闭。

　　保护电路包括过温保护、欠压锁定和输出过压保护。过温保护电路用于监测芯片温度,当芯片温度超过所设置的阈值时电路输出一个电平信号关断芯片,以防温度过高将芯片烧坏。

　　欠压锁定电路监测芯片输入电压以防止电源电压不稳定时芯片发生误操作,当 $V_{IN}$ 低于阈值时电路输出高电平将芯片锁定,输出过压保护电路则监测输出电压值,若 $V_{OUT}$ 高于阈值电路时,则输出高电平时关断芯片以防止电压过高烧坏负载。

# 7.5　本章小节

　　本章从环境动能能量收集器电源管理策略要求出发,重点介绍微型环境动能能量收集器电源管理电路的原理及设计方法,包括能量收集器快速充电电源管理电路、低功耗能量收集器电源自主管理电路等的低功耗电源管理电路技术原理和设计方法,然后介绍微型环境动能能量收集器的典型应用实例,如在胎压监测系统中的应用,舰船发动机故障监测系统中的应用等,同时探索了环境动能收集器单片集成。

# 参 考 文 献

［1］　林树靖. MEMS 微能源系统电源管理控制技术研究[D]. 重庆:重庆大学,2011.

［2］　Shu Y C,Lien I C,Wu W J. An improved analysis of the SSHI interface in piezoelectric energy harvesting[J]. Smart Materials & Structures,2007,16(6):2253.

［3］　Lien I C,Shu Y C,Wu W J,et al. Revisit of series-SSHI with comparisons to other interfacing circuits in piezoelectric energy harvesting[J]. Smart Material Structures,2010,19(12):125009.

［4］　Shu Y C,Lien I C. Analysis of Power Output for Pizeoelectric Energy Harvesting Systems [J]. Smart

Material and Structure,2006( 15) :1499–1512.

[5] Badel A,Benayad A,Lefeuvre E,et al. Single crystals and nonlinear process for outstanding vibration-powered electrical generators[J]. IEEE Transactions on Ultrasonics Ferroelectrics & Frequency Control,2006,53(4) :673.

[6] Badel A,Guyomar D,Lefeuvre E,et al. Piezoelectric Energy Harvesting using a Synchronized Switch Technique [J]. Journal of Intelligent Material Systems & Structures,2006,17(8–9) :831–839.

[7] 唐炜,黄伯达,曹景军,等. 一种自感知型电感同步开关能量采集电路[J]. 传感技术学报,2014(11) :1469–1476.

[8] 吴萃婷. 带有电荷泵的电源管理模块的设计[D]. 大连:大连理工大学,2007.

[9] 卫永琴. 交流 Buck—Boost 电路的分析与研究[D]. 青岛:山东科技大学,2003.

[10] 张卫平. 开关变换器的建模与控制[M]. 北京:中国电力出版社,2006.

[11] 杨国超. Buck 变换器建模与非线性控制方法研究[D]. 无锡:江南大学,2008.

[12] 蔡宣三,龚绍文. 高频功率电子学——直流—直流变换部分[M]. 北京:科学出版社,1993.

[13] 夏顺贵. DC/DC 变换器的模糊控制方法研究[D]. 无锡:江南大学,2008.

[14] 李宇. Buck-Boost 变换器的研究[D]. 南京:南京航空航天大学,2006.

[15] Rogers E. Understanding Buck-Boost Power Stages in Switch Mode Power Supplies[J]. Chest Journal,2002,24( 1) :47–48.

[16] 啜保昌. 基于最大功率跟踪技术的 WSN 智能供电系统研究[D]. 北京:北京林业大学,2010.

[17] 刘鹏宇. 基于室内光能和振动能的复合式能量采集微电源系统研究[D]. 重庆:重庆大学,2013.

[18] 杨立彪. 无线胎压监测系统供电电源的研究[D]. 天津:河北工业大学,2012.

[19] 周洁琳. 适用于发动机振动监测的微型宽频压电能量收集器研究[D]. 重庆:重庆大学,2015.

[20] 杨沛. 飞机无线传感器热能与振动能综合能量收集自供电技术研究[D]. 南京:南京航空航天大学,2014.

[21] 姚梦,武庆东. 一种人体能量收集系统的研制[J]. 河南机电高等专科学校学报,2011,19(3) :8–11.

[22] 燕乐. 煤机装备诊断自供电无线传感器网络系统的设计与研究[D]. 太原:中北大学,2016.

[23] http://www. linear. com. cn/search/search. php? q=LTC3588.

[24] http://www. ti. com. cn/product/cn/tps62120? keyMatch=TPS62120&tisearch=Search-CN-Everything.

[25] 杨世博. 基于复合能量采集的电源管理 ASIC 设计[D]. 重庆:重庆大学,2014.

# 内 容 简 介

本书根据微型能量收集器技术的研究现状与趋势,结合作者课题组多年来在微型能量收集器的相关研究工作,重点介绍微型环境动能能量收集器的相关理论、设计方法与制造工艺、电源管理电路和应用技术探索。第2~5章分别介绍微型压电振动能量收集器、微型电磁振动能量收集器、风致振动能量收集器和复合微型振动能量收集器的理论模型、优化设计与加工技术,第6章介绍微型振动能量收集器的频带拓展技术;第7章介绍环境动能能量收集器电源管理电路及其典型应用。

本书可作为微电子、MEMS、自动化、通信等相关专业的高年级本科生、研究生、教师的参考书,也可作为从事以上相关领域的科研和工程技术人员的参考书。

According to the research present situation and tendency about micro energy harvester technologies, as well as the relevant research working in micro energy harvester filed from the author's research group over over the years, the theoretical model, design methods, manufacturing processes, power management circuits and application technologies are mainly presented in this book. In chapters 2~5, the micro piezoelectric vibration energy harvester, the micro electromagnetic vibration energy harvester, micro wind-induced vibration energy harvester and micro hybrid vibration energy harvester are presented in detail respectively. In chapter 6, the bandwidth technologies of micro vibration energy harvester were introduced. Finally, the power management circuit and typical applications of micro energy harvester were introduced.

This book can be the reference book for the undergraduate, graduate students and teachers who are major in microelectronics, MEMS, automation, communication and so on. It also can be the reference book for the researcher and engineer in related fields.